北京高等教育精品教材
高等职业教育系列教材

Linux 网络管理与配置

第 2 版

姚越　编著

U0280502

机 械 工 业 出 版 社

本书以 RedHat 公司的 Linux RHEL Server 6.4 操作系统为平台，全面、系统地介绍了 Linux 操作系统的基本知识、常用命令、系统管理、服务器配置等知识。内容选取依据企业专家的意见，并结合网络专业培养应用型网络人才的目标而设定，坚持理论够用、实践为重的原则，以案例引导知识点。本书共 10 章，分为三部分内容：第一部分是 Linux 操作系统的基本知识；第二部分是系统的基本管理；第三部分是服务器的搭建与维护。每一章都配有大量的案例以及实训项目。

本书适合作为高职高专院校计算机网络等相关专业的教材，也可作为 Linux 培训班教材，还可作为 Linux 爱好者的自学教材。

本书配有授课电子课件，需要的教师可登录 www.cmpedu.com 免费注册、审核通过后下载，或联系编辑索取（QQ：1239258369，电话：010-88379739）。

图书在版编目（CIP）数据

Linux 网络管理与配置/姚越编著．—2 版．—北京：机械工业出版社，2018.9（2021.2 重印）
高等职业教育系列教材
ISBN 978-7-111-61257-5

Ⅰ．①L…　Ⅱ．①姚…　Ⅲ．①Linux 操作系统-高等职业教育-教材
Ⅳ．①TP316.89

中国版本图书馆 CIP 数据核字（2018）第 249854 号

机械工业出版社（北京市百万庄大街 22 号　邮政编码 100037）
策划编辑：王海霞　　责任编辑：王海霞
责任校对：张艳霞　　责任印制：常天培
北京捷迅佳彩印刷有限公司印刷

2021 年 2 月第 2 版・第 2 次印刷
184mm×260mm・14.5 印张・353 千字
3001-4000 册
标准书号：ISBN 978-7-111-61257-5
定价：45.00 元

电话服务
客服电话：010-88361066
010-88379833
010-68326294

网络服务
机 工 官 网：www.cmpbook.com
机 工 官 博：weibo.com/cmp1952
金 书 网：www.golden-book.com
机工教育服务网：www.cmpedu.com

封底无防伪标均为盗版

前　言

Linux 作为开源的操作系统从一诞生起便吸引着全球数以万计爱好者的目光，其开放、安全、稳定的特性得到越来越多用户的认可，应用也日益广泛。与全球 Linux 发展的情况类似，我国 Linux 也处于蓬勃发展的时期，Linux 专业人才的需求也日益紧迫。国内一些著名的计算机教育培训机构，如 NIIT、北大青鸟 APPTECH 培训等，都将 Linux 操作系统课程作为培训的主要课程。

1. 本书的特色

首先，编者在编写本书之前做了大量的调研工作，走访了很多具有代表性的网络公司、网络产品代理商等，按照工作岗位的实际需要，层层加以分解，确定学习 Linux 操作系统所应具备的能力，从而设计本书的内容。其次，本书借鉴了 NIIT、北大青鸟 APPTECH 的培训思想以及教材特点，以案例为核心，采用引入知识点—讲述知识点—应用知识点—综合知识点的模式，由浅入深地展开对技术内容的讲述，适当加大了实验课和案例教学的比重，从而进一步培养学生对所学专业的感性认识，提高他们的从业能力。再次，本书以当前最流行的 Red Hat 公司的 Linux RHEL Server 6. 4 为基础，全面介绍 Linux 的系统管理、服务器应用等方面的基础知识和实际应用，并且给出了大量的实例供授课教师和学生参考。

2. 本书的内容

全书共 10 章，分为三部分内容：第一部分是 Linux 操作系统的基本知识，包括第 1 章和第 2 章，主要讲述 Linux 的起源、发展以及安装和基本操作等知识；第二部分是系统的基本管理，包括第 3 章和第 4 章，主要讲述 Linux 的磁盘管理、文件管理、网络管理等系统管理的基础知识；第三部分是服务器的搭建与维护，包括第 5 章到第 10 章，是本书的核心部分，主要讲述如何在 Linux 环境下搭建和维护各种企业常用服务器，包括 DNS 服务器的配置与管理、DHCP 服务器的配置与管理、Web 服务器的配置与管理、FTP 服务器的配置与管理、跨平台资源共享服务的配置与管理、邮件服务器的配置与管理。

3. 学习方法建议

（1）选择一个适合的 Linux 发行版本

目前，全球有超过一百多个 Linux 发行版本，在国内也能找到十几个常见版本。Red Hat Linux 和 Debian Linux 是网络管理员的理想选择。本书采用的是 RHEL Server 6. 4 版本。该版本安装后，默认情况下很多服务器软件包都没有安装，用户可自己根据需要去安装。这样既练习了软件包安装的方法，还可以了解常用软件包之间的依赖关系，所以该版本非常适合用来学习操作系统。

（2）从基础开始学习

有些读者常常一接触 Linux 就希望构架网站，事实上，不先了解一下 Linux 的基础就架构网站，这是相当困难的。所以，要先学习 Linux 操作系统的基本知识和基本的系统管理再学习如何构架网站。

(3) 必须学习 Linux 命令

虽然 Linux 桌面应用发展很快，但是命令在 Linux 中依然有很强的生命力。Linux 是一个由命令行组成的操作系统，其精髓在命令行，无论图形界面发展到什么水平，这个原理是不会变的。从简单的磁盘操作、文件存取到进行复杂的多媒体图像和流媒体文件的制作，Linux 命令有许多强大的功能。

(4) 勤于实践

要提高自己应用 Linux 的技能，只有通过实践来实现。使用本书要准备一台安装有 Windows 操作系统的计算机，以及 VMware 12 软件包和 RHEL Server 6.4 软件包。在虚拟机上安装 Linux 操作系统，并且虚拟出两三台计算机用于搭建网络环境，对 Linux 命令熟悉后可以开始搭建一个小的 Linux 网络，这是最好的实践方法，必须要不断地重复练习才可以。

(5) 选择一个适合的 Linux 社区

随着 Linux 应用的扩展，出现了不少 Linux 社区，其中有一些非常优秀的社区，如 http://www.ixpub.net(国内最高水平 GNU 站点)、http://www.chinaunix.net/ (中国最大的 UNIX 技术社区)，但是这几个论坛往往是 Linux 高手的舞台，如果在探讨高级技巧的论坛提非常初级的问题经常会没有结果。推荐几个适于初学者的 Linux 社区，如 Linux 伊甸园 http://www.linuxeden.com/、优秀的 Linux+Oracle 技术门户 http://www.ixdba.net 和中国 Linux 公社 http://www.linuxfans.org/nuke/index.php。

4. 授课学时建议

本书建议使用 72 学时授课，并且分为理论教学和实训教学两部分，理论和实训比例约为 1:2，实训课程包括本书每章实训项目的完成。

章　节	理论学时	实训学时	总学时
第 1 章　RHEL Server 6.4 的安装与启动	3	3	6
第 2 章　Linux 基本操作	3	3	6
第 3 章　Linux 磁盘与文件管理	3	3	6
第 4 章　软件包管理与配置网络连接	3	3	6
综合练习		4	4
第 5 章　DNS 服务器的配置与管理	2	6	8
第 6 章　DHCP 服务器的配置与管理	2	4	6
第 7 章　Web 服务器的配置与管理	2	6	8
第 8 章　FTP 服务器的配置与管理	2	4	6
第 9 章　跨平台资源共享服务的配置与管理	2	4	6
第 10 章　邮件服务器的配置与管理	2	4	6
综合练习		4	4

5. 编写说明

由于编者水平有限，书中欠妥之处，敬请广大读者批评指正。

为方便教学，本书免费提供电子教案，读者可在机械工业出版社教育服务网 www.cmpedu.com 下载。

编　者

目　　录

第 1 章　RHEL Server 6.4 的安装与启动

本章目标

- 了解 Linux 操作系统的发展
- 掌握磁盘分区的基本知识及磁盘分区与系统安装的关系
- 掌握 VMware 虚拟机软件的安装方法
- 掌握在 VMware 虚拟机中安装 RHEL Server 6.4 的方法

Linux 是由 UNIX 发展而来的多用户多任务操作系统。它不仅稳定可靠，而且具有良好的兼容性和可移植性。尤其是在嵌入式开发中，Linux 更是有着举足轻重的作用。现在，越来越多的人加入到 Linux 的阵营中。很多新手在第一次使用 Linux 时往往感到束手无策，甚至导致严重的后果。掌握了虚拟机软件技术，安装 Linux 就不再有困惑，不会再对多系统并存的分区划分、系统切换和兼容性隐患而担忧了，而且通过虚拟机技术，可以把一台计算机变成“多台”计算机使用，实现多个系统之间的通信和互访，真正体验跨平台操作。

1.1　Linux 简介

1.1.1　UNIX 的起源与发展

UNIX 操作系统由肯·汤普逊（Kenneth Lane Thompson）、丹尼斯·里奇（Dennis MacAlistair Ritchie）和道格拉斯·麦克罗伊（Malcolm Douglas McIlroy）于 1969 年在 AT&T 的贝尔实验室开发。1973 年，贝尔实验室用 C 语言重写了 UNIX 内核，对整个系统进行了再加工，使得 UNIX 能够很容易地移植到不同硬件的计算机上。20 世纪 70 年代末，AT&T 成立 UNIX 系统实验室。与此同时，加州大学伯克利分校计算机系统研究小组（CSRG）使用 UNIX 进行操作系统研究，他们对 UNIX 的改进相当多，增加了当时非常先进的内存管理、快速且健壮的文件系统等，发行了 BSD UNIX。由加州大学伯克利分校计算机系统研究小组（CSRG）发行的 BSD UNIX 和由 AT&T 发行的 UNIX System V 形成了当今 UNIX 的两大主流。

UNIX 因为其安全可靠、高效强大的特点在服务器领域得到了广泛的应用。直到 GNU/Linux 开始流行前，UNIX 一直是科学计算用机、大型机、超级计算机等所用操作系统的主流。

1.1.2　GNU 与 GPL

1984 年，麻省理工学院（MIT）的研究员 Richard Stallman 提出：“计算机产业不应以技术垄断为基础赚取高额利润，而应以服务为中心。在计算机软件源代码开放的基础上，为用户提供综合的服务，与此同时取得相应的报酬。” Richard Stallman 在此思想基础上提出了自由软件（Free Software）的概念，并成立自由软件基金会（Free Software Foundation，FSF）实施 GNU 计划。GNU 的标志如图 1-1 所示。

自由软件基金会还提出了通用公共许可证（General Public License，GPL）原则，它与软件保密协议截然不同。通用公共许可证允许用户自由下载、分发、修改和再分发源代码公开的自由软件，并可在分发软件的过程中收取适当的成本和服务费用，但不允许任何人将该软件据为己有。

目前，GNU 计划包括操作系统和开发工具两大类产品，全世界范围内有无数自由的软件开发志愿者已加入 GNU 计划，并已推出一系列自由软件来满足用户在各方面的需求。

图 1-1　GNU 标志

1.1.3　Linux 的诞生和发展

Linux 是由芬兰赫尔辛基大学的一位名叫 Linus Torvalds 的学生于 1990 年开发的。他的目的是设计一个代替 Minix（是由一位名叫 Andrew Tannebaum 的计算机教授编写的一个操作系统示教程序）的操作系统，这个操作系统可用于 386、486 或奔腾处理器的个人计算机上，并且具有 UNIX 操作系统的全部功能。Linus Torvalds 在 1991 年 10 月 5 日发布了 Linux 0. 0. 2 版，1993 年底发布了 Linux 1. 0 版本。

Linux 借助于 Internet 网络，并经过全世界各地计算机爱好者的共同努力，现已成为世界上使用最多的一种 UNIX 类操作系统，并且使用人数还在迅猛增长。Linux 操作系统的诞生、发展和成长过程始终依赖着以下 5 个重要支柱：UNIX 操作系统、Minix 操作系统、GNU 计划、POSIX 标准和 Internet 网络。Linux 操作系统，并不应该只叫作 Linux，而应该叫作 GNU/Linux，当 GNU 软件与 Linux 内核结合后，GNU 软件构成了这个 POSIX 兼容操作系统 GNU/Linux 的基础。GNU/Linux 已经发展成为最为活跃的自由/开放源代码的类 UNIX 操作系统。Linux 的标志如图 1-2 所示。

图 1-2　Linux 标志

1.2　Linux 版本

1.2.1　Linux 的内核版本

Linux 的版本号分为两部分：内核（Kernel）版本与发行套件（Distribution）版本。Linux 初学者常会把内核版本与发行套件版本弄混，实际上，内核版本指的是在 Linus 领导下的开发小组开发出的系统内核的版本号。核心的开发和规范一直是由 Linux 社区控制着，版本也是唯一的。自 1994 年 3 月 14 日发布了第一个正式版本 Linux 1. 0 以来，每隔一段时间就有新的版本或其修订版公布。

Linux 的内核版本号由 3 个数字组成，一般表示为 X. Y. Z 的形式，如图 1-3 所示。

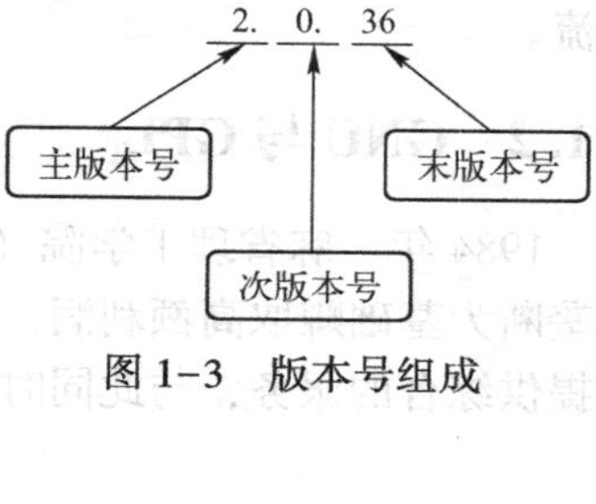

图 1-3　版本号组成

- X：表示主版本号，通常在一段时间内比较稳定。
- Y：表示次版本号，如果是偶数，代表这个内核版本是正式版本，可以公开发行；而如果是奇数，则代表这个内核版本是测试版本，还不太稳定，仅供测试。
- Z：表示末版本号，代表修改次数，这个数字越大，则表明修改的次数越多，版本相对更完善。

Linux 的正式版本与测试版本是相互关联的。正式版本只针对上个版本的特定缺陷进行修改，而测试版本则在正式版本的基础上继续增加新功能，当测试版本被证明稳定后就成为正式版本。正式版本和测试版本不断循环，不断完善内核的功能，如图 1-4 所示。

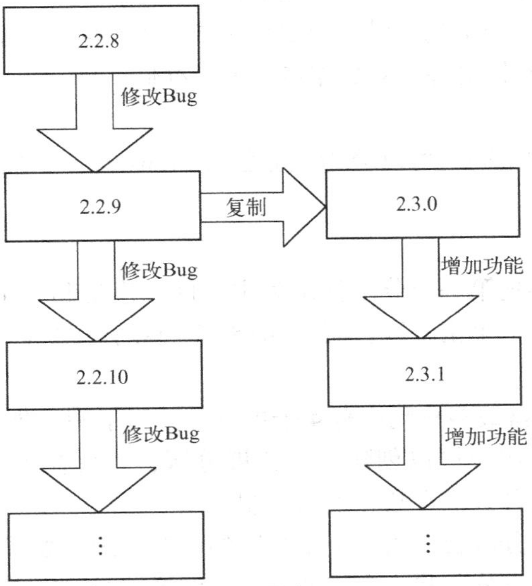

图 1-4　Linux 内核版本发展

1.2.2　RHEL Server 6.4 简介

RHEL Server 是一个企业平台，非常适合跨 IT 基础设施的丰富应用。最新版本为 RHEL Server 6.4，它提供更高的灵活性、效率和控制，代表了红帽的新标准。它可以在多种硬件架构、管理程序和云上工作。在 RHEL Server 上标准化的企业和机构知道他们拥有的平台可以为他们提供更多需要的东西，使他们可以把工作重点放在发展业务上。

RHEL Server 6.4 是红帽值得信赖的数据中心平台的最新版本，在应用性能、可扩展性和安全性方面都有巨大改进。利用 RHEL Server 6.4，用户可以在数据中心部署物理机、虚拟机，并进行云计算，降低复杂性，提高效率，最大限度地减少管理开销，同时充分利用各种技能。RHEL Server 6.4 是将当前和未来的技术创新转化为 IT 解决方案的最佳价值和规模的最佳平台。总的来说，RHEL Server 6.4 包含了超过 2000 个包，相对之前的版本而言增加了 85%的代码量，一共增添了 1800 个新特性，解决了 14000 多个 bug。

1.3 RHEL Server 6.4系统安装前的准备

1.3.1 磁盘分区

1. 分区的概念与作用

从实质上说，分区就是对硬盘的一种格式化。安装操作系统和软件之前，首先需要对硬盘进行分区，然后才能使用硬盘保存各种信息。对硬盘进行分区的目的主要有3个：

1）初始化硬盘，以便可以格式化和存储数据。

2）用来分隔不同的操作系统，以保证多个操作系统在同一硬盘上正常运行。

3）便于管理，可以有针对性地对数据进行分类存储。

2. 分区的类型

硬盘分区按照功能的不同，可以分为主分区（Primary）、扩展分区（Extended）和逻辑分区（Logical）这3类。

（1）主分区

在划分硬盘时通常会把第一个分区指定为主分区。但是和Windows不同的是，Windows中一个硬盘最多只允许有一个主分区，而Linux最多可以让用户创建4个主分区。

（2）扩展分区

由于Linux中一个硬盘最多只允许有4个主分区，为了满足创建更多分区的要求，于是就有了扩展分区的概念。用户可以创建一个扩展分区，然后在扩展分区上创建多个逻辑分区。从理论上来说，逻辑分区没有数量上的限制。

需要注意的是，扩展分区会占用一个主分区的位置，因此如果创建了扩展分区，一个硬盘上便最多只能创建3个主分区和一个扩展分区，而且扩展分区不是用来存放数据的，它的主要功能是为了创建逻辑分区。在这一点上，Linux和Windows是一模一样的。

（3）逻辑分区

逻辑分区不能够直接创建，它必须依附在扩展分区下，容量受到扩展分区大小的限制。通常，逻辑分区是存放文件和数据的地方。

1.3.2 Linux分区的表示

Linux的所有设备均映射为/dev目录中的一个文件，其具体的格式为：

/dev/XxYN

其中，

/dev/：字串是所有设备文件所在的目录名；

Xx：分区名的前两个字母标明分区所在设备的类型；

Y：这个字母表明分区所在的设备；

N：分区名的最后一个数字，表示分区。

对于IDE硬盘，驱动器标识符为“hdYN”，其中“hd”表明分区所在设备的类型，这里是指IDE硬盘了。“Y”为盘号（a为基本盘，b为基本从属盘，c为辅助主盘，d为辅助从属盘），“N”代表分区，前 4 个分区用数字 1～4 表示，它们是主分区或扩展分区，从 5 开始就是逻辑分区。例如，hda3 表示为第一个 IDE 硬盘上的第三个主分区或扩展分区，hdb2 表示为第二个 IDE 硬盘上的第二个主分区或扩展分区。例如：

IDE1 的第一个硬盘（Master）的第一个主分区 /dev/hda1

IDE1 的第一个硬盘（Master）的第二个主分区 /dev/hda2

IDE1 的第一个硬盘（Master）的第三个主分区 /dev/hda3

IDE1 的第一个硬盘（Master）的第四个主分区 /dev/hda4

IDE1 的第一个硬盘（Master）的第一个逻辑分区 /dev/hda5

IDE1 的第一个硬盘（Master）的第二个逻辑分区 /dev/hda6

对于 SCSI 硬盘，则标识为“sdYN”，SCSI 硬盘是用“sd”来表示分区所在设备的类型的，其余则和 IDE 硬盘的表示方法一样。例如：

SCSI 的第一个硬盘的第一个主分区 /dev/sda1

SCSI 的第一个硬盘的第二个主分区 /dev/sda2

1.3.3 系统引导程序

计算机的初始启动是由 BIOS 控制的，当机器引导它的操作系统时，BIOS 会读取引导介质上最前面的 512 字节主引导记录（Naster Boot Record，MBR）。在单一的 MBR 中只能存储一个操作系统的引导记录，所以当需要多个操作系统时就会出现问题。所以需要更灵活的引导加载程序。

Linux 下最常用的多重启动软件就是 LILO 和 GRUB。

LILO 的全称是 Linux Loader，它拥有很强大的功能，已经成为所有 Linux 发行版的标准组成部分。作为一个较老的 Linux 引导加载程序，不断壮大的 Linux 社区支持使它能够随时间的推移而发展，并始终能够充当一个可用的现代引导加载程序。它还有一些新的功能，比如增强的用户界面，以及对能够突破原来 1024 柱面限制的新 BIOS 功能的利用。

LILO 通过读取硬盘上的绝对扇区来装入操作系统，因此每次分区改变都必须重新配置 LILO，如果调整了分区的大小及分区的分配，那么 LILO 在重新配置之前就不能引导这个分区的操作系统了。

GRUB 也是一个多重启动管理器，它的全称是 Grand Unified Bootloader。GRUB 的功能与 LILO 一样，也是在多个操作系统共存时选择引导哪个系统。它可以引导很多 PC 上常用的操作系统，其中就有 Linux、FreeBSD、Solaris、Windows 9x、Windows NT；可以载入操作系统的内核和初始化操作系统；可以把引导权直接交给操作系统来完成引导；可以直接从 FAT、Minix、FFS、ext2 或 ext3 分区读取 Linux 内核。GRUB 有一个特殊的交互式控制台方式，可以手工装入内核并选择引导分区。目前，Linux 中实现多重引导的引导装载程序主要是 GRUB。

1.3.4 硬件基本要求

1. 处理器和内存

Intel x86 处理器兼容可以用于 RHEL 6.4。文本模式的推荐配置为 200 MHz 奔腾或更高，图形模式的推荐配置为 400 MHz 奔腾 II 或更高；文本模式最小内存值为 128 MB，图形模式最小内存值为 192 MB，图形模式推荐内存值为 256 MB 或更高。

2. 硬盘

硬盘空间的大小取决于选择安装的软件包的数量和大小。一般而言，2 GB 以上的空间可以满足用户桌面应用和服务器管理的需求，安装全部软件包需要 9 GB 硬盘空间。通常建议把 Linux 的硬盘空间设置成 10 GB 以上。

3. 显卡

一般情况下，采用纯文本模式时显卡只要是 VGA 级或更好即可；采用 X-Windows 图形模式时，大多数显卡能自动识别。

1.4 安装 RHEL Server 6.4

1.4.1 VMware Workstation 12 虚拟机简介

所谓虚拟机就是虚拟计算机。通过虚拟机软件，可以在一台物理计算机上模拟出一台或多台虚拟的计算机，这些虚拟机完全就像真正的计算机那样进行工作，例如可以安装操作系统、安装应用程序、访问网络资源等。对于用户而言，它只是运行在物理计算机上的一个应用程序，但是对于在虚拟机中运行的应用程序而言，它就像是在真正的计算机中进行工作。虚拟机有 VMware、VirtualPC 等。

在没有虚拟机软件之前，如果想要在本地计算机安装多个操作系统，就必须按部就班的来，不仅安装过程十分麻烦，而且以后的维护也不方便，在两个系统中切换所用的时间也太长。

对于 Linux 初学者，直接在硬盘上安装还会冒很大的风险。首先，在安装过程中，由于要创建 Linux 所需的分区，就要求硬盘上必须有还没有划分和使用的空间。其次，在分区操作过程中，若操作不当，就会造成硬盘中原分区数据的全部丢失。有了虚拟机，一切就变得如此简单，用户可以自由地在本地环境下安装任意多个系统，没有任何限制，装一个 Linux 就好像装一套 Office 一样容易，而且当想卸载 Linux 的时候只要简单地删除一个文件夹就好了，不再像以前还涉及讨厌的各种硬盘的分区表，动不动就把整个系统搞瘫痪。最重要的是，有时候往往需要两套系统来同时做测试和演示。本书的实训环境就是在 Windows 10 下安装最新的 RHEL Server 6.4 环境。

本书使用的虚拟机软件是 VMware Workstation 12。VMware Workstation 12 延续 VMware 的一贯传统，提供专业技术人员每天所依赖的创新功能，支持 Windows 8.1、平板电脑传感器和即将过期的虚拟机，使得工作无缝、直观、更具关联性。还有重要的一点是该版本现已自带简体中文，用户无需再下载第三方汉化包了。VMware Workstation 12 的主要特点如下。

1）可以将 Windows 8.1 物理 PC 直接转变为虚拟机；Unity 模式增强，与 Windows 8.1 UI 更改无缝配合工作。

2）加强控制，虚拟机将以指定的时间间隔查询服务器，从而将受限虚拟机的策略文件中的当前系统时间存储为最后受信任的时间戳。

3）在平板电脑运行时可以使用平板电脑的加速度计、陀螺仪、指南针、光线感应器等硬件。

4）支持多达 16 个虚拟 CPU、8 TB SATA 磁盘和 64 GB RAM。

5）新的虚拟 SATA 磁盘控制器。

6）现在支持 20 个虚拟网络。

7）USB 3 流支持更快的文件复制。

8）改进型应用和 Windows 虚拟机启动时间。

9）固态磁盘直通。

10）增加多监视设置。

11）VMware-KVM 提供了使用多个虚拟机的新界面。

1.4.2 安装配置 VMware Workstation 12

1）访问 http://www.vmware.com/download/，下载 VMware Workstation 12 软件，然后安装下载所得软件。安装向导如图 1-5 所示，单击“下一步”按钮。

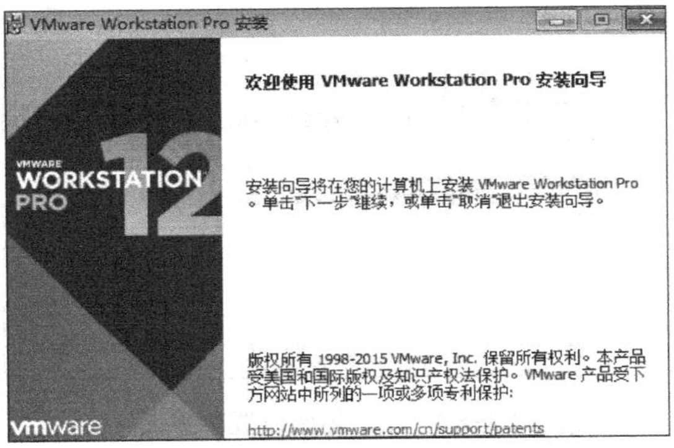

图 1-5 安装虚拟机软件

2）在“最终用户许可协议”界面中勾选“我接受许可协议中的条款”复选框，如图 1-6 所示，单击“下一步”按钮。

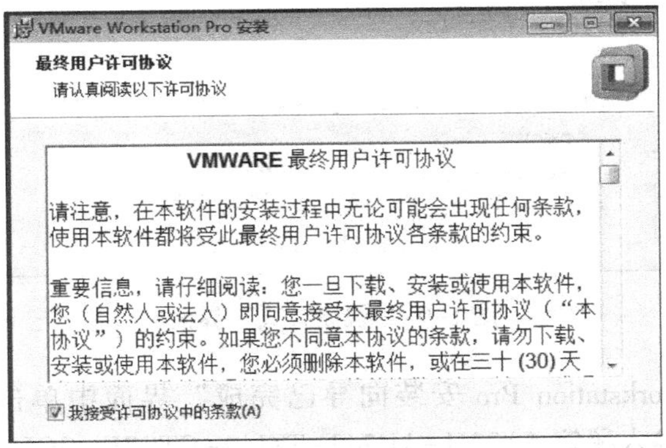

图 1-6 “最终用户许可协议”界面

3）在“自定义安装”界面中，用户可以直接单击“下一步”按钮，也可以自己设置安装路径，单击“更改”按钮即可设置，如图 1-7 所示。

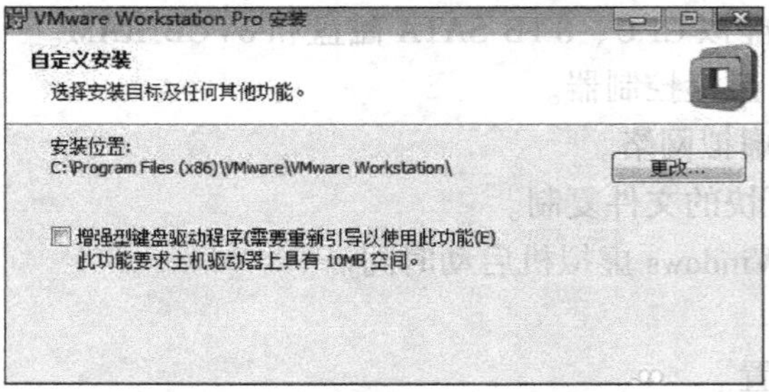

图 1-7 “自定义安装”界面

4）在“用户体验设置”界面中，“启动时检查产品更新”和“帮助完善 VMware Workstation Pro”复选框可以勾选，也可以不勾选，如果不想升级，就不勾选，如图 1-8 所示。

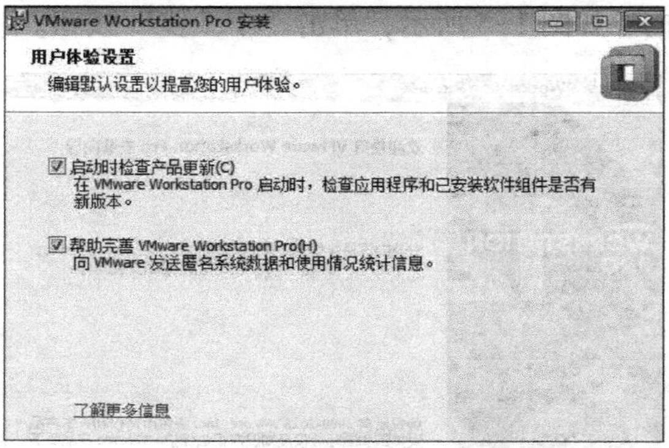

图 1-8 “用户体验设置”界面

5）依次单击“下一步”按钮后，在“快捷方式”界面中单击“安装”按钮，如图 1-9 所示。

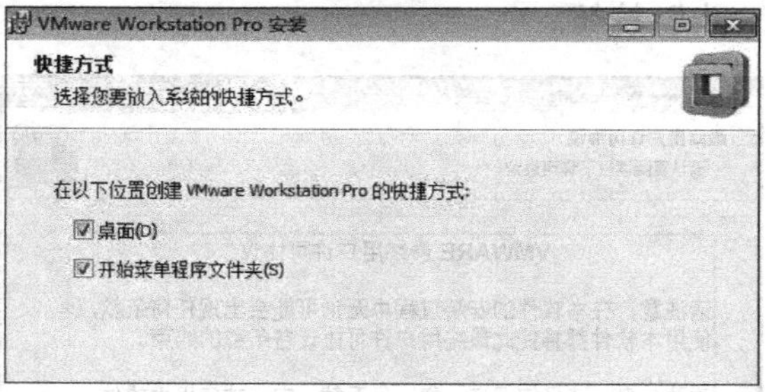

图 1-9 “快捷方式”界面

6）在“VMware Workstation Pro 安装向导已完成”界面中单击“许可证”按钮，如图 1-10 所示。然后，输入秘钥 5A02H-AU243-TZJ49-GTC7K-3C61N（温馨提示：该秘钥仅限 VMmware12 版本使用，对其他版本是无效的）。

7）双击图 1-11 所示的桌面快捷图标，进入虚拟机，如图 1-12 所示。

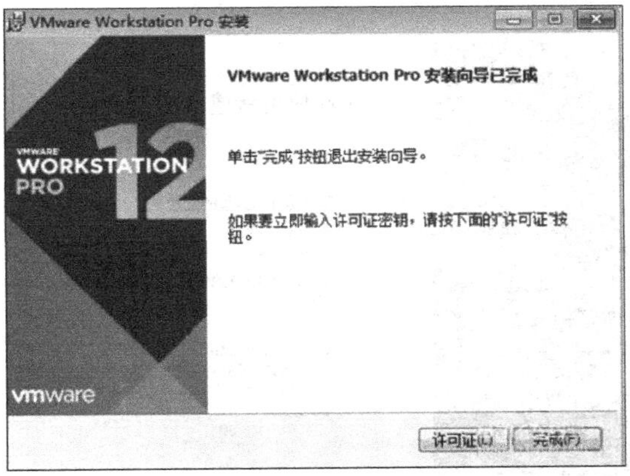

图 1-10 “VMware Workstation Pro 安装向导已完成”界面

图 1-11 虚拟机桌面快捷图标

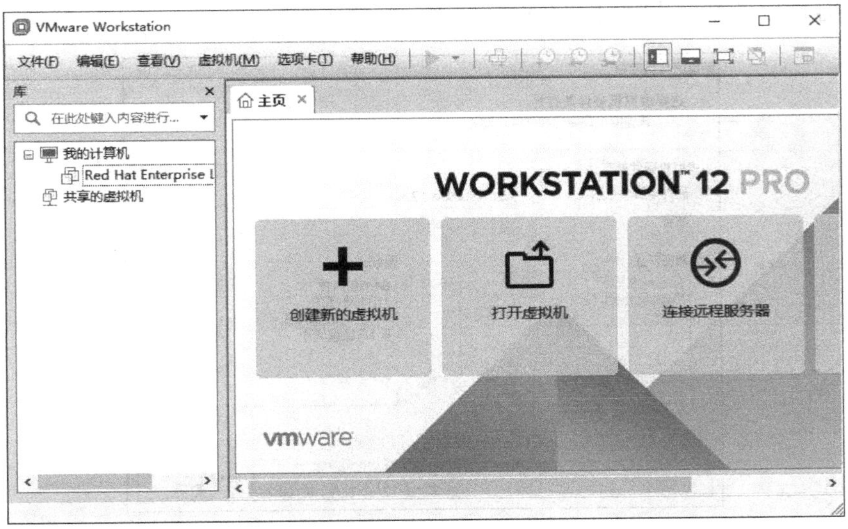

图 1-12 创建好的虚拟机

1.4.3 RHEL Server 6.4 的安装步骤

对于初学者，建议直接从光盘安装，以免造成不必要的麻烦。熟悉 FTP 和 HTTP 服务器配置后，可以尝试从 FTP 和 HTTP 安装。这里选择在 VMware 虚拟机中直接从光盘镜像文件安装的方式。安装之前，首先创建一个新的虚拟机，并准备好安装光盘或者光盘镜像文件。

1）在图 1-12 中单击“创建新的虚拟主机”后，弹出“新建虚拟机向导”对话框，如图 1-13 所示。

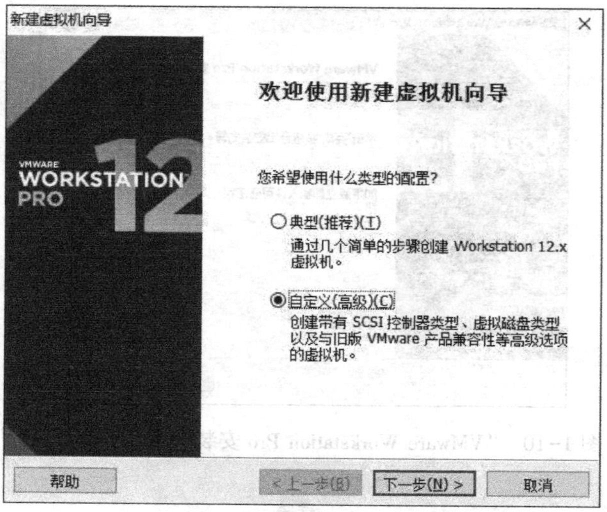

图 1-13 “新建虚拟机向导”对话框

2）选择“自定义（高级）”单选按钮，然后选择磁盘大小、网卡的连接方式等（当然，这些配置也可以在安装结束后再进行配置）后，单击“下一步”按钮，进入“选择虚拟机硬件兼容性”界面，如图 1-14 所示。

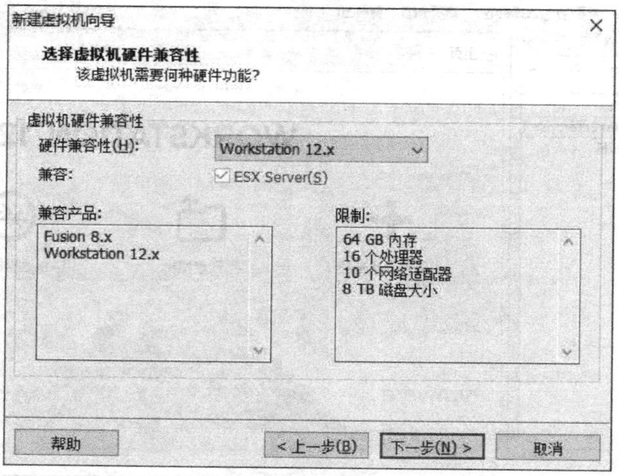

图 1-14 “选择虚拟机硬件兼容性”界面

3）保留默认设置，单击“下一步”按钮，进入“安装客户机操作系统”界面，这里选择使用光盘镜像文件安装，单击“浏览”按钮，找到镜像文件的位置，如图 1-15 所示。

4）单击“下一步”按钮，进入“简易安装信息”界面，如图 1-16 所示。

5）在“简易安装信息”界面中要创建一个用户，该用户的密码和根用户（root）都使用此密码，所以务必要记住这个密码。单击“下一步”按钮，进入“命名虚拟机”界面，如图 1-17 所示。

6）在“命名虚拟机”界面中为新的虚拟机命名，并且将虚拟机文件放置在指定的位置。如图 1-17 所示，在这里将新建虚拟机的文件都放置在“D:\Linux\虚拟机文件”目录

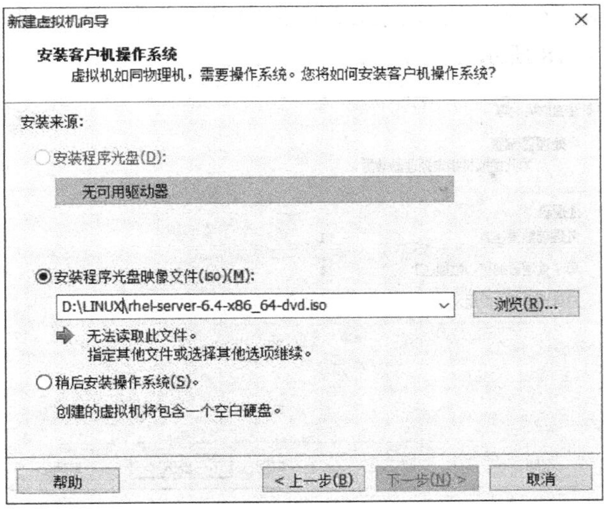

图 1-15 “安装客户机操作系统”界面

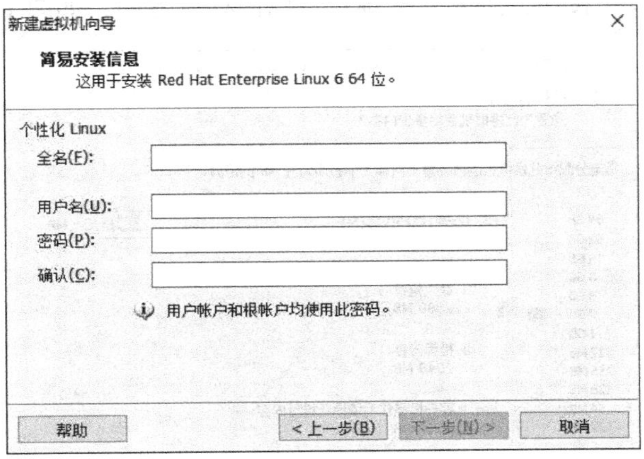

图 1-16 “简易安装信息”界面

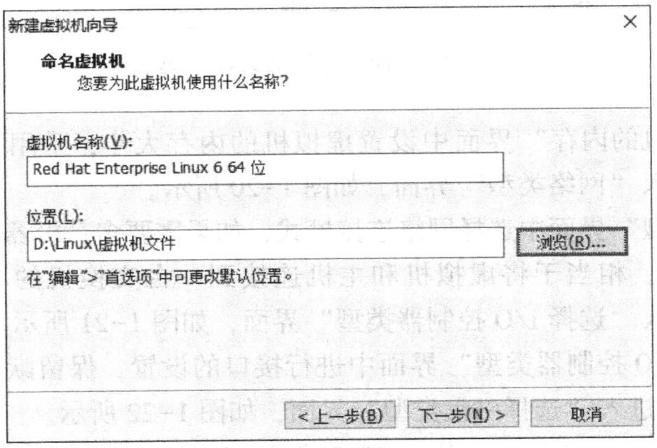

图 1-17 “命名虚拟机”界面

下，之后需要复制该虚拟机文件可以到此文件夹中找，单击“下一步”按钮，进入“处理器配置”界面，如图 1-18 所示。

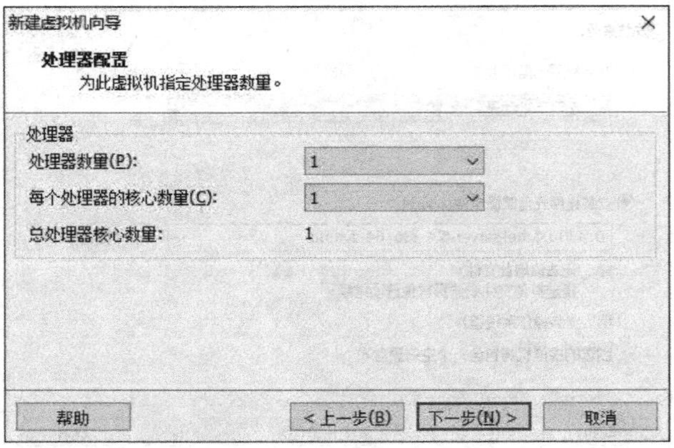

图 1-18 “处理器配置”界面

7）单击“下一步”按钮，进入“此虚拟机的内存”界面，如图 1-19 所示。

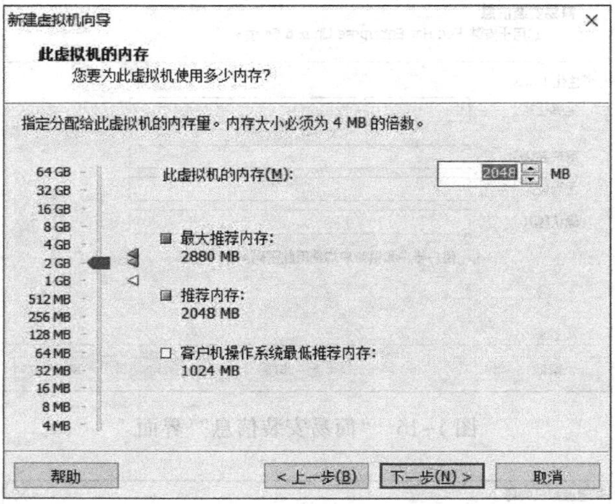

图 1-19 “此虚拟机的内存”界面

8）在“此虚拟机的内存”界面中设置虚拟机的内存大小，采用推荐设置即可，单击“下一步”按钮，进入“网络类型”界面，如图 1-20 所示。

9）在“网络类型”界面中选择网络连接模式，如果需要多台机器联网，则选择“使用桥接网络”单选按钮，相当于将虚拟机和主机连接到一台交换机的不同端口，然后单击“下一步”按钮，进入“选择 I/O 控制器类型”界面，如图 1-21 所示。

10）在“选择 I/O 控制器类型”界面中进行接口的设置，保留默认设置即可，然后单击“下一步”按钮，进入“选择磁盘类型”界面，如图 1-22 所示。

11）建议选择 SCSI 类型磁盘，因为它在功能和速度上都优于 IDE 硬盘，然后单击“下一步”按钮，进入“选择磁盘”界面，如图 1-23 所示。

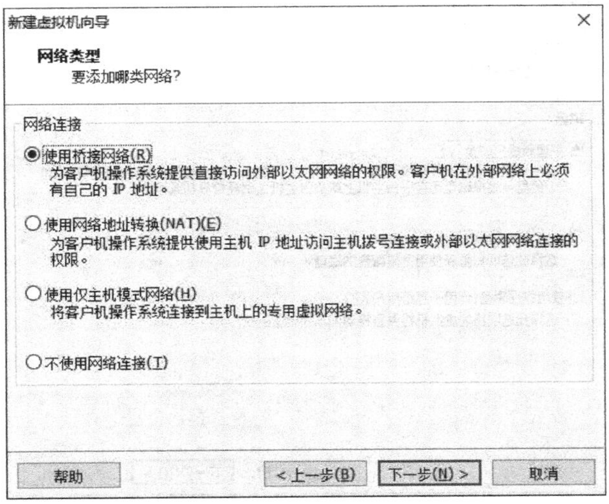

图 1-20 “网络类型”界面

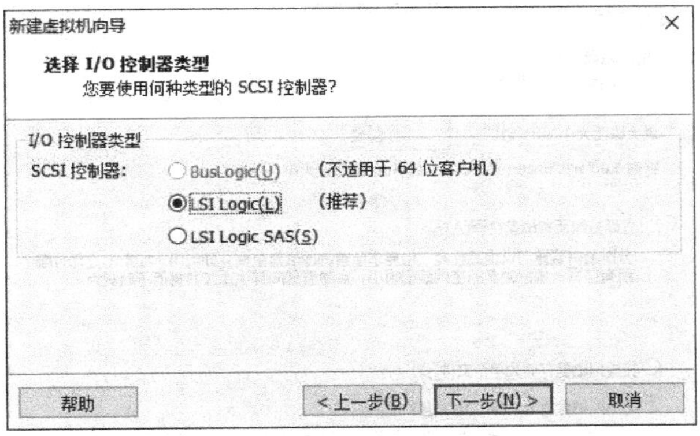

图 1-21 “选择 I/O 控制器类型”界面

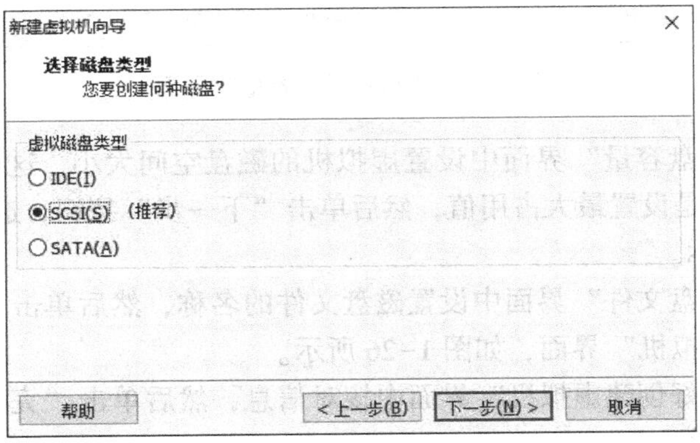

图 1-22 “选择磁盘类型”界面

12）若为第一次安装，则选择“创建新虚拟磁盘”单选按钮，然后单击“下一步”按钮，进入“指定磁盘容量”界面，如图 1-24 所示。

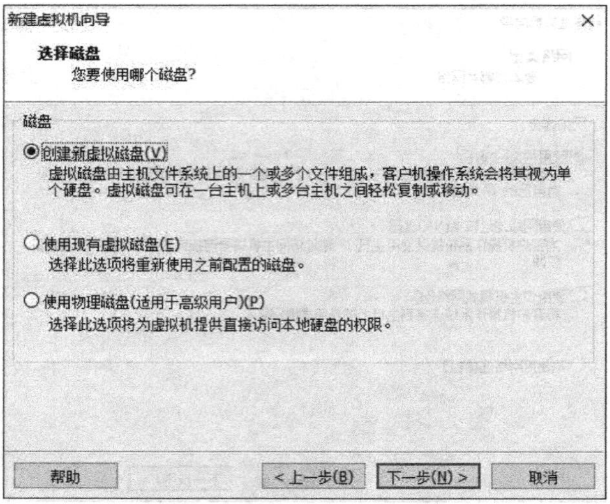

图 1-23 “选择磁盘”界面

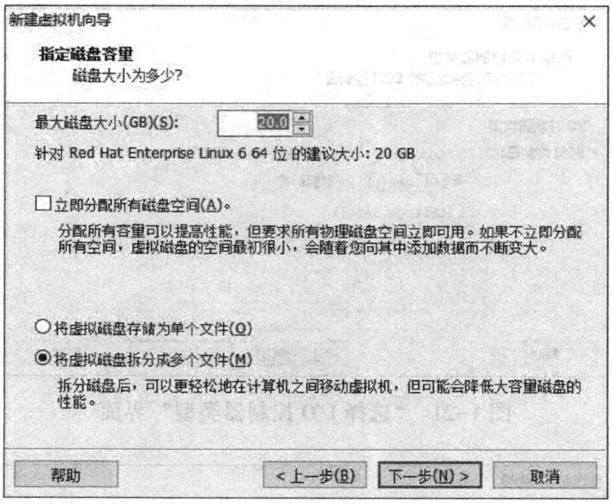

图 1-24 “指定磁盘容量”界面

13）在“指定磁盘容量”界面中设置虚拟机的磁盘空间大小，这里并不是真正占用物理磁盘空间，这里只是设置最大占用值，然后单击“下一步”按钮，进入“指定磁盘文件”界面，如图 1-25 所示。

14）在“指定磁盘文件”界面中设置磁盘文件的名称，然后单击“下一步”按钮，进入“已准备好创建虚拟机”界面，如图 1-26 所示。

15）在“已准备好创建虚拟机”界面中核对信息，然后单击“完成”按钮，开始安装工作，如图 1-27 所示。

16）在安装中会出现图 1-28 所示的密码输入界面，输入刚才设置的密码，然后单击“Log In”按钮继续安装。

17）安装完成后，RHEL Server 6.4 桌面如图 1-29 所示。

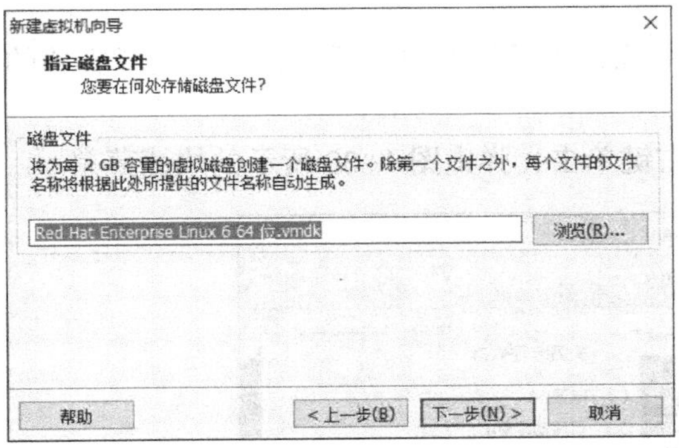

图 1-25　“指定磁盘文件”界面

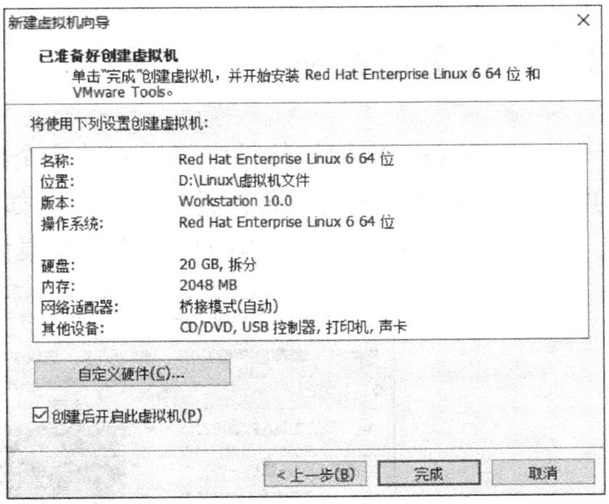

图 1-26　“已准备好创建虚拟机”界面

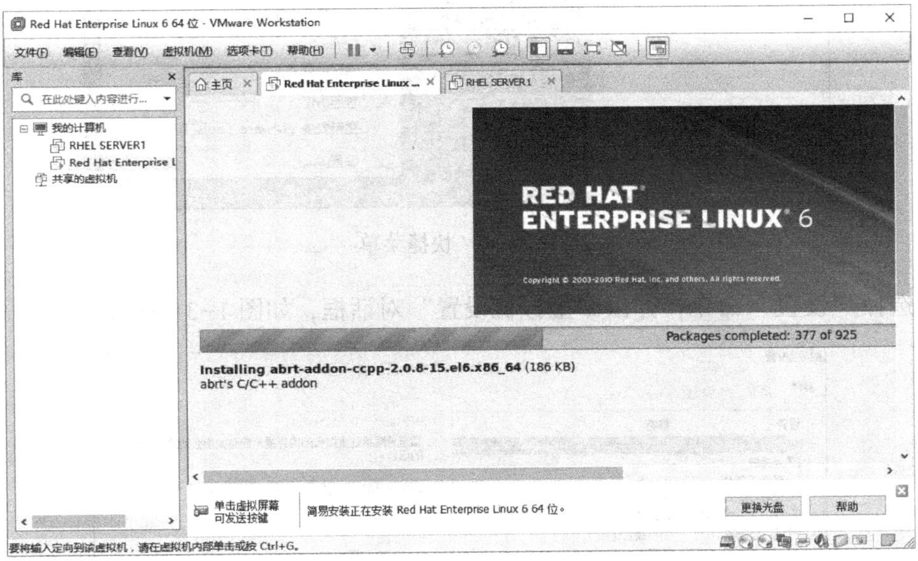

图 1-27　安装界面

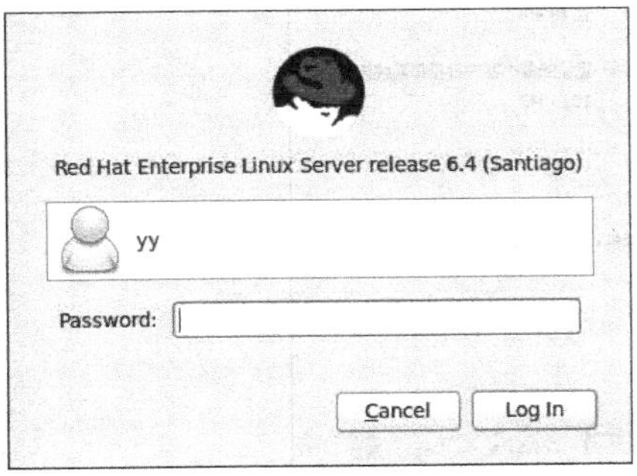

图 1-28　密码输入界面

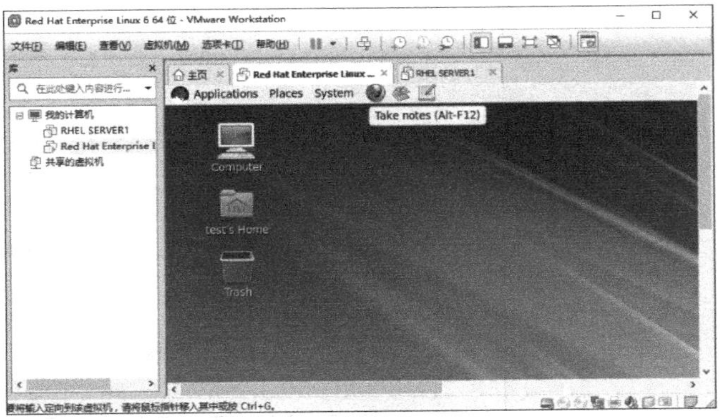

图 1-29　RHEL Server 6.4 桌面

1.5 设置虚拟机

在 VMware 虚拟机软件中可以安装多个操作系统，为了日后便于区分，可以给新安装的虚拟机操作系统重新命名，具体操作方法如下。

1）在要重新命名的虚拟机操作系统桌面上右键单击，弹出图 1-30 所示的快捷菜单。

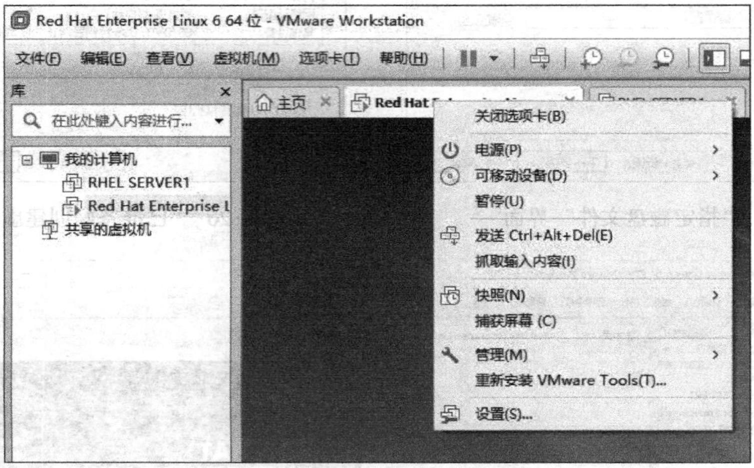

图 1-30　快捷菜单

2）选择“设置”命令，弹出“虚拟机设置”对话框，如图 1-31 所示。

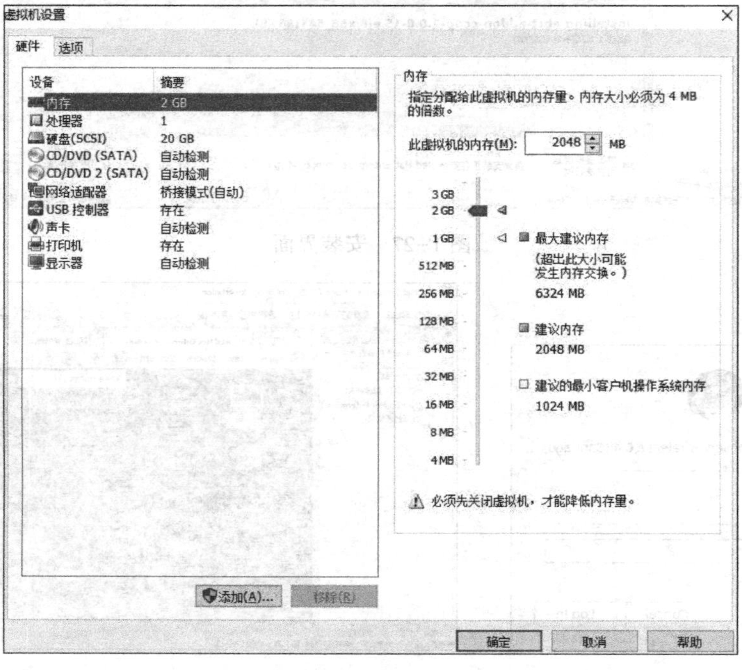

图 1-31　设置界面

3）在“硬件”选项卡中，可以设置内存、硬盘、网卡等参数。切换到“选项”选项卡，如图 1-32 所示。

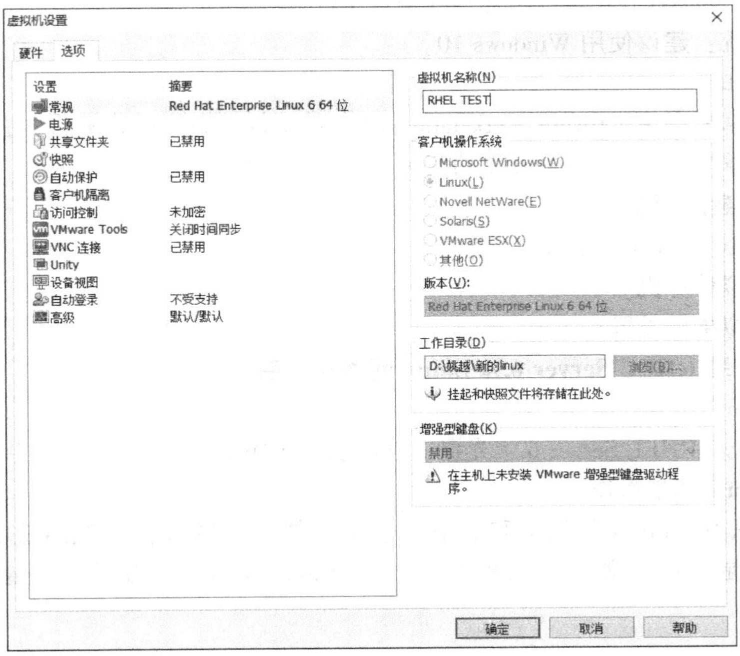

图 1-32 “选项”选项卡

4）在“虚拟机名称”文本框中输入“RHEL TEST”，下次启动时就能非常清楚地知道哪个是用户自己的系统了。

本章小结

Linux 是一套可以免费使用和自由传播的类 UNIX 操作系统，它主要用于基于 Intel x86 系列 CPU 的计算机上。其目的是建立不受任何商品化软件的版权制约的、全世界都能自由使用的 UNIX 兼容产品。

在安装 Linux 时至少需要两个分区：交换分区和根分区。交换分区采用 swap 文件系统类型，用于实现虚拟存储；根分区一般采用 ext3 文件系统类型，用于保存程序和数据。用户也可以根据需要建立多个分区。

对于 Linux 初学者，直接在硬盘上安装会冒较大危险。虚拟机软件 VMware Workstation 6.0 帮助解决了 RHEL Server 6.4 安装过程的麻烦和以后的维护中不方便的问题，而且实现了在同一台计算机上模拟出多个系统的功能，并解决了两个系统之间切换的时间太长的问题。

实训项目

一、试验环境

1）一台具有光驱并具有光驱启动功能的计算机，硬盘剩余的空间大于等于 10 GB，内存不低于 512 MB，有网卡并能正常工作。

2）下载了 VMware Workstation 12 软件包。

3）有 RHEL Server 6.4 软件包光盘或镜像文件。

4）操作系统：建议使用 Windows 10。

二、实验目的

1）学习并掌握利用 VMware Workstation 12 软件来创建虚拟计算机的方法。

2）学习并掌握 RHEL Server 6.4 的安装、启动和关机。

任务一：创建虚拟主机

1）安装 VMware Workstation 6.4 软件。

2）创建虚拟计算机。

3）编辑虚拟主机设置。

任务二：安装 RHEL Server 6.4 Linux 网络操作系统

1）安装 Linux。

在光驱中放入 RHEL Server 6.4 光盘，然后启动 VMware Workstation 软件。

2）熟练 Linux 基本操作。

基本操作练习：Linux 的启动和登录（包括选择不同的虚拟控制台进行登录）、查看 Linux 系统的目录文件、文本虚拟控制台与 X-Windows 界面的切换、注销、重启与关机操作。

同步测试

一、填空题

1）第 2 块 SCSI 硬盘的第 2 个主分区叫____________________。

2）第 1 块 IDE 硬盘的第 2 个逻辑分区叫____________________。

3）第 1 块 IDE 硬盘的扩展分区叫____________________。

4）SCSI 的第一个硬盘的第一个主分区是____________________。

二、简答题

1）安装 Linux 至少需要哪两个分区？

2）写出 Linux 系统中硬盘及分区的表示规则。

3）Linux 是哪年由谁开发的？它的吉祥物是什么？

4）什么是 Linux 发行版？常用的发行版有哪些？

5）如果次版本号是偶数，代表这个内核版本是正式版本还是测试版本？

6）简述虚拟机的作用。

第2章 Linux基本操作

本章目标

- 了解 KDE 和 GNOME 两种桌面的特点与区别
- 掌握更改桌面背景、屏幕保护程序的方法
- 理解 shell 的功能
- 掌握 shell 命令的一般规律
- 熟练掌握 Vi 编辑器

使用 Linux 网络操作系统既可以选择图形用户界面（GUI），也可以使用文本模式下的命令行操作。初学者往往喜欢图形用户界面，或者某些用户使用 Linux 的目的只是办公和娱乐，这时候 GUI 是最好的选择。但是 Linux 的熟练使用者还是比较倾向于 Linux 文本模式下的命令行操作，因为这种操作方式不仅拥有相对较快的处理速度，而且使用更自然。

2.1 图形用户界面简介

X-Windows 是 UNIX 中功能强大的图形用户界面，是基于客户端/服务器（C/S）的一种应用技术。X-Windows 系统最重要的特征之一是它的结构与设备无关。这种基于 C/S 模式的 X-Windows 使得 Linux 很容易实现远程桌面访问，也就是通过网络实现 Linux 桌面的显示，实现可视化的操作。

Linux 常见的桌面环境是 KDE 和 GNOME。KDE 和 GNOME 都是非常成熟、可靠、稳定的桌面环境，并拥有大量的应用软件。

KDE（K Desktop Environment，K 桌面环境）是在 X-Windows 上建立的一个完整易用的桌面环境。几乎所有的 Linux 发布版本都包括 KDE 运行环境。

GNOME 最初是由墨西哥的程序设计师 Miguel De Icazq 发起的，受到了 Red Hat 公司的大力支持。它现在属于 GNU 计划的一部分，同 KDE 一样也是能够为用户提供一个完整、好用的桌面环境，提供强大的应用程序开发环境。

1. GNOME 桌面

在第 1 章中已经看到了 RHEL Server 6.4 的桌面，如图 2-1 所示。

在桌面上方的这块灰白条区域叫做“面板”。面板中默认有“应用程序”“位置”和“系统”3 个菜单，一个“浏览器”快速按钮，还有“输入法”“时间”“音量”等图标，如图 2-2所示。

在“应用程序”菜单中又包括“Internet”“图像”“影音”“系统工具”“编程”“附件”等子菜单，如图 2-3 所示。在“位置”菜单中则有“主文件夹”“桌面”“计算机”

"CD/DVD 创建者""网络服务器""连接到服务器""搜索文件""最近的文档"等命令，如图 2-4 所示。而在"系统"菜单下则有"首选项""管理"等子菜单和其他的一些命令，如图 2-5 所示。

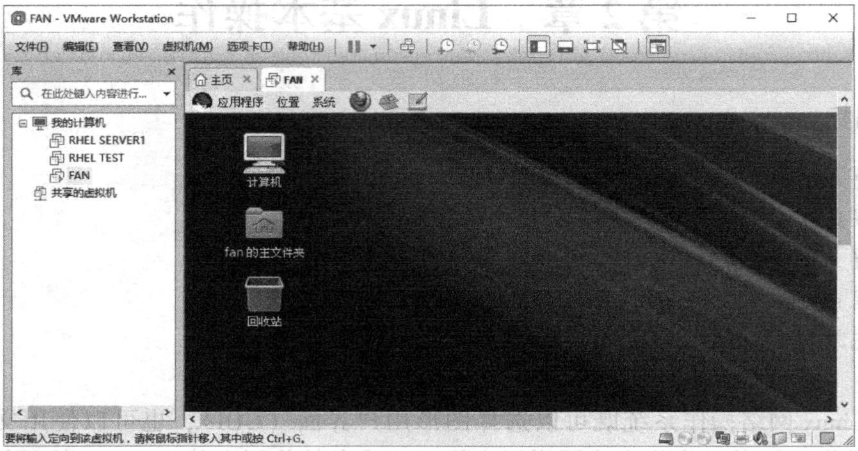

图 2-1　RHEL Server 6.4 桌面

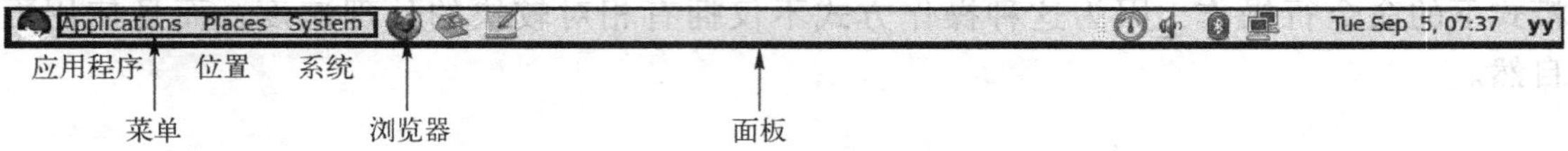

图 2-2　面板示意图

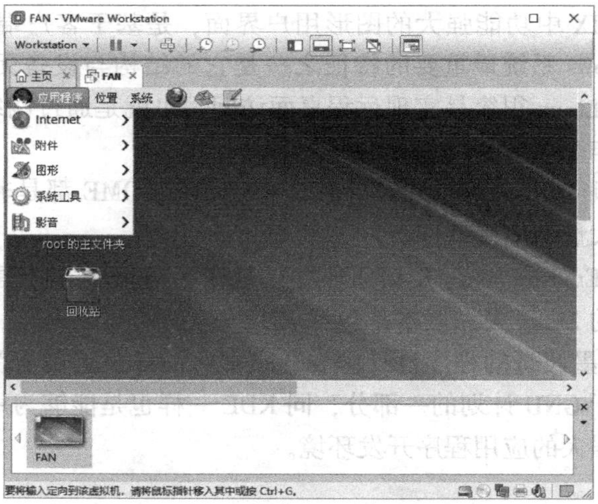

图 2-3 "应用程序"菜单

2. 桌面背景

如何修改桌面背景使用户可以把自己喜欢的图片作为桌面呢？这个操作很简单，就是右击桌面，选择"更改桌面背景"命令，如图 2-6 所示。这时系统弹出"外观首选项"对话框，然后找到想要更换的图案，单击即可，如图 2-7 和图 2-8 所示。

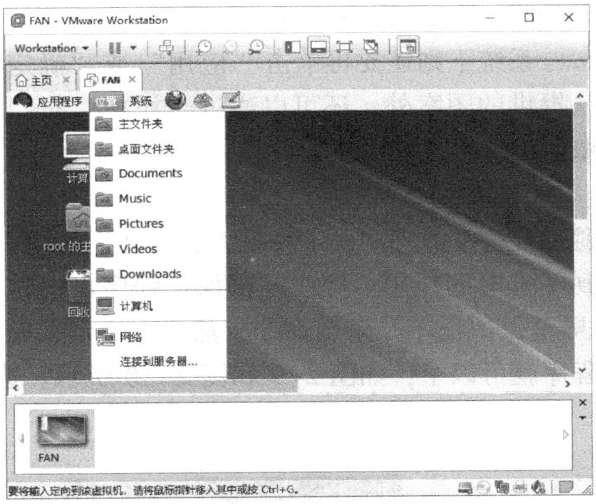

图 2-4 “位置”菜单

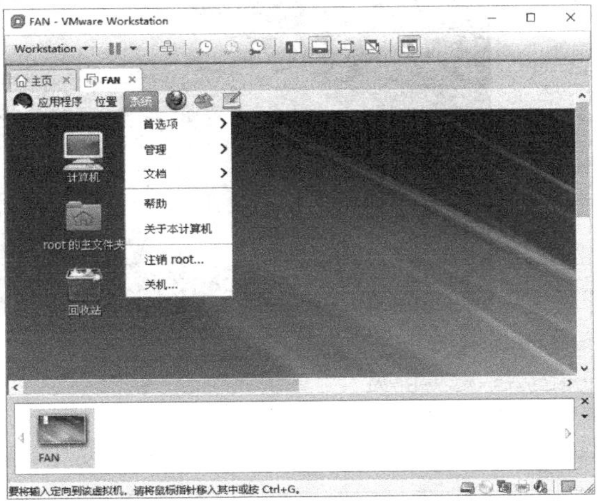

图 2-5 “系统”菜单

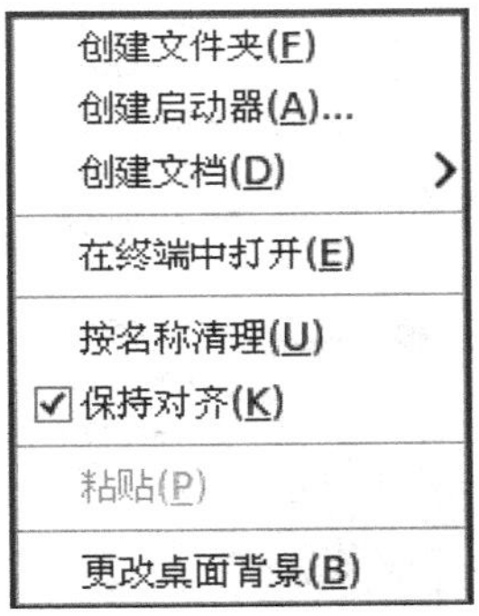

图 2-6 修改桌面背景

图 2-7 “外观首选项”对话框

图 2-8 新更换的桌面背景

与 Windows 系统不同的是，在 RHEL Server 6.4 系统下单击桌面背景图案后桌面背景会随之立即改变，而 Windows 系统下则还要再单击“应用”或“确定”按钮才行。在修改桌面背景时，除了使用默认提供的图案外，还可以通过“添加”按钮在计算机中找到自己喜欢的图案，然后添加到壁纸中，再设置成桌面背景。

3. 屏幕保护程序

屏保的设置是为了避免屏幕在静态画面下保持太长时间，从而对显示器产生不必要的影响，并在一定程度上起到了省电的作用。修改屏幕保护程序也很容易，就是依次选择“系统”→“首选项”→“屏幕保护程序”菜单命令，然后在“屏幕保护程序主题”列表框中选择要更换的屏幕保护程序就可以了，如图 2-9 和图 2-10 所示。选择后可以通过“预览”按钮来查看效果。

图 2-9　选择“屏幕保护程序”菜单命令

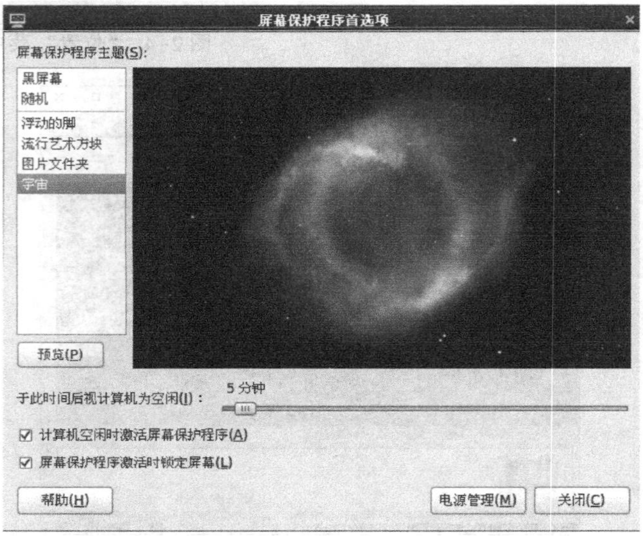

图 2-10　设置屏幕保护程序

图 2-10 中还有 3 个选项：一个是“于此时间后视计算机为空闲”其右边是时间滑动条，用来设置计算机空闲多长时间后启动屏幕保护程序，空闲时间可以自行设定，时间范围是 1 min~2 h；一个是“计算机空闲时激活屏幕保护程序”复选框，设置屏幕保护程序时要选中这个复选框；还有一个是“屏幕保护程序激活时锁定屏幕”复选框，当输入正确口令后才能返回到桌面。

4. 系统监视器

RHEL Server 6.4 的系统监视器就如同 Windows 下的任务管理器，可以用来查看系统资源（包括 CPU、内存等）的使用情况，并对“进程”进行管理。打开“系统监视器”的方法：依次选择“应用程序”→“系统工具”→“系统监视器”菜单命令，如图 2-11 所示。系统弹出“系统监视器”窗口，如图 2-12 所示。

默认是在“资源”选项卡下，能看到“CPU 历史”“内存和交换历史”“网络历史”等信息，如图 2-12所示。切换到“进程”选项卡，便能查看进程并对进程进行管理，如

图 2-13所示。用户可以在某进程上单击鼠标右键，通过快捷菜单管理；也可以单击某进程，然后通过“编辑”菜单进行管理。

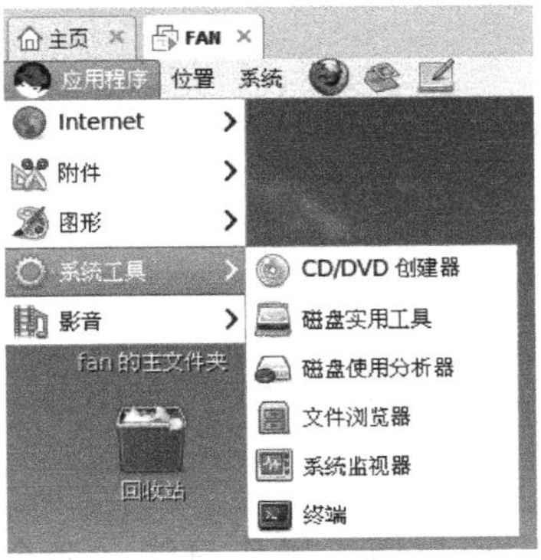

图 2-11　打开“系统监视器”

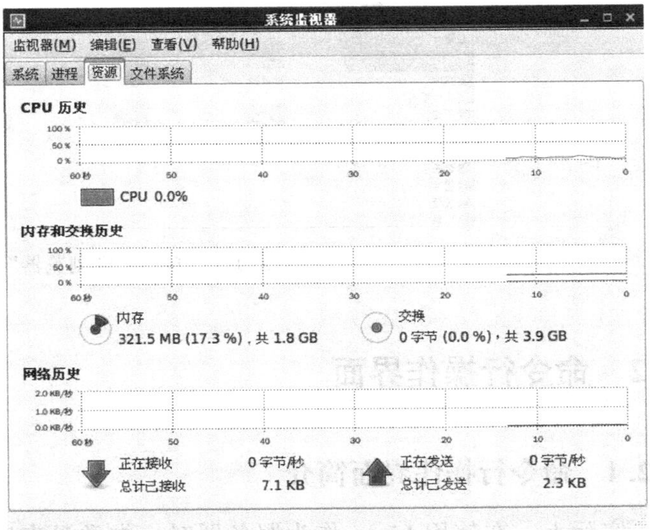

图 2-12　“系统监视器”窗口

5. 文件浏览器

在“应用程序”菜单下的“系统工具”子菜单中的“文件浏览器”命令，如图 2-14 所示，可以打开文件浏览器。其功能类似于 Windows 中的资源管理器，能以图形的方式显示本地或远程计算机的文件和文件夹信息。打开文件浏览器后，显示的是当前登录用户的主文件夹。因为这里是以“fan”这个用户登录的，所以显示的也就是“fan 文件浏览器”窗口，如图 2-15 所示。

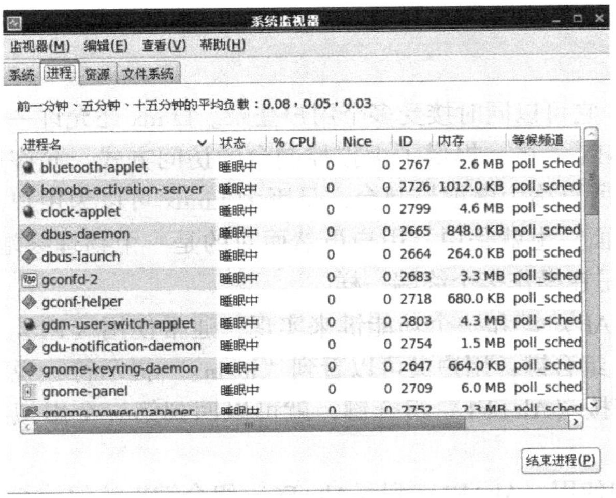

图 2-13　“进程”选项卡

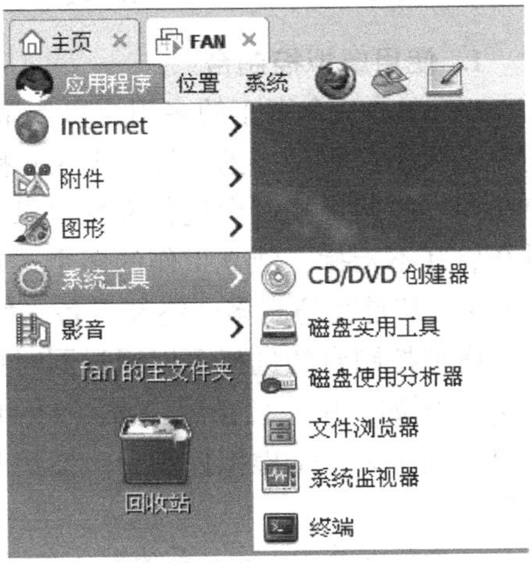

图 2-14　选择“文件浏览器”命令

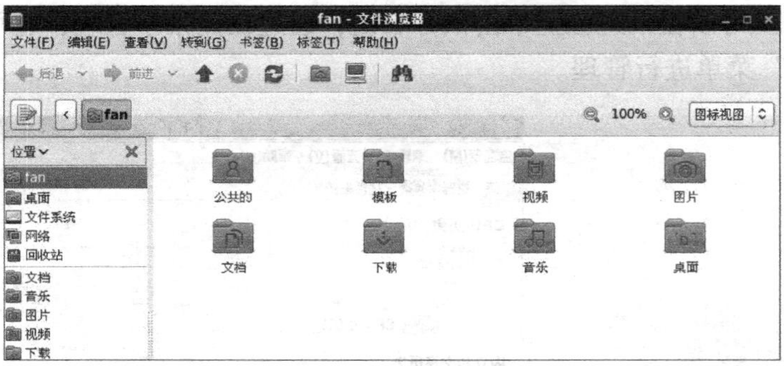

图 2-15 “fan-文件浏览器”窗口

2.2 命令行操作界面

2.2.1 命令行操作界面简介

实际上，在使用 Linux 作为服务器时，常常没有安装图形界面，操作只能在命令行操作界面下运行。Linux 命令行操作也称为文本操作模式，是 Linux 操作系统的一大优势所在，命令行操作的运行不需要占用过多的系统资源，功能也十分强大，几乎所有 Linux 的操作都可以通过命令行来完成。其中，Linux 命令行操作在计算机的远程管理和服务器操作中的优势尤其明显。熟练掌握 Linux 命令行操作是领会 Linux 系统精髓的必然途径。

RHEL Server 6.4 提供了 3 种方式进入 Linux 的文本模式，分别是使用虚拟控制台、GUI 仿真终端和系统直接进入。

2.2.2 进入 Linux 文本模式

1. 使用虚拟控制台

Linux 是一个真正的多用户操作系统，它可以同时接受多个用户登录。Linux 还允许一个用户进行多次登录，这是因为 Linux 和 UNIX 一样，提供了虚拟控制台的访问方式，允许用户在同一时间从控制台进行多次登录。之所以称为虚拟控制台，是因为 Linux 可以为用户同时开启互不干扰、独立工作的多个工作界面，也就是说，用户虽然面对的是一个物理终端，但 Linux 却是在仿真多个终端设备，好像是在操作多个终端一样。

虚拟控制台的选择可以通过同时按〈Alt〉键和一个功能键来实现，通常使用〈F1〉~〈F6〉。例如，用户登录后，按〈Alt+F2〉组合键，用户又可以看到“login:”提示符，说明用户看到了第二个虚拟控制台。然后只需按〈Alt+F1〉组合键，就可以回到第一个虚拟控制台。

一个新安装的 Linux 系统默认允许用户使用〈Alt+F1〉到〈Alt+F6〉组合键来访问前 6 个虚拟控制台。如果用户目前的操作环境是图形环境，则必须同时使用〈Ctrl+Alt+Fn〉组合键（Fn 代表〈F1〉~〈F7〉键）切换，其中〈Ctrl+Alt+F7〉组合键用来返回到图形界面。虚拟控制台可使用户同时在多个控制台上工作，真正体现 Linux 系统多用户的特性。用户可以在某一虚拟控制台上进行的工作尚未结束时，切换到另一虚拟控制台开始另一项工作。

虚拟控制台的数量是可以修改的，具体的方法在以后的章节会详细讲解。

2. GUI 仿真终端

在图形界面下调出仿真终端的方法是，依次选择“应用程序”→“系统工具”→“终端”菜单命令，如图 2-16 所示，或在桌面上右击，选择“新建终端”命令，就可以调出一个仿真终端的窗口，如图 2-17 所示。

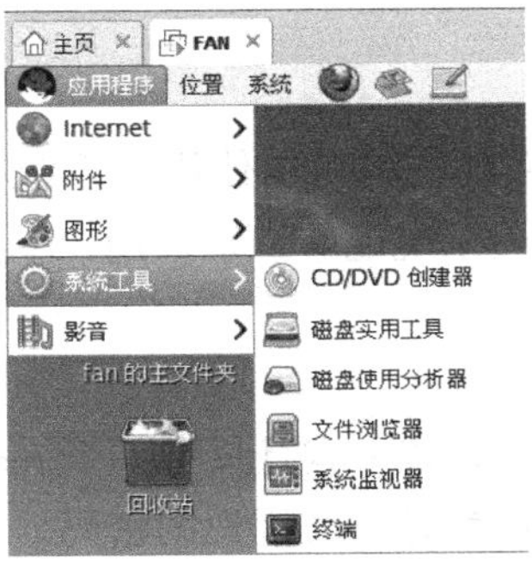

图 2-16 打开终端

图 2-17 终端样式

3. 系统直接进入

用户可以在 Linux 系统安装过程中，选择开机时系统使用文本模式登录界面，从而使系统直接进入 Linux 文本模式，也可以在完成系统的全部安装环节后，通过修改/etc/inittab 文件来实现。由于还没有学习到 Vi 编辑器的的相关知识，因此使用“gedit”文本编辑器编辑/etc/inittab。

双击“计算机”图标，找到/etc 目录，打开目录找到 inittab 文件，单击鼠标右键，在弹出的快捷菜单中选择“用 编辑 打开”菜单命令，如图 2-18 所示。

打开 inittab 文件，可以找到字符串“id:5:initdefault”，如图 2-19 所示。

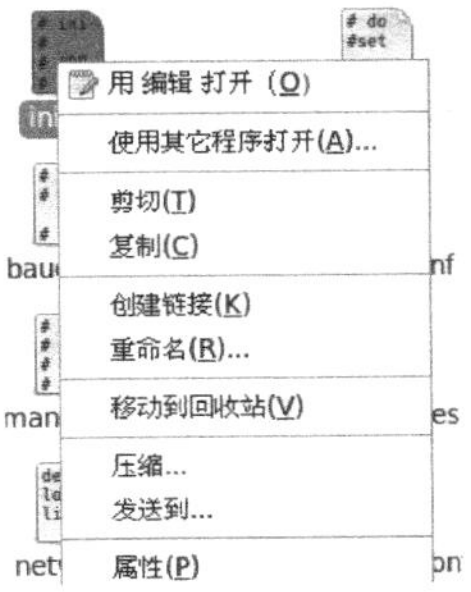

图 2-18 使用“gedit”文本编辑器打开/etc/ininttab 文件

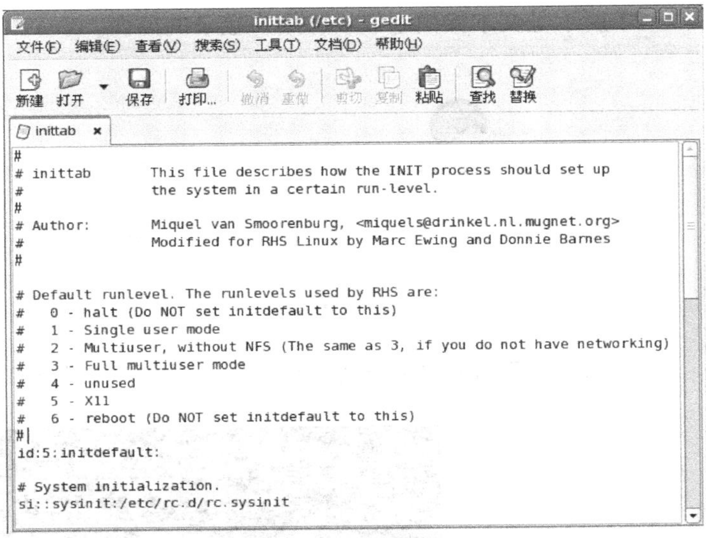

图 2-19 /etc/inittab 文件内容

修改“id:5:initdefault”为“id:3:initdefault”后存盘退出。重新启动计算机，就会看到文本模式的登录界面了。

2.3 登录、退出和关闭系统

2.3.1 登录、注销与退出

1. 登录

前面讲到，Linux 是一个真正意义上的多用户操作系统，用户要使用该系统，首先必须登录，使用完系统后必须退出。用户登录系统时，为了使系统能够识别该用户，必须输入用户名和密码，经系统验证无误后才可以登录系统。

Linux 下有以下两种用户。

1）root 用户：超级权限者，系统的拥有者，在 Linux 系统中有且只有一个 root 用户，它可以在系统中进行任何操作。在系统安装时所设置的密码就是 root 用户的密码。

2）普通用户：Linux 系统下可以创建许多普通用户，并为其指定相应的权限，使其有限地使用 Linux 系统。

关于用户的管理，将在后面章节详细说明。

用户登录分以下两步进行。

1）输入用户的登录名，系统根据该登录名来识别用户。

2）输入用户的口令，该口令是用户自己选择的一个字符串，对其他用户完全保密，是登录系统时识别用户的唯一根据，因此每一个用户都应该保护好自己的口令。

图 2-20 和图 2-21 所示为图形界面下以 root 用户为例的登录过程。在图 2-20 中输入用户名，在图 2-21 中输入密码。

图 2-22 所示是文本界面下以 root 用户登录的界面。

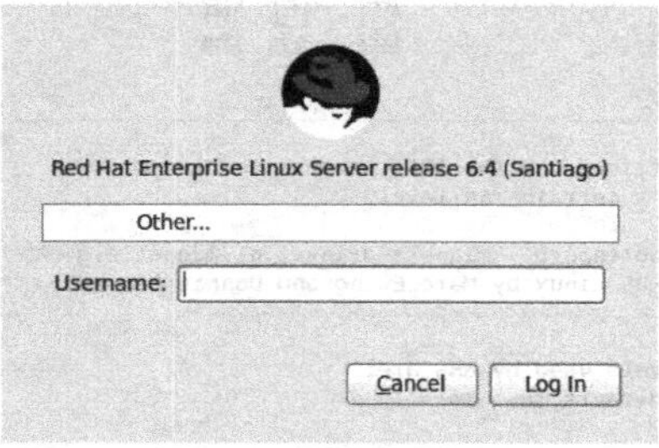

图 2-20 图形界面下的用户登录界面

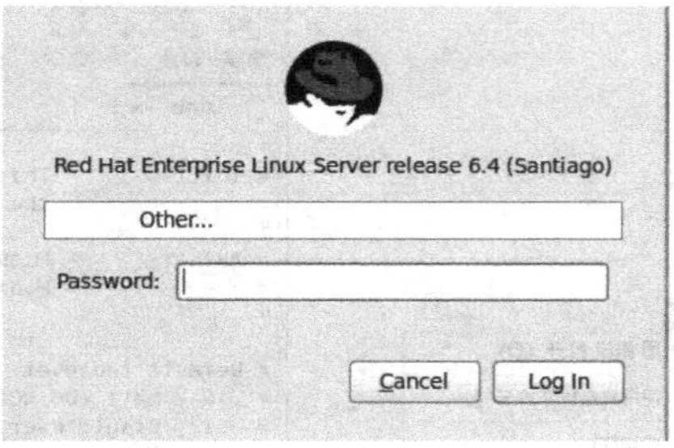

图 2-21 输入密码

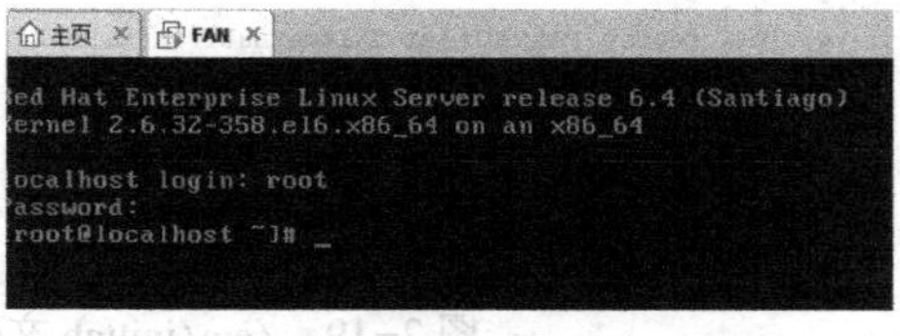

图 2-22 文本界面下的 root 用户登录界面

在图 2-22 中可以看到，在“Password”后面是空的，其实并不是不输入密码，而是在输入时，Linux 系统不会把它显示出来，以此保护密码。

如果登录成功，用户将获得 shell（shell 是用来与用户交互的程序，它就像 DOS 中的 COMMAND. COM，不过在 Linux 下有多种 shell 供选择，如 bash、csh、ksh 等）提示符，如果以 root 用户登录，那么获得的提示符是“#”，普通用户将是“ $ ”。

2. 注销与退出

在图形界面下打开“系统”菜单，选择“注销”命令，弹出提示对话框，如图 2-23 所示。也可在文本模式下使用“logout”命令来注销。应该注意，注销命令只是使得当前用户退出系统，但不能关闭计算机。

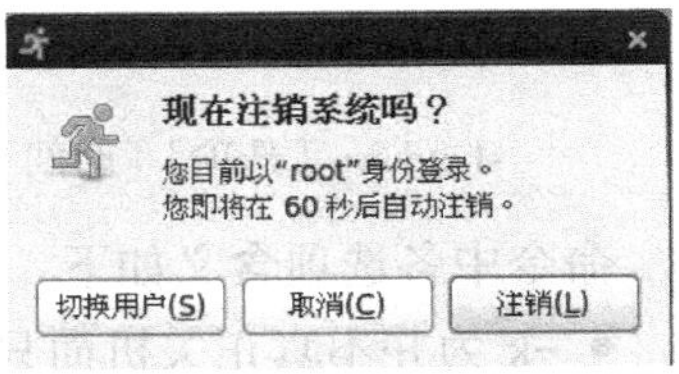

图 2-23　注销提示对话框

2.3.2　Linux 的运行级别

Linux 操作系统自从开始启动至启动完毕需要经历几个不同的阶段，这几个阶段就叫作运行级别。同样，当 Linux 操作系统关闭时也要经历另外几个不同的运行级别。

Linux 系统有以下 7 个运行级别（Runlevel）。

- 运行级别 0：系统停机状态，系统默认运行级别不能设为 0，否则不能正常启动。
- 运行级别 1：单用户工作状态，root 权限，用于系统维护，禁止远程登录。
- 运行级别 2：多用户状态（没有 NFS）。
- 运行级别 3：完全的多用户状态（有 NFS），登录后进入控制台命令行模式。
- 运行级别 4：系统未使用，保留。
- 运行级别 5：X11 控制台，登录后进入 GUI 模式。
- 运行级别 6：系统正常关闭并重新启动，默认运行级别不能设为 6，否则不能正常启动。

运行级别的原理：

1）在目录/etc/rc. d/init. d 下有许多服务器脚本程序，一般称为服务（Service）。

2）在/etc/rc. d 下有 7 个名为 rcN. d 的目录，对应系统的 7 个运行级别。

3）rcN. d 目录下都是一些符号链接文件，这些链接文件都指向 init. d 目录下的 Service 脚本文件，命名规则为 K+nn+服务名或 S+nn+服务名，其中 nn 为两位数字。

4）系统会根据指定的运行级别进入对应的 rcN. d 目录，并按照文件名顺序检索目录下的链接文件。

- 对于以 K 开头的文件，系统将终止对应的服务。
- 对于以 S 开头的文件，系统将启动对应的服务。

5）查看运行级别用 runlevel 命令。

6）在终端中，用户可以输入“init <运行级别>”来切换运行级别以达到某种目的，如输入“init 0”使系统关机，输入“init 6”使系统重启。

2.3.3　关闭和重启计算机

除了输入“ init 0”使系统关机，输入“init 6”使系统重启以外，经常用到的关闭和重新启动计算机的命令还有 shutdown、reboot、halt、poweroff。

1. shutdown 命令

shutdown 命令可以安全地关闭或重启 Linux 系统，它在系统关闭之前给系统上的所有登录用户提示一条警告信息。该命令还允许用户指定一个时间参数，可以是一个精确的时间，也可以是从现在开始的一个时间段。

该命令的一般格式：

```
shutdown [选项] [时间] [警告信息]
```

命令中各选项含义如下：

- -k 为并不真正关机而只是发出警告信息给所有用户；
- -r 为关机后立即重新启动；
- -h 为关机后不重新启动；
- -f 为快速关机重启动时跳过 fsck；
- -n 为快速关机不经过 init 程序；
- -c 为取消一个已经运行的 shutdown。

需要特别说明的是，该命令只能由超级用户使用。

2. reboot 命令

reboot 命令的作用是重新启动计算机，它的使用权限归系统管理者。

该命令的一般格式：

```
reboot [-n] [-w] [-d][-i]
```

命令中各选项含义如下：

- -n 为在重新开机前不做将记忆体资料写回硬盘的动作；
- -w 为并不会真的重新开机，只是把记录写到/var/log/wtmp 文件中；
- -d 为不把记录写到/var/log/wtmp 文件中（-n 这个参数包含了-d）；
- -i 为在重新开机之前先把所有与网络相关的装置停止。

3. halt 命令

halt 命令的作用是关闭系统，它的使用权限归超级用户。

该命令的一般格式：

```
halt [-n] [-w] [-d] [-f] [-i] [-p]
```

各选项含义如下：

- -n 为防止 sync 系统调用，它用在用 fsck 修补根分区之后，以阻止内核用老版本的超级块覆盖修补过的超级块；
- -w 为并不是真正的重启或关机，只是写 wtmp（/var/log/wtmp）记录；
- -d 为关闭系统，但不留下记录；
- -f 为没有调用 shutdown，而强制关机或重启；
- -i 为关机（或重启）前，关掉所有的网络接口；
- -p 为当关机时顺便做关闭电源的动作。

4. 重启和关闭系统命令的实例

重启命令：

1）reboot：重开机。

2）shutdown -r now：立刻重启（root 用户使用）。

3）shutdown -r 10：过 10 min 后自动重启（root 用户使用）。

4）shutdown -r 20:35：在 20:35 时重启（root 用户使用）。

关机命令：

1）halt：立刻关机。

2）poweroff：立刻关机。

3）shutdown -h now：立刻关机（root 用户使用）。

4）shutdown -h 10：10 min 后自动关机。

2.4 用户和组群管理

Linux 是一个真正的多用户、多任务操作系统，它允许多个用户同时登录到系统上使用系统资源。系统根据账户来区分每个用户的文件、进程、任务，给每个用户提供特定的工作环境（如用户的工作目录、shell 版本以及 X-Windows 环境的配置等），使每个用户的工作都能独立、不受干扰地进行。Linux 将同一类型的用户归为一个组群，可通过设置组群的权限来批量设置用户的权限。Linux 系统进行用户和组管理的目的是保证系统中用户的数据和进程的安全。

2.4.1 用户

Linux 上的用户账户有普通用户账户和超级用户账户两种。

- 普通用户账户：普通用户账户只能访问其拥有的或者有权限执行的文件。
- 超级用户账户(root)：管理员在系统上的任务是对普通用户和整个系统进行管理。管理员账户对系统具有绝对的控制权，能够对系统进行一切操作。

每一个用户都由一个唯一的身份来标识，这个标识叫作用户 ID。系统中的每一个用户也至少需要属于一个“用户组”。

2.4.2 Linux 环境下的用户系统文件

在 Linux 系统中，默认情况下，所有账户的相关信息都记录在 /etc/passwd 文件里，密码记录在 /etc/shadow 文件中。

1. /etc/passwd

/etc/passwd 每行定义一个用户账户，此文件对所有用户可读。一行又划分为多个字段定义用户账号的不同属性，各字段间用“:”分隔。其具体格式：

```
用户账号:用户密码:用户 ID:用户组 ID:注释性描述:宿主目录:用户使用的 shell
```

1）用户账号为用户登录系统时使用的用户名，在系统中是唯一的。

2）用户密码为存放的加密口令，口令都显示为 x，这表明用户的口令是被/etc/shadow 文件保护的。

3）用户 ID（UID）用来在系统内部标识用户，每个用户的 UID 都是唯一的，root 用户的 UID 号是 0，普通用户从 500 开始，1~499 是系统的标准账户。

4）用户组 ID 用来在系统内部标识用户所属的组。

5）注释性描述用于存放的用户全名等信息。

6）宿主目录为用户登录系统后所进入的目录。

7）用户使用的 shell 为指示该用户使用的 shell，Linux 默认的是 bash。

使用 head 命令可以查看/etc/passwd 文件的前 10 行内容。该命令的一般格式：

```
[root@mail ~]# head /etc/passwd
```

结果如图 2-24 所示。

```
[root@mail ~]# head /etc/passwd
root:x:0:0:root:/root:/bin/bash
bin:x:1:1:bin:/bin:/sbin/nologin
daemon:x:2:2:daemon:/sbin:/sbin/nologin
adm:x:3:4:adm:/var/adm:/sbin/nologin
lp:x:4:7:lp:/var/spool/lpd:/sbin/nologin
sync:x:5:0:sync:/sbin:/bin/sync
shutdown:x:6:0:shutdown:/sbin:/sbin/shutdown
halt:x:7:0:halt:/sbin:/sbin/halt
mail:x:8:12:mail:/var/spool/mail:/sbin/nologin
news:x:9:13:news:/etc/news:
```

图 2-24　/etc/passwd 文件的前 10 行内容

2. /etc/shadow

/etc/passwd 文件对任何用户均可读，为了增加系统的安全性，用户的口令通常用 shadow passwords 保护。/etc/shadow 只对 root 用户可读。在/etc/shadow 文件中保留的是采用 MD5 算法加密的口令。

使用 head 命令可以查看/etc/shadow 文件的前 10 行内容。该命令的一般格式：

```
[root@mail ~]# head /etc/shadow
```

结果如图 2-25 所示。

```
[root@mail ~]# head /etc/shadow
root:$1$Z0HyxFEe$nm7DEL3TF/AvaGQgtaDHT0:14440:0:99999:7:::
bin:*:14440:0:99999:7:::
daemon:*:14440:0:99999:7:::
adm:*:14440:0:99999:7:::
lp:*:14440:0:99999:7:::
sync:*:14440:0:99999:7:::
shutdown:*:14440:0:99999:7:::
halt:*:14440:0:99999:7:::
mail:*:14440:0:99999:7:::
news:*:14440:0:99999:7:::
```

图 2-25　/etc/shadow 文件的前 10 行内容

/etc/shadow 文件的各字段解析见表 2-1。

表 2-1　/etc/shadow 文件中各字段的解析

字　段	解　析
用户名	用户的账户名

（续）

字　　段	解　　析
口令	用户的口令，是加密的
最后一次修改的时间	从 1970 年 1 月 1 日起，到用户最后一次更改口令的天数
最小时间间隔	从 1970 年 1 月 1 日起，到用户可以更改口令的天数
最大时间间隔	从 1970 年 1 月 1 日起，到必须更改口令的天数
警告时间	在口令过期之前多少天提醒用户更新
不活动时间	在用户口令过期之后到禁用账户的天数
失效时间	从 1970 年 1 月 1 日起，到账户被禁用的天数
标志	保留位
字段	说明

2.4.3　Linux 环境下的用户组及用户组系统文件

组是用户的集合。在系统中，组有私有组和标准组两种。当创建用户时，如果没有为其指定属于哪个组，Linux 就会建立一个和用户同名的私有组，此私有组中只含有该用户。若使用标准组，则在创建新用户时为其指定属于哪个组。

和用户组有关系的文件是/etc/group 和/etc/gshadow。

1. /etc/group

group 文件中的每一行内容表示一个组群的信息，各字段之间用“:”分隔。使用 head 命令可以查看/etc/group 文件的前 10 行内容。该命令的一般格式：

```
[root@mail ~]# head /etc/group
```

结果如图 2-26 所示。

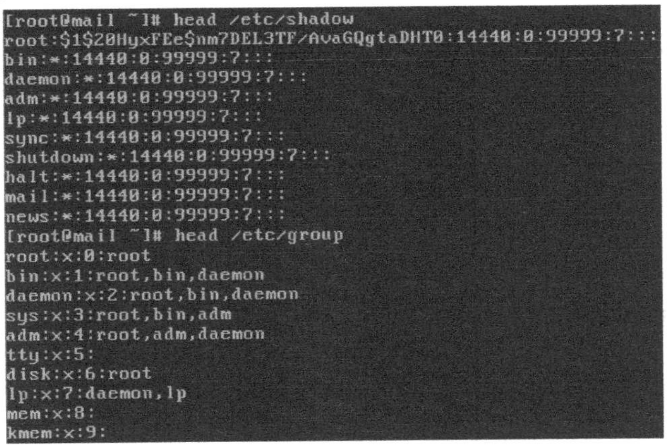

```
[root@mail ~]# head /etc/shadow
root:$1$20HyxFEe$nm7DEL3TF/AvaGQgtaDHT0:14440:0:99999:7:::
bin:*:14440:0:99999:7:::
daemon:*:14440:0:99999:7:::
adm:*:14440:0:99999:7:::
lp:*:14440:0:99999:7:::
sync:*:14440:0:99999:7:::
shutdown:*:14440:0:99999:7:::
halt:*:14440:0:99999:7:::
mail:*:14440:0:99999:7:::
news:*:14440:0:99999:7:::
[root@mail ~]# head /etc/group
root:x:0:root
bin:x:1:root,bin,daemon
daemon:x:2:root,bin,daemon
sys:x:3:root,bin,adm
adm:x:4:root,adm,daemon
tty:x:5:
disk:x:6:root
lp:x:7:daemon,lp
mem:x:8:
kmem:x:9:
```

图 2-26　/etc/group 文件的前 10 行内容

/etc/group 文件的各字段解析见表 2-2。

表 2-2　/etc/group 文件中各字段的解析

字　　段	解　　析	字　　段	解　　析
组名	组的名称	GID	组的识别号
组口令	用户组的口令，用 x 表示	组成员	该组的成员

2. /etc/gshadow

/etc/gshadow 是用户组密码文件。使用 head 命令可以查看/etc/gshadow 文件的前 10 行内容。该命令的一般格式：

```
[root@mail ~]# head /etc/gshadow
```

结果如图 2-27 所示。

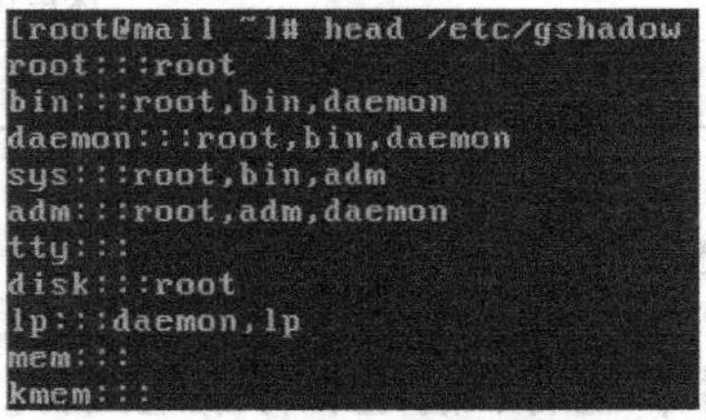

图 2-27　/etc/gshadow 文件的内容

/etc/gshadow 文件的各字段解析见表 2-3。

表 2-3　/etc/gshadow 文件中各字段的解析

字　段	解　析
组名	组的名称
组口令	用户组的口令，保存已加密的口令
组的管理员账号	组的管理员账号，管理员有权对该组添加、删除账号
组成员	该组的成员，多个用户之间用“，”分隔

2.4.4　管理用户和用户组的命令

1. 用户管理

（1）添加用户

```
[root@dns ~]# useradd user1
[root@dns ~]# passwd user1
```

（2）更改当前登录用户口令

```
[root@dns ~]# passwd
```

（3）删除用户

```
[root@dns ~]# userdel user1（用户主目录还在）
[root@dns ~]# userdel -r user1（用户主目录同时删除）
```

（4）更改用户属性

```
[root@dns ~]# usermod -L user1 禁用账户
[root@dns ~]# usermod -U user1 启用账户
```

(5) 查看用户信息

```
[root@dns ~]# grep user1 /etc/shadow
[root@dns ~]# grep user1 /etc/passwd
```

(6) 指定账户过期时间

```
[root@dns ~]# usermod -e 2019-04-01 user1
```

2. 用户组管理

(1) 用户组文件位置

```
[root@dns ~]# /etc/group
```

(2) 添加用户组

```
[root@dns ~]# groupadd users
```

(3) 添加用户时指定用户组

```
[root@dns ~]# useradd user1 -g users
```

(4) 删除用户组

```
[root@dns ~]# groupdel users
```

(5) 更改用户属组

```
[root@dns ~]# usermod -g Powerusers user1
```

2.5 Linux 的用户接口与文本编辑器

2.5.1 shell 简介

严格地说，Linux 这个名字仅仅指的是由 Linus 主导发展的一个操作系统内核，而不是一般用户所看到和使用的操作系统平台。但由于 Linux 内核得到了广泛使用和宣传，现在一般所指的 Linux 包括了操作系统内核和由 GNU 提供的一系列外围程序。它们组成了能够提供计算机硬件管理和执行用户操作请求功能的操作系统平台。这个系统在结构上可以划分为 4 部分，如图 2-28 所示。

图 2-28　系统结构

1. Linux 内核

内核是系统的心脏，是运行程序和管理磁盘、打印机等硬件设备的核心程序。

2. 运行期库和系统程序

在内核以外，就是一组运行期库和系统程序，它们封装了内核向外提供的功能接口，将这些功能加入一定的权限检查后，通过自己的应用接口提供给一般用户进程使用。

3. shell

shell 是系统的用户界面，提供了用户与内核进行交互操作的一种接口。它接收用户输入的命令，并且把它送入内核去执行。

4. 实用工具程序

实用工具程序是用户用来完成其特定工作的应用程序。标准的 Linux 系统包括了一套实用工具程序，如文本编辑器、数据处理工具、开发工具、Internet 工具等。用户也可以遵照 Linux 的规则开发自己的应用程序。

Red Hat Linux 包括几种不同的 shell。Bash 是为互动用户提供的默认 shell。

2.5.2 shell 命令基础

在文本界面下，用户对 Linux 的操作通过 shell 命令来实现。shell 可执行的用户命令分为内置命令和实用程序两大类。

shell 对于用户输入的命令，有以下几种处理方式：

1）如果用户输入的是内置命令，那么由 shell 的内部解释器进行解释，并交由内核执行。

2）如果用户输入的是实用程序命令，而且给出了命令的路径，那么 shell 会按照用户提供的路径执行命令。

用户登录到 Linux 系统时，可以看到一个 shell 提示符（如果以 root 用户登录，获得的提示符是“#”，普通用户将是“ $ ”），标识了命令行的开始。用户可以在提示符后面输入任何命令及参数，如图 2-29 所示。

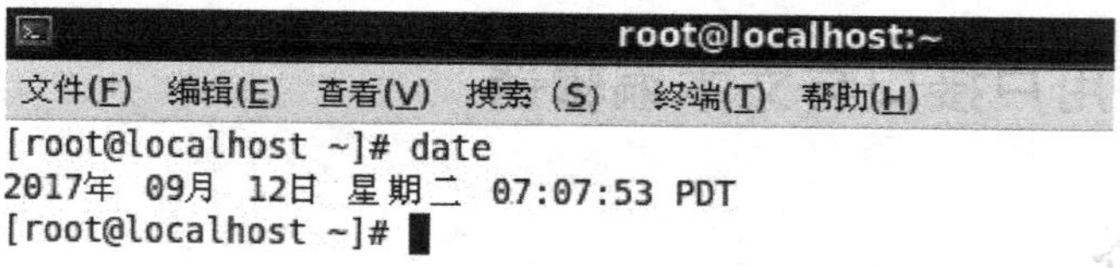

图 2-29 date 命令

用户登录时，实际进入了 shell，它遵循一定的语法将输入的命令加以解释并传给系统。命令行中输入的第一个字段必须是一个命令的名字，第二个字段是命令的选项或参数，命令行中的每个字段必须由空格或制表符（按〈Tab〉键）隔开，具体格式如下：

```
# 命令 选项 参数
```

选项是包括一个或多个字母的代码，它前面有一个减号（减号是必要的，Linux 用它来区别选项和参数），选项可用于改变命令执行的动作的类型，如图 2-30 所示。

这是没有选项的 ls 命令，可列出当前目录中的所有文件，只列出各个文件的名字，而不显示其他更多的信息。

加入“-l”选项，将会为每个文件列出一行信息，诸如数据大小和数据最后被修改的

```
[root@localhost ~]# ls
anaconda-ks.cfg  Documents  install.log         Music     Public     Videos
Desktop          Downloads  install.log.syslog  Pictures  Templates
[root@localhost ~]# █
```

图 2-30　没带选项的 ls 命令

时间，如图 2-31 所示。

```
[root@localhost ~]# ls -l
总用量 96
-rw-------. 1 root root  3265 9月  12 03:27 anaconda-ks.cfg
drwxr-xr-x. 2 root root  4096 9月  12 04:27 Desktop
drwxr-xr-x. 2 root root  4096 9月  12 04:27 Documents
drwxr-xr-x. 2 root root  4096 9月  12 04:27 Downloads
-rw-r--r--. 1 root root 41179 9月  12 03:27 install.log
-rw-r--r--. 1 root root  9154 9月  12 03:25 install.log.syslog
drwxr-xr-x. 2 root root  4096 9月  12 04:27 Music
drwxr-xr-x. 2 root root  4096 9月  12 04:27 Pictures
drwxr-xr-x. 2 root root  4096 9月  12 04:27 Public
drwxr-xr-x. 2 root root  4096 9月  12 04:27 Templates
drwxr-xr-x. 2 root root  4096 9月  12 04:27 Videos
[root@localhost ~]# █
```

图 2-31　带选项的 ls 命令

这里要特别注意，Linux 的命令是区分大小写的。在命令行（shell）中，可以使用〈Tab〉键来自动补齐全命令，即可以输入命令的前几个字母，然后按〈Tab〉键，系统将自动补全该命令。若不止一个，则显示所有和输入字符相匹配的命令。

另外，利用向上或向下的方向键，可以翻查曾执行过的历史命令，并可再次执行。

要在一个命令行上输入和执行多条命令，可使用分号来分隔命令，比如，“cd /etc; ls -l”。

断开一个长命令行，可使用反斜杠“ \ ”将一个较长的命令分为多行表达，以增强命令的可读性。换行后，shell 自动显示提示符“>”，表示正在输入一个长命令，此时可继续在新行上输入命令的后续部分。

通配符用于模式匹配，如文件名匹配、路径名搜索、字符串查找等。常用的通配符有“ * ”“?”和括在方括号“[ ]”中的字符序列。用户可以在作为命令参数的文件名中包含这些通配符，构成一个所谓的“模式串”，在执行过程中进行模式匹配。

1) * 代表任何字符串（长度可以不等）。例如，“f *”匹配以 f 打头的任意字符串。但应注意，文件名前的圆点（.）和路径名中的斜线(/)必须显式匹配。例如，“ * ”不能匹配 .file，而“. * ”才可以匹配 .file。

2) ? 代表任何单个字符。

3) [ ] 代表指定的一个字符范围，只要文件名中 [ ] 位置处的字符在 [ ] 中指定的范围之内，那么这个文件名就与这个模式串匹配。方括号中的字符范围可以由直接给出的字符组成，也可以由表示限定范围的起始字符、终止字符及中间的连字符（-）组成。例如，f[a-d]与 f[abcd]的作用相同。shell 将把与命令行中指定的模式串相匹配的所有文件名都作为命令的参数，形成最终的命令，然后再执行这个命令。

2.5.3　基本命令

shell 命令非常多，选项也非常复杂，不易全部掌握。本书选择性地介绍最常用的 shell

命令。

1. 与文件、目录的建立以及路径相关的 shell 命令

(1) mkdir 命令

功能：创建一个目录（类似 DOS 下的 md 命令）。

语法：

```
mkdir [选项] dir-name
```

说明：该命令创建由 dir-name 命名的目录。要求创建目录的用户在当前目录（dir-name 的父目录）中具有写权限，并且 dir-name 不能是当前目录中已有的目录或文件名称。

命令中各选项的含义如下：

- -m 为对新建目录设置存取权限，也可以用 chmod 命令设置；
- -p 为可以是一个路径名称，此时若路径中的某些目录尚不存在，加上此选项后，系统将自动建立好那些尚不存在的目录，即一次可以建立多个目录。

【例 2-1】 创建名为 test 的目录，并在其下创建 aa/bb/cc/dd 目录。

```
[root@localhost ~]# ls
[root@localhost ~]# mkdir test
[root@localhost ~]# ls
[root@localhost ~]# mkdir -p test/aa/bb/cc/dd
```

过程及结果如图 2-32 所示。

[root@localhost ~]# ls
anaconda-ks.cfg Documents install.log Music Public Videos
Desktop Downloads install.log.syslog Pictures Templates
[root@localhost ~]# mkdir test
[root@localhost ~]# ls
anaconda-ks.cfg Documents install.log Music Public test
Desktop Downloads install.log.syslog Pictures Templates Videos
[root@localhost ~]# mkdir test/aa/bb/cc/dd
mkdir: 无法创建目录"test/aa/bb/cc/dd": 没有那个文件或目录
[root@localhost ~]# mkdir -p test/aa/bb/cc/dd
[root@localhost ~]#

图 2-32 建立目录

在例 2-1 中可以看到，没有选项-p 是无法直接递归建立多个目录的。

(2) rmdir 命令

功能：删除空目录。

语法：

```
rmdir [选项] dir-name
```

说明：dir-name 表示目录名。该命令从一个目录中删除一个或多个子目录项。需要特别注意的是，一个目录被删除之前必须是空的。rm -r dir 命令可代替 rmdir，但是有危险性。删除某目录时也必须具有对父目录的写权限。

命令中选项的含义如下：

-p 为递归删除目录 dir-name，当子目录删除后其父目录为空时，父目录也一同被删除。如果整个路径被删除或者由于某种原因保留部分路径，则系统在标准输出上显示相应的信

息。例如，删除例 2-1 中的 test 目录：

```
[root@dns ~]# rmdir -p test/aa/bb/cc/dd
```

(3) pwd 命令

功能：显示整个路径名。

语法：

```
pwd
```

说明：此命令显示出当前工作目录的绝对路径。在 Linux 层次目录结构中，用户可以在被授权的任意目录下利用 mkdir 命令创建新目录，也可以利用 cd 命令从一个目录转换到另一个目录。然而，没有提示符来告知用户目前处于哪一个目录中。要想知道当前所处的目录，可以使用 pwd 命令。

(4) cd 命令

功能：改变工作目录。

语法：

```
cd [directory]
```

说明：该命令将当前目录改变至 directory 所指定的目录。若没有指定 directory，则回到用户的主目录。为了进入指定目录，用户必须拥有对指定目录的执行和读权限。

【例 2-2】 切换目录。

如图 2-33 所示，利用 cd 命令切换到/var 目录，然后切换到 spool 目录下。

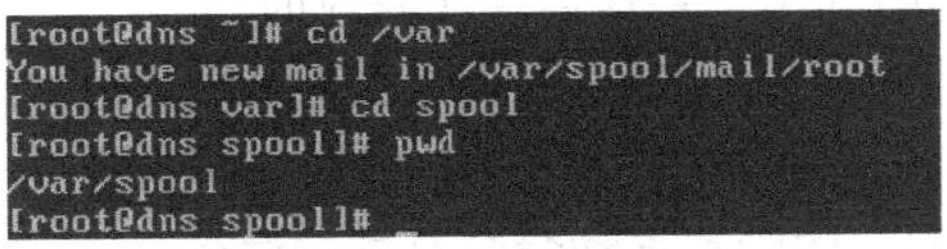

[root@dns ~]# cd /var
You have new mail in /var/spool/mail/root
[root@dns var]# cd spool
[root@dns spool]# pwd
/var/spool
[root@dns spool]#

图 2-33 切换目录

这里路径既可采用绝对路径，也可采用相对路径。当采用相对路径时，是指切换到当前目录中的某个子目录。

【例 2-3】 切换到用户主目录。

如图 2-34 所示，“cd ~” 命令和 “cd ” 命令作用相同，都能切换到用户的主目录。默认情况下，超级用户的主目录是/root，而普通用户的主目录是/home 下与该用户同名的子目录。

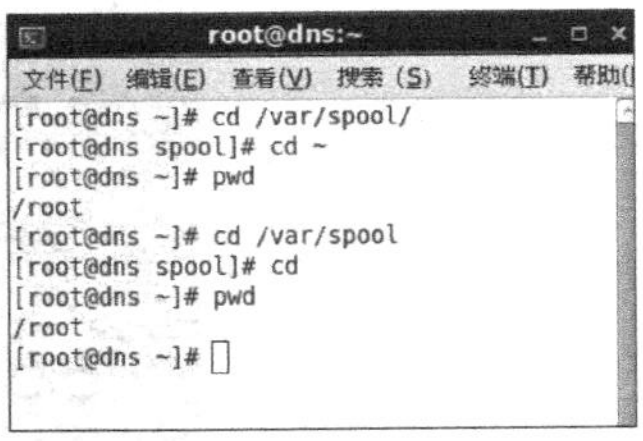

图 2-34 切换到用户主目录

(5) ls 命令

功能：ls 是英文单词 list 的简写，其功能为列出目录的内容。这是用户最常用的命令之一，因为用户需要不时地查看某个目录的内容。该命令类似于 DOS 下的 dir 命令。

语法：

```
ls [选项] [目录或文件]
```

说明：对于每个目录，该命令将列出其中的所有子目录与文件。对于每个文件，ls 将输出其文件名以及所要求的其他信息。默认情况下，输出条目按字母顺序排序。当未给出目录名或文件名时，就显示当前目录的信息。

命令中常用选项的含义如下：

- -a 为显示指定目录下所有子目录与文件，包括隐藏文件；
- -A 为显示指定目录下所有子目录与文件，包括隐藏文件，但不列出“.”和“..”；
- -C 为分成多列显示各项；
- -l 为以长格式来显示文件的详细信息，这个选项最常用；
- -d 为如果参数是目录，只显示其名称而不显示其下的各文件，往往与 l 选项一起使用，以得到目录的详细信息；
- -i 为在输出的第一列显示文件的 i 结点号。每行列出的信息依次是：文件类型与权限 链接数 文件属主 文件属组 文件大小 建立或最近修改的时间 名字。对于符号链接文件，显示的文件名之后有“->”和引用文件路径名。对于设备文件，其“文件大小”字段显示主、次设备号，而不是文件大小。目录中的总块数显示在长格式列表的开头，其中包含间接块。
- -m 为输出按字符流格式，文件跨页显示，以逗号分开；
- -n 为输出格式与 l 选项相同，只不过在输出中文件属主和属组是用相应的 UID 号和 GID 号来表示，而不是实际的名称；
- -R 为递归式地显示指定目录的各个子目录中的文件；
- -t 为显示时按修改时间（最近优先）而不是按名字排序。若文件修改时间相同，则按字典顺序。默认的时间标记是最后一次修改时间。

【例 2-4】 查看当前目录下所有文件和子目录的详细信息。

/var/spool 下所有文件和子目录的详细信息如图 2-35 所示。

2. 与 Linux 文件的复制、删除和移动命令有关的命令

（1）cp 命令

功能：将给出的文件或目录复制到另一文件或目录中。该命令同 DOS 下的 copy 命令一样，功能十分强大。

```
[root@dns test]# cd /var/spool
[root@dns spool]# ls -al
total 112
drwxr-xr-x 14 root   root   4096 Jul 15 21:43 .
drwxr-xr-x 25 root   root   4096 Jul 15 21:33 ..
drwxr-xr-x  2 root   root   4096 Jul 15 22:47 anacron
drwx------  3 daemon daemon 4096 Jul 15 21:21 at
drwxrwx---  2 smmsp  smmsp  4096 Jul 25 05:12 clientmqueue
drwx------  2 root   root   4096 Jun 22  2007 cron
drwx--x---  3 root   lp     4096 Jul 15 21:21 cups
drwxr-xr-x  2 root   root   4096 Oct 11  2006 lpd
drwxrwxr-x  2 root   mail   4096 Jul 25 05:12 mail
drwx------  2 root   mail   4096 Jul 25 05:12 mqueue
drwxr-xr-x  2 rpm    rpm    4096 Aug 25  2007 repackage
drwxrwxrwt  2 root   root   4096 Jul 10  2007 samba
drwxr-x---  2 squid  squid  4096 Mar 24  2007 squid
drwxrwxrwt  2 root   root   4096 Dec 18  2006 vbox
```

图 2-35 显示/var/spool 下所有文件和子目录的详细信息

语法：

```
cp [选项] 源文件或目录 目标文件或目录
```

说明：该命令把指定的源文件复制到目标文件或把多个源文件复制到目标目录中。

该命令的主要选项含义如下：

- -d 为复制时保留链接。
- -r 为若给出的源文件是一个目录文件，此时 cp 将递归复制该目录下所有的子目录和文件。此时目标文件必须为一个目录名。

【例 2-5】 复制命令的使用。

```
cp file1 file2          # 将文件 file1 复制成 file2
cp file1 dir1           # 将文件 file1 复制到目录 dir1 下,文件名还是 file1
cp /tmp/file1 .         #将目录/tmp 下的文件 file1 复制到当前目录下,文件名还是 file1
cp /tmp/file1 file2     #将目录/tmp 下的文件 file1 复制到当前目录下,文件名为 file2
cp -r dir1 dir2         # 复制整个目录
```

（2）mv 命令

功能：为文件或目录改名或将文件由一个目录移入另一个目录中。

语法：

```
mv [选项] 源文件或目录 目标文件或目录
```

说明：视 mv 命令中第二个参数类型的不同（是目标文件还是目标目录），mv 命令将文件重命名或将其移至一个新的目录中。当第二个参数类型是文件时，mv 命令完成文件重命名，此时，源文件只能有一个（也可以是源目录名），它将所给的源文件或目录重命名为给定的目标文件名。当第二个参数是已存在的目录名称时，源文件或目录参数可以有多个，mv 命令将各参数指定的源文件均移至目标目录中。在跨文件系统移动文件时，mv 命令先复制，再将原有文件删除，而链至该文件的链接也将丢失。

命令中主要选项的含义如下：

- -i 为交互方式操作，如果 mv 操作将导致对已存在的目标文件的覆盖，此时系统询问是否重写，要求用户回答 y 或 n，这样可以避免误覆盖文件；
- -f 为禁止交互操作，在 mv 操作要覆盖某已有的目标文件时不给任何指示，指定此选项后，i 选项将不再起作用。

如果所给目标文件（不是目录）已存在，此时该文件的内容将被新文件覆盖。为防止用户用 mv 命令破坏另一个文件，使用 mv 命令移动文件时，最好使用 i 选项。

【例 2-6】 mv 命令的使用。

```
mv file1 file2     将文件 file1 更名为 file2
mv file1 dir1      将文件 file1 移动到目录 dir1,文件名仍为 file1
mv dir1 dir2       将目录 dir1 更改为目录 dir2
```

（3）rm 命令

功能：用户可以用 rm 命令删除不需要的文件。该命令的功能为删除一个目录中的一个或多个文件或目录，它也可以将某个目录及其下的所有文件及子目录均删除。对于链接文件，只是断开了链接，原文件保持不变。

语法：

rm［选项］文件

说明：如果没有使用-r 选项，则 rm 不会删除目录。

该命令的各选项含义如下：

- -f 为忽略不存在的文件，从不给出提示；
- -r 指示 rm 将参数中列出的全部目录和子目录均递归地删除；
- -i 进行交互式删除。

使用 rm 命令要小心。因为一旦文件被删除，它是不能被恢复的。要防止这种情况的发生，可以使用 i 选项来逐个确认要删除的文件。如果用户输入 y，文件将被删除。如果输入任何其他东西，文件则不会被删除。

【例 2-7】 rm 命令的使用。

rm file1	删除文件名为 file1 的文件
rm file?	删除文件名中有 5 个字符且前 4 个字符为 file 的所有文件
rm f *	删除文件名为 f 为字首的所有文件

（4）touch 命令

功能：touch 命令用于更新指定的文件或目录被访问和修改时间为当前系统的日期和时间。查看当前系统日期和时间，使用 date 命令。

若指定的文件不存在，则该命令将以指定的文件名自动创建出一个空文件。这也是快速创建文件的一个途径。

【例 2-8】 要创建两个没有内容的空文件 aa 和 bb。

［root@localhost ~］# touch aa bb

注意，touch 命令和文件名，以及各个文件名之间用空格进行分隔，如图 2-36 所示。

```
[root@localhost ~]# touch aa bb
[root@localhost ~]# ls
aa               Desktop    install.log         Pictures   test
anaconda-ks.cfg  Documents  install.log.syslog  Public     Videos
bb               Downloads  Music               Templates
[root@localhost ~]#
```

图 2-36 touch 命令的使用

3. 与查看文件内容有关的命令

（1）cat 命令

语法：

cat［选项］文件

说明：cat 命令是最简单的查看命令，它可以显示文本文件的内容，常用这个命令来显示较小的文件，比如只有几行或者最多不超过一屏的文件，原因是这个命令会不受控制地把整个大文件一下显示完。所以如果用它来阅读大文件，只能看到最后一屏的文本。

该命令的各选项含义如下：

● -n 选项用来在每行前面显示行号；

● -b 选项跟-n 选项作用差不多，都用来显示行号，但-b 只会在非空白行显示行号。

在 cat 命令后面可以指定多个文件，或使用通配符实现依次显示多个文件的内容，比如：

```
[root@dns spool]# cat file1. txt file2. txt
```

【例 2-9】 查看/etc/fstab 文件的内容，并在每一行前加行号。

显示/etc/fstab 的内容如图 2-37 所示。

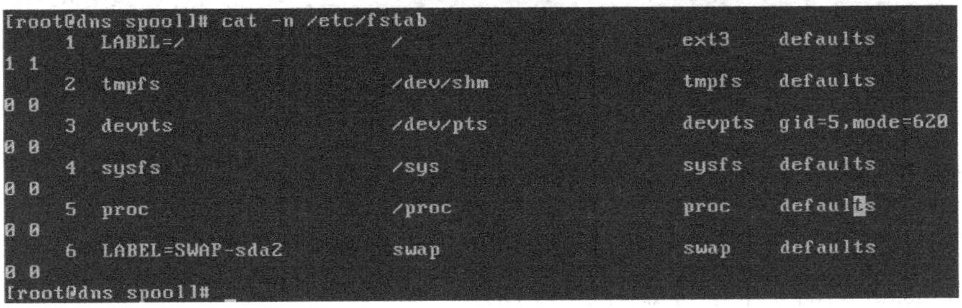

图 2-37 显示/etc/fstab 的内容

(2) more 命令

语法：

```
more [选项] 文件
```

说明：more 命令也常用来显示较长的文本文件，不过它只能向文件后面翻页。它也有些控制键，按〈h〉键可以查看帮助。

该命令的选项含义如下：

-s 表示压缩多行空白为单行空白。

(3) less 命令

语法：

```
less [选项] 文件
```

说明：less 命令常用来显示较长的文本文件，它可以向前向后翻页。这个命令有很多控制快捷键，如按键盘上的空格键可以向下翻一页，按〈Enter〉键翻一行，按字母〈b〉键回到前一页。这个命令还可以查找文本，比如，输入“/abc”按〈Enter〉键就可以向文件的后面搜索 abc 这串文本，输入“? abc”则向文件的前面搜索 abc。

该命令的各选项含义如下：

● -N 表示显示行号。

● -s 表示压缩多行空白为单行空白。

(4) head 命令

语法：

```
head [选项] 文件
```

说明：head 命令默认情况下显示文件的前 10 行。

该命令的选项含义如下：

-Number 显示文件前面 Number 行，如 head -5 myfile 将显示文件的前 5 行；

-c Number 这个选项用来显示文件前面 Number 个字符。

【例 2-10】 显示/etc/fstab 文件的前 5 行内容，如图 2-38 所示。

```
[root@dns spool]# head -5 /etc/fstab
```

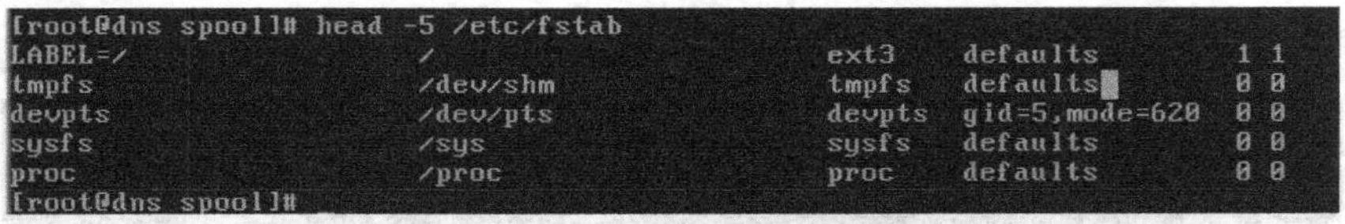

```
[root@dns spool]# head -5 /etc/fstab
LABEL=/                 /                       ext3    defaults        1 1
tmpfs                   /dev/shm                tmpfs   defaults        0 0
devpts                  /dev/pts                devpts  gid=5,mode=620  0 0
sysfs                   /sys                    sysfs   defaults        0 0
proc                    /proc                   proc    defaults        0 0
[root@dns spool]#
```

图 2-38 显示/etc/fstab 前 5 行的内容

【例 2-11】 显示/etc/fstab 文件的前 5 个字符。

```
[root@dns spool]# head -c 5/etc/fstab
```

显示 etc/fstab 的前 5 个字符如图 2-39 所示。

```
[root@dns spool]# head -c 5 /etc/fstab
LABEL[root@dns spool]#
```

图 2-39 显示/etc/fstab 的前 5 个字符

(5) tail 命令

语法：

```
tail [选项] 文件
```

说明：tail 命令默认情况下显示文件的最后 10 行。

该命令的各选项含义如下：

- -Number 显示文件最后 Number 行，如 head -5 myfile 将显示文件的最后 5 行。
- +Number 显示文件的第 Number+1 行到最后一行。
- -c Number 显示文件前面 Number 个字符。

(6) grep 命令

语法：

```
grep 要找的字串  文本文件名
```

说明：grep 命令用于在指定的文件中，查找并显示含有指定字符串的行。

【例 2-12】 在/etc/fstab 文件中，查找显示含有 swap 的行的内容。

```
[root@dns spod]# grep swap /etc/fstab
```

显示如图 2-40 所示。

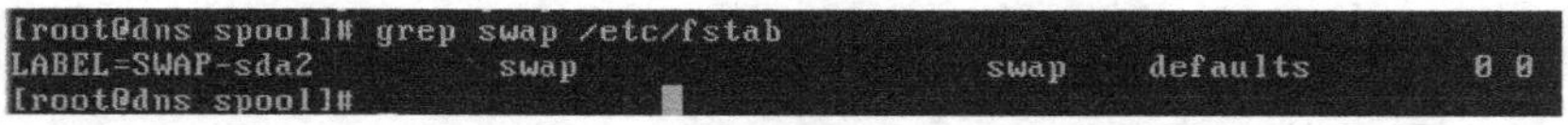

```
[root@dns spool]# grep swap /etc/fstab
LABEL=SWAP-sda2         swap                    swap    defaults        0 0
[root@dns spool]#
```

图 2-40 显示含有 swap 的行的内容

(7) >、>>与<、<<重定向操作符

Linux 中通常通过键盘输入数据，而命令的执行结果和错误信息都输出到屏幕。也就是说，Linux 的标准输入是键盘，标准输出和标准错误输出是屏幕。

shell 中不使用系统的标准输入、标准输出或标准错误输出端口，重新进行指定的情况称为输入/输出重定向。

>、>>与<、<<重定向操作符：输入信息到目标，或者从目标读取录入信息；>表示直接覆盖，而>>表示追加。

1）输入重定向。输入重定向是指把命令或可执行程序的标准输入重定向到指定的文件中。也就是说，输入可以不来自键盘，而来自一个指定的文件。所以说，输入重定向主要用于改变一个命令的输入源，特别是改变那些需要大量输入的输入源。例如，wc 命令统计指定文档包含的行数、单词数和字符数。如果仅在命令行上输入：

```
[root@dns spool]# wc
```

wc 命令将等待用户告诉它统计什么，这时 shell 就好像无效一样，从键盘输入的所有文本都出现在屏幕上，但并没有什么结果，直至按〈Ctrl+D〉组合键，wc 才将命令结果显示在屏幕上。如果给出一个文档名作为 wc 命令的参数，wc 命令将返回该文档所包含的行数、单词数和字符数。

```
[root@dns spool]# wc /etc/passwd
```

显示如图 2-41 所示。

```
[root@dns spool]# wc /etc/passwd
  40   59 1817 /etc/passwd
[root@dns spool]# _
```

图 2-41　wc 命令

另一种把/etc/passwd 文档内容传给 wc 命令的方法是重定向 wc 的输入。输入重定向的一般格式：

```
命令<文件名
```

可以用下面的命令把 wc 命令的输入重定向为/etc/passwd 文件：

```
[root@dns spool]# wc < /etc/passwd
```

结果如图 2-42 所示。

```
[root@dns etc]# wc</etc/passwd
  46   65 2023
[root@dns etc]# _
```

图 2-42　wc 命令的输入重定向为/etc/passwd 文件

另一种输入重定向称为 here 文档，它告诉 shell 当前命令的标准输入来自命令行。here 文档的重定向操作符使用<<。它将一对分隔符号（分隔符号是由<<符号后的单词来定义的，本例中用 eof 来表示）之间的正文作为标准输入定向给命令。

【例 2-13】 将一对分隔符号 ok 之间的正文作为 wc 命令的输入，如图 2-43 所示，统计出正文的行数、单词数和字符数。

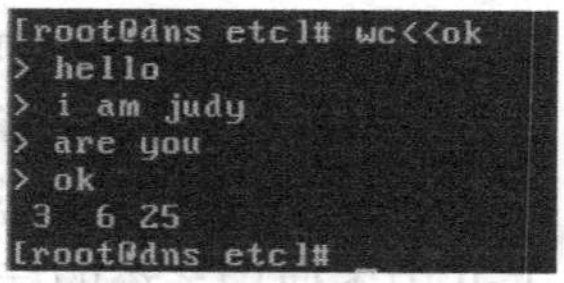

图 2-43 ok 之间的正文作为 wc 命令的输入

```
[root@dns etc]#wc <<ok
```

在<<操作符后面，任何字符或单词都可以作为正文开始前的分隔符号，本例中使用 ok 作为分隔符号。here 文档的正文一直延续到遇见另一个分隔符号为止。第二个分隔符号应出现在新行的开头。这时 here 文档的正文（不包括开始和结束的分隔符号）将重新定向送给 wc 命令作为它的标准输入。

2）输出重定向。输出重定向能实现将一个命令的输出重定向到一个文件中，而不是显示到屏幕上。例如，要将 date 命令的输出结果传输到 abc. txt 文件中，则实现命令：

```
[root@dns etc]# date > abc.txt
[root@dns etc]# cat abc.txt
```

结果如图 2-44 所示。

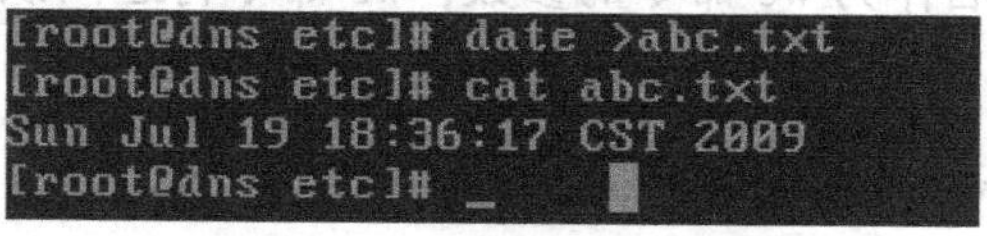

图 2-44 输出重定向

重定向符经常与 cat 命令结合使用，从而实现文件的创建与合并等操作。

【例 2-14】 将 file1. txt 和 file2. txt 的内容合并，并将合并后的内容传输给 file3. txt 文件保存。

```
[root@dns etc]# cat file1. txt file2. txt > file3. txt
```

如果 file3. txt 文件中有内容不想被覆盖，则可使用命令：

```
[root@dns etc]# cat file1. txt file2. txt >> file3. txt
```

表示将 file1. txt 和 file2. txt 的内容追加到 file3. txt 文件中。

（8）管道命令

利用 Linux 所提供的管道符“|”将两个命令隔开，管道符左边命令的输出就会作为管道符右边命令的输入。连续使用管道意味着第一个命令的输出会作为第二个命令的输入，第二个命令的输出又会作为第三个命令的输入，依此类推。

【例 2-15】 利用一个管道命令实现查找是否已经安装了 FTP 服务器软件。

```
[root@dns etc]# rpm -qa| grep vsftpd
```

显示如图 2-45 所示，已经安装。

图 2-45 利用管道命令查询是否已经安装 FTP 软件

【例 2-16】 利用多个管道。

[root@dns etc]# cat /etc/passwd | grep /bin/bash | wc -l

这条命令使用了两个管道，利用第一个管道将 cat 命令（显示 passwd 文件的内容）的输出送给 grep 命令，grep 命令找出含有“/bin/bash”的所有行；第二个管道将 grep 的输入送给 wc 命令，wc 命令统计出输入中的行数。这个命令的功能在于找出系统中有多少个用户使用 bash。结果如图 2-46 所示。

图 2-46 利用多个管道

4. 获得帮助的命令

用户可以通过下述 3 种方法获得帮助。

(1) --help 命令

语法：命令名 --help

说明：大多数命令都可以通过--help 命令获取自身提供的帮助。

【例 2-17】 查看 cat 命令的帮助信息。

[root@dns etc]#cat --help

结果如图 2-47 所示。

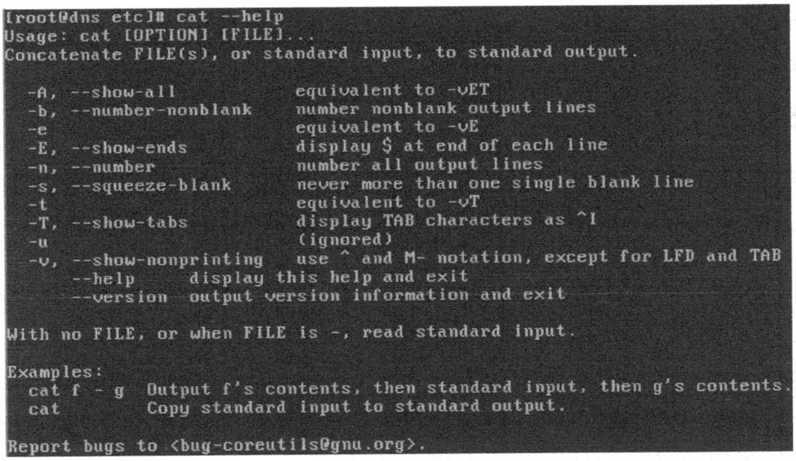

图 2-47 用--help 命令查看 cat 命令的帮助信息

(2) man 命令

语法：man 命令名

说明：用户可以通过 man 命令来查看任何命令的联机帮助信息。它将命令名作为参数。

【例 2-18】 查看 cat 命令的帮助信息。

[root@dns etc]#man cat

结果如图 2-48 所示。

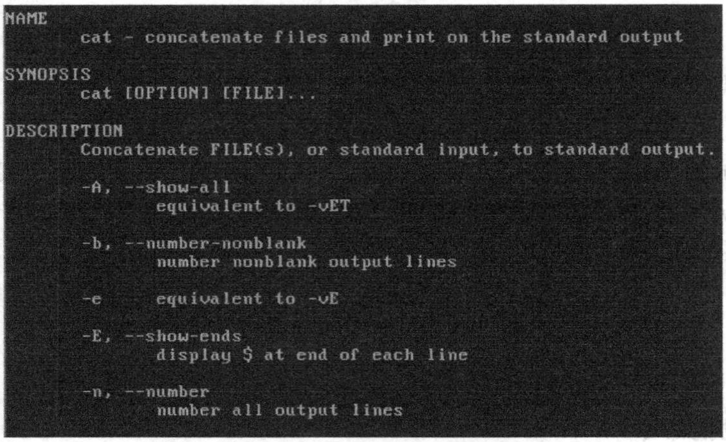
NAME
cat - concatenate files and print on the standard output
SYNOPSIS
cat [OPTION] [FILE]...
DESCRIPTION
Concatenate FILE(s), or standard input, to standard output.
-A, --show-all
equivalent to -vET
-b, --number-nonblank
number nonblank output lines
-e equivalent to -vE
-E, --show-ends
display $ at end of each line
-n, --number
number all output lines

图 2-48　man 查询命令的用法

（3）在线帮助文档

还可以通过一些专业网站或者搜索引擎获得帮助。

5. 其他 shell 命令

（1）clear 命令

语法：clear

说明：清除当前终端的屏幕显示。

（2）uname 命令

语法：uname -r 或 uname -a 命令

说明：查看 Linux 内核版本。

2.5.4　文本编辑器简介

文本编辑器是所有计算机系统中最常使用的一种工具。用户在使用计算机时，往往需要建立自己的文件，无论是一般的文本文件、数据文件还是编写的源程序文件，这些工作都离不开编辑器。

Linux 系统提供了一个完整的编辑器家族系列，如 Ed、Ex、Vi 和 Emacs 等。按功能可以将编辑器分为两大类：行编辑器（Ed、Ex）和全屏幕编辑器（Vi、Emacs）。行编辑器每次只能对一行进行操作，使用起来很不方便。而全屏幕编辑器可以对整个屏幕进行编辑，用户编辑的文件直接显示在屏幕上，修改的结果可以立即看出来，克服了行编辑的那种不直观的操作方式，便于用户学习和使用，具有强大的功能。

Vi 是 Linux 系统的第一个全屏幕交互式编辑程序，它从诞生至今一直得到广大用户的青睐，历经数十年仍然是人们使用的主要文本编辑工具，足见其生命力之强，而强大的生命力是其强大的功能带来的。

2.5.5　Vi 简介

Vi 是“Visual interface”的简称，它在 Linux 上的地位就仿佛 Edit 程序在 DOS 上一样。它可以执行输出、删除、查找、替换、块操作等众多文本操作，而且用户可以根据自己的需要对其进行定制，这是其他编辑程序所没有的。

Vi 不是一个排版程序，它不像 Word 或 WPS 那样可以对字体、格式、段落等其他属性进行编排，它只是一个文本编辑程序。

Vi 没有菜单，只有命令，且命令繁多。Vi 有 3 种基本工作模式：命令行模式、文本输入模式和末行模式。

1. 命令行模式

任何时候，不管用户处于何种模式，只要按一下键，即可使 Vi 进入命令行模式；在 shell 环境（提示符为 $）下输入启动 Vi 命令，进入编辑器时，也处于该模式下。

在该模式下，用户可以输入各种合法的 Vi 命令，用于管理自己的文档。此时从键盘上输入的任何字符都被当作编辑命令来解释。若输入的字符是合法的 Vi 命令，则 Vi 在接受用户命令之后完成相应的动作。但需要注意的是，所输入的命令并不在屏幕上显示出来。若输入的字符不是 Vi 的合法命令，Vi 会响铃报警。

2. 文本输入模式

在命令行模式下输入插入命令 i、附加命令 a 、打开命令 o、修改命令 c、取代命令 r 或替换命令 s 都可以进入文本输入模式。在该模式下，用户输入的任何字符都被 Vi 当作文件内容保存起来，并将其显示在屏幕上。在文本输入过程中，若想回到命令行模式下，按键即可。

3. 末行模式

在命令行模式中，用户按〈:〉键即可进入末行模式。此时，Vi 会在显示窗口的最后一行显示一个“:”作为末行模式提示符，等待用户输入命令。末行命令执行完后，Vi 自动回到命令行模式。

3 种工作模式的转换如图 2-49 所示。

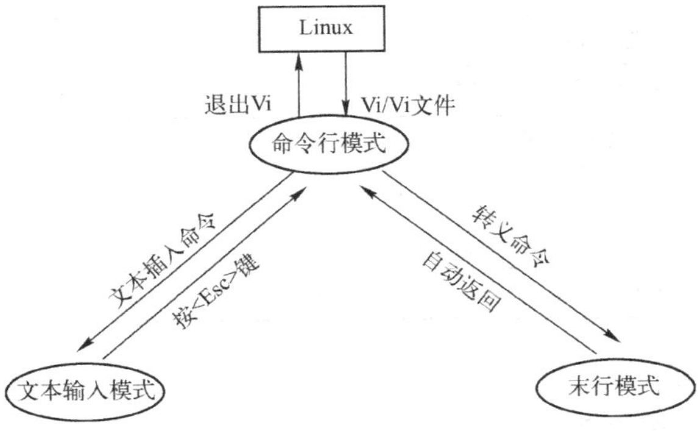

图 2-49　Vi 编辑器的 3 种工作模式

2.5.6　Vi 的基本命令

1. Vi 的进入

用户登录到系统中之后，系统给出提示符“ $ ”。在提示符后输入 Vi “文件名”，便可进入 Vi。如果不指定文件，则新建一个文本文件，退出 Vi 时必须指定文件。

进入 Vi 后，屏幕左方会出现波浪号，如果行首有该符号，就代表此行目前是空的。如果没有输入文件名，则会打开一个空文件，并显示 Vim 的简单帮助信息，如图 2-50 所示。

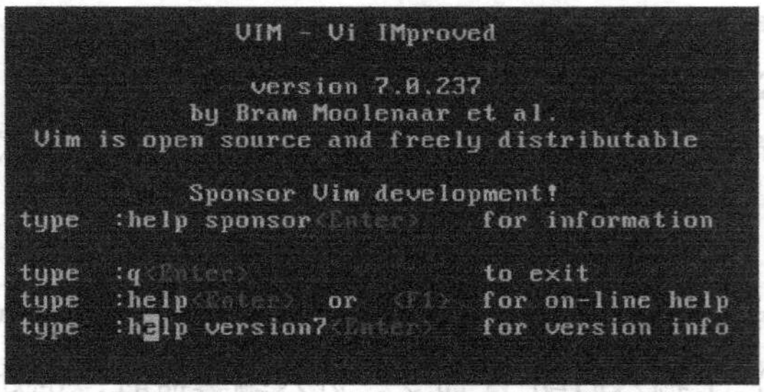

图 2-50　Vi 打开一个空文件

如果打开的是已经存在的文件，则会在编辑窗口最后一栏显示这个文件的相关信息和光标的位置，如图 2-51 所示。

图 2-51　Vi 状态信息栏

Vi 的最后一行显示打开的文件名为“/etc/passwd”，总共 46 行，2023 个字符。

2. 在 Vi 中添加文本

在 Vi 中添加文本的命令见表 2-4。

表 2-4　在 Vi 中添加文本的命令

命　令	动　作
a	在光标后插入文本
A	在当前行插入文本
i	在光标前插入文本
I	在当前行前插入文本
o	在当前行的下边插入新行
O	在当前行的上边插入新行
：r file	读入文件 file 内容，并插在当前行后
：nr file	读入文件 file 内容，并插在第 n 行后

3. 在 Vi 中删除文本

在 Vi 中删除文本见表 2-5。

表 2-5　在 Vi 中删除文本

命　令	动　作
x	删除光标处的字符，可以在 x 前加上需要删除的字符数目
nx	从当前光标处往后删除 n 个字符
X	删除光标前的字符，可以在 X 前加上需要删除的字符数目
nX	从当前光标处往前删除 n 个字符
dw	删至下一个字的开头

（续）

命　　令	动　　作
ndw	从当前光标处往后删除 n 个字符
dG	删除行，直到文件结束
dd	删除整行
ndd	从当前行开始往后删除
db	删除光标前面的字符
ndb	从当前行开始往前删除 n 字符
：n，md	从第 m 行开始往前删除 n 行

4. 在 Vi 中查找、替换与复制

在 Vi 中查找、替换与复制见表 2-6。

表 2-6　在 Vi 查找、替换与复制

命　　令	动　　作
/text	在文件中向前查找 text
？text	在文件中向后查找 text
yy	将当前行的内容放入临时缓冲区
nyy	将 n 行的内容放入临时缓冲区
p	将临时缓冲区中的文本放入光标后
P	将临时缓冲区中的文本放入光标前

5. 在 Vi 中撤销与重复

在 Vi 中撤销与重复见表 2-7。

表 2-7　在 Vi 撤销与重复

命　　令	动　　作
u	撤销最后一次修改
U	撤销当前行的所有修改
.	重复最后一次修改
,	以相反的方向重复前面的 f、F、t 或 T 查找命令
;	重复前面的 f、F、t 或 T 查找命令

6. 退出 Vi 及保存文件

退出 Vi 及保存文件见表 2-8。

表 2-8　退出 Vi 及保存文件

命　　令	动　　作
：w	保存文件但不退出 Vi
：w file	将修改保存在 file 中但不退出 Vi
：wq 或 ZZ 或：x	保存文件并退出 Vi
：q！	不保存文件，退出 Vi
：e！	放弃所有修改，从上次保存文件开始再编辑

7. 滚动查看文本

滚动查看文本见表 2-9。

表 2-9　滚动查看文本

滚动方式	按　键
滚动到上一屏	Ctrl-B
向上滚动半屏	Ctrl-U
向上滚动一行	Ctrl-Y
滚动到下一屏	Ctrl-F
向下滚动半屏	Ctrl-D
向下滚动一行	Ctrl-E

本章小结

本章主要介绍了 Linux 的两大用户界面：文本界面和图形界面。文本界面具有强大、灵活的特点，几乎所有的 Linux 的操作都可以通过命令行来完成，这是 Linux 操作系统的一大优势。

本章从图形界面下简单的应用功能讲起，由浅入深，逐渐涉及 shell 的使用，让读者对强大的 Vi 文本编辑器有了初步了解。读者在学习这些内容后，对于 Linux 的图形界面和文本界面的操作会有一个初步的认识，从而为以后的学习打下一个良好的基础。

实训项目

一、试验环境

一人一台装有 RHEL Server 6.4 系统的计算机，一人一组。

二、实验目的

1）了解 KDE 和 GNOME 两种桌面的特点与区别。

2）掌握更改桌面背景、屏幕保护程序的方法。

3）熟练掌握目录与文件操作命令。

4）熟练使用重定向功能来创建和改变文件。

5）使用 Vi 编辑文本文件。

任务一：美化桌面，更改桌面背景和屏保程序

任务二：KDE 和 GNOME 桌面环境切换

1）安装 switchdesk-gui 软件包。

2）执行命令#swithdesk。

任务三：获得特定命令的参数列表以及相关帮助

1）进入 Linux 登录界面，如果显示的是图形登录界面，请按〈Ctrl+Alt+F1〉组合键到控制台登录界面，输入用户名和密码，进入到文本界面。

2）使用 cat-help 命令获得 cat 命令的参数列表及简要说明。

3）使用 man cat 命令获得 cat 的手册页，阅读关于 cat 命令的详细说明。

任务四：目录与文件操作命令

1）使用 pwd 命令查看当前目录。

2）使用 ls-a 查看当前目录下面的所有文件（包括以“.”开头的隐藏文件）。

3）使用 mkdir tmp 命令在当前目录下建立一个临时目录，并使用 ls 命令查看该目录的权限设置。

4）使用 cd tmp 命令进入 tmp 目录，并查看当前目录。

5）使用 cp /etc/mail/sendmail. cf ./命令复制/etc/mail/sendmail. cf 文件到当前目录。

6）使用 mv sendmail. cf myfile. cf 改变文件名。

7）使用 rm 命令删除 myfile. cf 文件。

任务五：使用重定向功能来创建和改变文件

1）利用输出重定向将 ls 命令的输出重定向到文件 abc. txt 中。

2）wc 命令以 abc. txt 文件或输入为重定向，统计输入信息，然后将统计数据追加到 abc. txt 中。

3）查看 abc. txt 文件的内容。

任务六：使用 Vi 编辑文本文件

在这个任务中，使用 Vi 编辑器编辑 lianxi. txt 文件，学习 Vi 的光标移动命令，文件编辑指令及末行指令的使用。

1）使用 cp /etc/samba/smb. conf lianxi. txt 将 samba 服务器配置文件复制给 lianxi. txt 文件。

2）使用 Vi 命令打开 lianxi. txt 文件。

3）使用 h、j、k、l 命令向左、下、上、右方向移动光标。

4）使用命令实现上下翻页浏览文件。

5）使用 5H 指令将光标移动到屏幕的第 5 行，然后使用：f 命令查看光标行的信息。

6）输入命令：27 将光标定位在 27 行开头。

7）使用命令 3x 删除当前光标开始的 3 个字符。

8）使用 3dw 删除光标右侧的 3 个字符。

9）使用 dd 命令删除光标所在行。

10）使用 U 命令恢复前一次的操作。

11）使用 2yy 命令复制当前光标行开始的两行内容到缓冲区，再使用 1G 命令移动到文件的第一行，使用 p 命令将复制的内容粘贴在文件的第二行。

12）使用：w 保存文件修改。

13）使用“/”操作符查找字符“smb”。

14）使用：wq 命令存盘退出。

同步测试

一、填空题

1）在文本模式下使用命令（　　　　　　　　）来注销。

2）/etc/passwd 每行定义一个用户账户，此文件对（　　　　　　　　）用户可读。

3）Vi 是 Linux 系统的第一个（　　）编辑程序。

4）输入重定向是指把命令或可执行程序的标准输入重定向到指定的文件中。

二、选择题

1）下面 Linux 命令可以一次显示一页内容的是（　　）。

A. pause　　B. cat　　C. more　　D. grep

2）假如当前系统是在 level 3 运行，下列命令中可以实现不重启系统就可转换到 level 5 运行的是（　　）。

A. Set level = 5　　B. init 5　　C. run 5　　D. ALT-F7-5

3）下面命令可以把 f1. txt 复制为 f2. txt 的是（　　）。

A. cp f1. txt | f2. txt　　B. cat f1. txt | f2. txt

C. cat f1. txt > f2. txt　　D. copy f1. txt | f2. txt

4）显示一个文件最后几行的命令是（　　）。

A. tac　　B. tail　　C. rear　　D. last

5）下列命令中可以实现快速切换到用户 John 的主目录下的是（　　）。

A. cd @ John　　B. cd #Johntail　　C. cd &John　　D. cd ~John

6）在大多数 Linux 发行版本中，图形方式的运行级别定义为（　　）。

A. 1　　B. 2　　C. 3　　D. 5

7）在 Vi 中退出不保存的命令是（　　）。

A. :q　　B. :w　　C. :wq　　D. :q!

8）删除文件命令为（　　）。

A. mkdir　　B. rmdir　　C. mv　　D. rm

9）Linux 有 3 个查看文件的命令，若希望在查看文件内容过程中可以用光标上下移动来查看文件内容，应使用（　　）。

A. cat　　B. more　　C. less　　D. menu

10）关于 Vi 编辑器，以下叙述错误的是（　　）。

A. 在编辑模式下使用 dd 命令删除整行

B. 删除一个的字符用小写的 x

C. 复制光标下放的 N 行用 nyy

D. 重复前一个动作是用 u 命令

三、简答题

1）如何查看 Linux 的内核版本？

2）简述 Vi 编辑器的 3 种模式。

3）简述 Linux 的两种用户身份的区别。

第3章　Linux 磁盘与文件管理

本章目标

- 了解 Linux 支持的文件类型
- 掌握 Linux 文件和目录的管理方法
- 掌握用户和组管理的原则和方法

对于任何一个成熟的操作系统而言，磁盘管理和文件系统管理都是十分重要的部分。Linux 操作系统提供了非常强大的磁盘与文件管理功能。

3.1　Linux 的文件系统类型和目录结构

3.1.1　Linux 文件系统类型

文件系统是指操作系统用于明确磁盘或分区上的文件的方法和数据结构，即在磁盘上组织文件的方法，也指用于存储文件的磁盘、分区或文件系统种类。

目前，Windows 通常采用 FAT32 或 NTFS 文件系统，对于 Red Hat Linux，系统默认使用 ext2 或 ext3 和 swap 文件系统。下面对 Linux 常用的文件系统作简单介绍。

（1）ext

ext 是第一个专门为 Linux 而设计的文件系统类型，叫作扩展文件系统。

（2）ext2

ext2 是为解决 ext 文件系统的缺陷而设计的可扩展的高性能的文件系统，又称为二级扩展文件系统。ext2 是 Linux 文件系统类型中使用最多的格式，并且在速度和 CPU 利用率上较突出，是 GNU/Linux 系统中标准的文件系统。其特点是存取文件的性能极好，对于中小型的文件更显示出其优势，这主要得利于其簇快取层的优良设计。

（3）ext3

ext3 是由开放资源社区开发的日志文件系统，主要开发人员是 Stephen Tweedie。ext3 被设计成为 ext2 的升级版本，尽可能地方便用户从 ext2fs 向 ext3fs 迁移。ext3 在 ext2 的基础上加入了记录元数据的日志功能，努力保持向前和向后的兼容性。这个文件系统称为 ext2 的下一个版本，也就是在保留 ext2 格式的基础之上加上日志功能。

（4）swap

swap 文件系统用于 Linux 的交换分区。在 Linux 系统中，使用整个交换分区来提供虚拟内存，其分区大小一般应是系统物理内存的 2 倍。

在安装 Linux 操作系统时，就应创建交换分区，它是 Linux 正常运行所必需的，其类型必须是 swap。交换分区由操作系统自行管理。

（5）vfat

vfat 是 Windows 9X 和 Windows NT/2000 下使用的一种 DOS 文件系统，其在 DOS 文件系统的基础上增加了对长文件名的支持。

（6）nfs

nfs 是 Sun 公司推出的网络文件系统，允许多台计算机之间共享同一文件系统，易于从所有这些计算机上存取文件。

（7）iso9660

iso9660 是标准 CDROM 文件系统，通用的 Rock Ridge 增强系统，允许长文件名。

RHEL Server 6. 4 支持的文件系统很多，可以使用如下命令查看：

```
[root@localhost ~]# ls  /lib/modules/2.6.32-358.el6.x86_64/kernel/fs
```

结果如图 3-1 所示。

```
[root@localhost ~]# ls /lib/modules/2.6.32-358.el6.x86_64/kernel/fs
autofs4     configfs  exportfs  fat      jbd     mbcache.ko  nls        xfs
btrfs       cramfs    ext2      fscache  jbd2    nfs         squashfs
cachefiles  dlm       ext3      fuse     jffs2   nfs_common  ubifs
cifs        ecryptfs  ext4      gfs2     lockd   nfsd        udf
```

图 3-1　RHEL Server 6. 4 支持的文件类型

其中，2. 6. 32 表示 kernel 的版本号，在使用的时候，需要使用自己的内核版本。从这里可以看出内核支持哪些文件系统，在使用的时候就可以挂载哪些文件系统。

3. 1. 2　Linux 的目录结构

习惯了 C:\Windows、D:\Program Files 这样的 Windows 目录结构的读者初次接触 Linux 时，往往会被 Linux 相对复杂的目录结构所迷惑。其实，Linux 的目录结构并不复杂，与 Windows 相比它反而更有规律性。

Linux 文件系统具有如下几个特点：

- 逻辑上所有的目录有一个最高级别的根目录“/”，但下面的子目录却可以在不同的硬盘分区甚至不同的设备（如上面提到的光驱对应的/mnt/cdrom）上。这和 Windows 按照硬盘分区（C:、D:、E:）分割的目录结构不同。
- 所有的目录内容按照类别组织。例如，一个 Linux 下的应用程序，它的可执行程序在/usr/bin，而它的数据文件和帮助在/usr/share 下，运行时加载的配置文件却又是从/etc 下读取，而用户使用它编辑的内容则放在/home 下面自己的目录中。这和 Windows 下目录按照应用程序分目录组织截然相反。

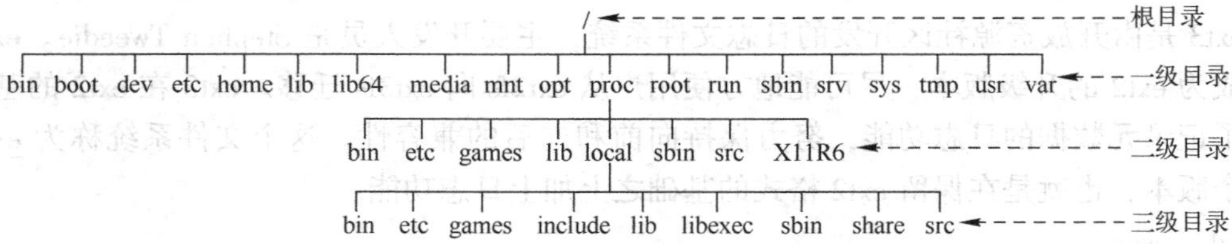

图 3-2　Linux 的目录结构树

下面分别介绍一些常用目录的功能与作用。

（1）/

Linux 文件系统的入口，也是处于最高一级的目录。

(2) /bin

系统所需要的那些命令位于此目录，比如 ls、cp、mkdir 等命令，功能和/usr/bin 类似，这个目录中的文件都是可执行的、普通用户都可以使用的命令。作为基础系统所需要的最基础的命令就是放在这里。

(3) /boot

Linux 的内核及引导系统程序所需要的文件目录，比如 vmlinuz initrd. img 文件都位于这个目录中。在一般情况下，GRUB 或 LILO 系统引导管理器也位于这个目录。

(4) /dev

dev 是 device（设备）的简写，用于存放系统中所有设备的设备文件。Linux 将每一个 I/O 设备都看成一个文件，与普通文件一样处理，这样可使文件与设备的操作尽可能统一。

(5) /home

所有普通用户的宿主目录默认放在/home 目录中，在创建用户时使用-d 参数，可指定放在其他位置。

root 用户的宿主目录为/root。

新建用户账户后，系统就会自动在该目录中创建一个与账户同名的子目录，作为该用户的宿主目录。

普通用户只能访问自己的宿主目录，无权访问其他用户的宿主目录。

(6) /lib 与/usr/lib

此目录是存放函数库的地方。编译器在编译链接时，会自动到这两个目录下搜寻所需的库文件，也允许将库文件安装在其他位置，比如/usr/local/lib 目录中。

库文件搜索路径在/etc/ld. so. conf 文件中配置，它告诉编译器搜索库文件的位置。

修改/etc/ld. so. conf 配置文件后，修改并不会立即生效，若要立即生效，应执行 ldconfig 命令，让系统重新加载配置文件。

(7) /lost+found

在 ext2 或 ext3 文件系统中，当系统意外崩溃或机器意外关机时，会产生一些文件碎片放在这里。在系统启动的过程中，fsck 工具会检查这里，并修复已经损坏的文件系统。有时系统发生问题，有很多的文件被移到这个目录中，可能需要用手工的方式来修复或将文件移到原来的位置上。

(8) /mnt 与 /media

旧版 Linux 用于挂载 CD-ROM、软盘和 U 盘等设备的挂载点目录是集中放在/mnt 目录下的，新版采用/media 目录。

例如：若要在 Linux 系统中查看光盘中的内容，则应先将光盘放入光驱，然后利用以下命令将光盘挂载到/cdrom 目录：

```
# mount /dev/cdrom/media
```

(9) /root

/root 目录是 Linux 超级权限用户 root 的家目录。

(10) /sbin

/sbin 目录涉及系统管理的命令的存放，是超级权限用户 root 的可执行命令的存放地，普通用户无权限执行这个目录下的命令，这个目录和/usr/sbin、/usr/X11R6/sbin 或/usr/local/sbin 目录是相似的；凡是目录/sbin 中包含的都是只有 root 权限才能执行的。

用户运行程序时，有时会产生临时文件。/tmp 就是用来存放临时文件的。/var/tmp 目录和这个目录相似。

(11) /usr

/usr 是系统存放程序的目录，比如命令、帮助文件等。这个目录下有很多的文件和目录。当安装一个 Linux 发行版官方提供的软件包时，大多安装在这里。如果有涉及服务器配置文件的，会把配置文件安装在/etc 目录中。/usr 目录下包括字体目录/usr/share/fonts，帮助目录 /usr/share/man 或/usr/share/doc，普通用户可执行文件目录/usr/bin、/usr/local/bin 或/usr/X11R6/bin，超级权限用户 root 的可执行命令存放目录（比如 /usr/sbin、/usr/X11R6/sbin 或/usr/local/sbin 等），还有程序的头文件存放目录/usr/include。

(12) /var

这个目录的内容是经常变动的。var 可以理解为 vary 的缩写。/var/log 用来存放系统日志；/var/www 目录用来存放 Apache 服务器站点的网页文件；/var/lib 用来存放一些库文件，比如 MySQL 以及 MySQL 数据库的文件。

3.2 建立和使用文件系统

在安装 RHEL Server 6.4 操作系统的过程中，会自动创建分区和文件系统，但在 Linux 的使用和管理过程中因硬盘空间不够，也会需要添加硬盘来扩充可用空间，这样就涉及如何手工创建分区和文件系统，以及文件系统的挂载方法。

在硬盘中建立和使用文件系统，通常需要遵循以下步骤：

1）首先对硬盘进行分区。

2）对分区进行格式化，以建立相应的文件系统。

3）将分区挂载到系统的相应目录，通过访问该目录来实现文件的存取操作。

3.2.1 使用 fdisk 进行分区管理

在安装 RHEL Server 6.4 操作系统的过程中，可以选择使用可视化的 Disk Druid 工具进行分区。系统安装完成后，用户也可以对磁盘分区进行管理。可以使用的磁盘分区管理工具有两个：fdisk 和 parted。这两个都是命令行工具。

两个工具都可以进行创建分区、删除分区、查看分区信息等基本操作。除此之外，parted 工具还可以调整已有分区的尺寸。parted 命令功能虽强大一些，但使用比较复杂，此处主要介绍利用 fdisk 命令来进行分区。

要启动 fdisk，在 shell 提示符下以管理员身份输入命令：

```
[root@dns ~]# fdisk 设备名
```

在第 1 章安装系统时，已经讲过对于 IDE 硬盘，驱动器标识符为“hdx~”。其中，“hd”表明分区所在设备的类型，这里是指 IDE 硬盘；“x”为盘号（a 为基本盘，b 为基本从属盘，c 为辅助主盘，d 为辅助从属盘）；“~”代表分区，前 4 个分区用数字 1~4 表示，它们是主分区或扩展分区，从 5 开始就是逻辑分区。例如，hda3 表示第一个 IDE 硬盘上的第三个主分区或扩展分区，hdb2 表示第二个 IDE 硬盘上的第二个主分区或扩展分区。对于 SCSI 硬盘，则标识为“sdx~”，SCSI 硬盘是用“sd”来表示分区所在设备的类型的，其余则和 IDE 硬盘的表示方法一样。

fdisk 命令是以交互方式进行操作的，在“Command (m for help):”提示状态下，输入

m 子命令，可以查看所有的子命令及对应的功能解释。

常用命令的含义见表 3-1。

表 3-1　fdisk 工具常用命令

命　令	描　述
a	引导标志开关
d	删除一个分区
l	列出已知的分区类型
m	显示 fdisk 命令的帮助信息
n	建立一个新分区
p	列出现有的分区表信息
q	退出 fdisk 命令且不保存更改
t	修改分区的系统 id
w	保存更改并退出

【例 3-1】　使用 fdisk 命令对/dev/sda 进行分区。

[root@dns ~]# fdisk /dev/sda

首先，输入“p”，查看是否有分区，结果如图 3-3 所示。

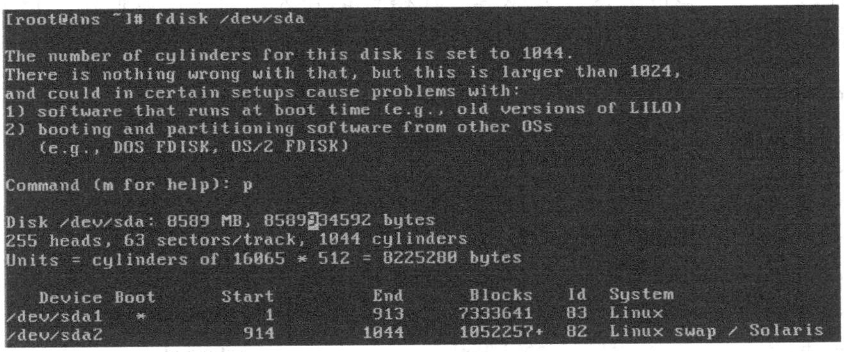

```
[root@dns ~]# fdisk /dev/sda

The number of cylinders for this disk is set to 1044.
There is nothing wrong with that, but this is larger than 1024,
and could in certain setups cause problems with:
1) software that runs at boot time (e.g., old versions of LILO)
2) booting and partitioning software from other OSs
   (e.g., DOS FDISK, OS/2 FDISK)

Command (m for help): p

Disk /dev/sda: 8589 MB, 8589934592 bytes
255 heads, 63 sectors/track, 1044 cylinders
Units = cylinders of 16065 * 512 = 8225280 bytes

   Device Boot      Start         End      Blocks   Id  System
/dev/sda1   *           1         913     7333641   83  Linux
/dev/sda2             914        1044     1052257+  82  Linux swap / Solaris
```

图 3-3　分区查询

输入“n”，新建分区，结果如图 3-4 所示。

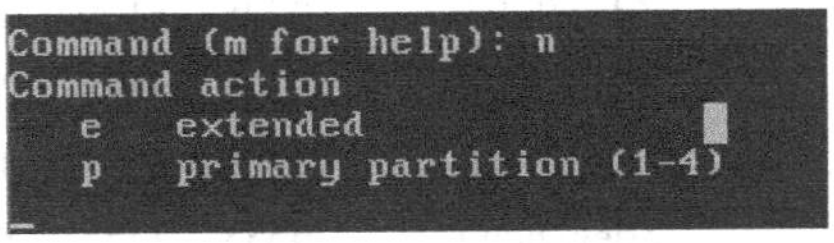

```
Command (m for help): n
Command action
   e   extended
   p   primary partition (1-4)
```

图 3-4　新建分区

这时要选择是创建主分区（p），还是扩展分区（e）。这里选择“p”创建主分区，并且选择创建第几个分区，此处选择第二个分区，继续选择分区使用磁盘空间的开始柱面号（914）和结束柱面号（1044），如图 3-5 所示。

```
Command (m for help): n
Command action
   e   extended
   p   primary partition (1-4)
p
Partition number (1-4): 2
First cylinder (914-1044, default 914): 914
Last cylinder or +size or +sizeM or +sizeK (914-1044, default 1044): 1044
```

图 3-5　选择创建主分区

输入“w”存盘退出，输入“q”不存盘退出，输入“d”删除一个驱动器。

3.2.2 建立文件系统

使用分区工具新建立的分区没有文件系统。要想在分区上存储数据，首先需要建立文件系统。建立文件系统类似于格式化操作，所使用的命令是 mkfs。

格式：mkfs［选项］设备

功能：在磁盘上建立文件系统，也就是进行磁盘格式化。

mkfs 命令主要选项说明见表 3-2。

表 3-2 mkfs 命令主要选项说明

选 项	说 明
device	预备检查的硬盘分区。例如，/dev/sda1
-V	详细显示模式
-t	给定文件系统的类型，Linux 的预设值为 ext2
-c	在制作文件系统前，检查该分区是否有坏道
-l bad_blocks_file	将有坏道的区块数据加到 bad_blocks_file 里面
block	给定区块的大小

设备可以是一个硬盘的分区、光驱等，在格式化分区之前，可以使用“fdisk -l”查看硬盘分区情况。

```
[root@dns ~]# fdisk -l
Disk /dev/hda: 80.0 GB, 80026361856 bytes
255 heads, 63 sectors/track, 9729 cylinders
Units = cylinders of 16065 * 512 = 8225280 bytes
Device Boot     Start   End    Blocks     Id System
/dev/hda1   *     1     765    6144831     7        HPFS/NTFS
/dev/hda2       766    2805   16386300     c    W95 FAT32 (LBA)
/dev/hda3      2806    9729   55617030     5         Extended
/dev/hda5      2806    3825    8193118+   83          Linux
/dev/hda6      3826    5100   10241406    83          Linux
/dev/hda7      5101    5198     787153+   82    Linux swap / Solaris
/dev/hda8      5199    6657   11719386    83          Linux
/dev/hda9      6658    7751    8787523+   83          Linux
/dev/hda10     7752    9729   15888253+   83          Linux
Disk /dev/sda: 1035 MB, 1035730944 bytes
256 heads, 63 sectors/track, 125 cylinders
Units = cylinders of 16128 * 512 = 8257536 bytes

  Device Boot   Start   End    Blocks    Id   System
  /dev/sda1       1      25    201568+   83   Linux
  /dev/sda2      26     125    806400     5   Extended
  /dev/sda5      26      50    201568+   83   Linux
  /dev/sda6      51      76    200781    83   Linux
```

可以看到有 sda 这个设备，所以可以用 fdisk -l /dev/sda 专门来显示分区情况。

【例 3-2】 格式化/dev/sda6 分区为 ext3 文件系统。

```
[root@dns ~]# mkfs -t ext3 /dev/sda6
mke2fs 1.37 (21-Mar-2005)
Filesystem label=
OS type: Linux
Block size=1024 (log=0)
Fragment size=1024 (log=0)
50200 inodes, 200780 blocks
10039 blocks (5.00%) reserved for the super user
First data block=1
Maximum filesystem blocks=67371008
25 block groups
8192 blocks per group, 8192 fragments per group
2008 inodes per group
Superblock backups stored on blocks:
          8193, 24577, 40961, 57345, 73729
Writing inode tables: done
Creating journal (4096 blocks): done
Writing superblocks and filesystem accounting information: 注:在这里直接回车;
done
This filesystem will be automatically checked every 26 mounts or
180 days, whichever comes first. Use tune2fs -c or -i to override.
```

这样格式化完成后，sda6 就是 ext3 文件系统了。

另外还有一个用于对分区进行维护的 fsck 命令。

格式：fsck 设备名

功能：检查并修复文件系统。

【例 3-3】 检查磁盘上的文件系统。

```
[root@dns ~]# fsck /dev/sda6
```

3.2.3 挂载和使用文件系统

建立文件系统后，还需要将文件系统安装到 Linux 目录树的某个位置上才能使用。这个过程称为挂载（Mount），文件系统所挂载到的目录称为挂载点。除磁盘分区外，其他存储设备（如光盘、U 盘等）的使用也需要进行挂载。文件系统的挂载，可以在系统引导过程中自动挂载，也可以使用命令手工挂载。

通常应该将文件系统挂载到某个可以存取的空目录下，而且该目录应该是专门为挂载某个文件系统而建立的。Linux 系统提供了一个专门的挂载点目录/mnt。一个挂载点一次只能挂载一个设备。

【例 3-4】 将硬盘分区挂载到/mnt 目录下面的 myvod 目录。

操作命令如下：

```
[root@dns ~]# mkdir /mnt/myvod                    #创建挂载点目录
[root@dns ~]# mount /dev/sda6 /mnt/myvod          #挂载/dev/sda6 设备到/mnt/myvod 目录
[root@dns ~]# mount                               #查看当前已挂载的设备
```

以后存取/mnt/myvod 目录中的文件，实际上就是存取/dev/sda6 中的文件。

3.3 文件类型

Linux 中常见的文件类型有普通文件、目录、字符设备文件、块设备文件和符号链接文件等。Linux 文件和命令均要区分大小写，并且 Linux 支持长文件名，不论是文件名还是目录名，最长可以达到 256 个字符。Windows 根据文件的扩展名就能判断文件的类型，但在 Linux 中一个文件是否能被执行和扩展名没有太大的关系，主要与文件的属性有关。但用户了解 Linux 文件的扩展名还是有必要的，特别是自己创建的一些文件，最好还是加扩展名，这样做的目的仅仅是为了用户在应用时方便。

现在的 Linux 桌面环境和 Windows 一样智能化，文件的类型是和相应的程序关联的。在打开某个文件时，系统会自动判断用哪个应用程序打开。从这方面来看，Linux 桌面环境和 Windows 桌面没有太大的区别。

在 Linux 系统中，带有扩展名的文件只能代表程序的关联，并不能说明文件是可以执行的，从这方面来说，Linux 的扩展名没有太大的意义。

在文字界面下使用 ls 或 ll 命令显示时，普通文件显示为白色，在图形界面仿真终端中，普通文件显示为黑色，目录为蓝色，可执行文件显示为绿色，链接文件显示为青色。通过颜色，也可很快区分文件的类型。

Linux 文件类型和 Linux 文件的文件名所代表的意义是两个不同的。通过一般应用程序创建的文件，如 file. txt、file. tar. gz，这些文件虽然要用不同的程序来打开，但放在 Linux 文件类型中衡量时，大多是常规文件（也称为普通文件）。

3.3.1 Linux 文件属性

Linux 文件或目录的属性主要包括文件或目录的结点、种类、权限模式、链接数量、所归属的用户和用户组、最近访问或修改的时间等内容。使用 ll 命令或 ls -lsh 可以查看文件的属性。例如：

```
[root@localhost ~]# ls -lih
```

总计 104 KB。

```
2408949 -rwxr-xr-x 1 root root    7 04-21 12:47 lsfile.sh
2408830 drwxr-xr-x 2 root root 4.0K 04-21 12:46 mkuml-2004.07.17
2408260 drwxr-xr-x 2 root root 4.0K 04-21 22:15 mydir
2408258 lrwxrwxrwx 1 root root    7 04-21 22:16 sun001.txt -> sun.txt
2408263 -rw-r--r-- 2 root root   11 04-20 14:17 sun002.txt
2408263 -rw-r--r-- 2 root root   11 04-20 14:17 sun.txt
```

解释如下。

第一字段：inode。

第二字段：文件类型和权限。

第三字段：硬链接个数。

第四字段：文件属主。

第五字段：文件属组。

第六字段：文件或目录的大小。

第七字段和第八字段：最后访问或修改的时间。

第九字段：文件名或目录名。

以 lsfile.sh 为例：

```
2408949 -rwxr-xr-x 1 root root 7 04-21 12:47 lsfile.sh
```

inode 的值：2408949。

文件类型：文件类型是-，表示这是一个普通文件。

文件权限：文件权限是 rwxr-xr-x，表示文件属主可读、可写、可执行，文件所归属的用户组可读可执行，其他用户可读可执行。

硬链接个数：lsfile.sh 这个文件没有硬链接；因为数值是 1，就是它本身。

文件属主：也就是这个文件归于哪个用户，它归于 root，也就是第一个 root。

文件属组：也就是说，这个文件归属于哪个用户组，在这里是 root 用户组。

文件大小：文件大小是 7 个字节。

访问或修改时间：这里的时间是最后访问的时间，最后访问时间和文件被修改或创建的时间，有时并不是一致的。

文件名或目录名：再看 lsfile.sh，其中有这样一个字段 -rwxr-xr-x。这个字段包含两个信息：一是文件类型；二是文件的权限。文件类型就是第一个字符，lsfile.sh 的文件所归属的文件类型是“-”。同理，mkuml-2004.07.17 对应的文件类型和权限是 drwxr-xr-x，它所归属的文件类型应该是“d”；sun001.txt 文件对应的 lrwxrwxrwx，sun001.txt 所归属的文件种类应该是“l”。

当然，文档的属性不仅仅包括这些，这些是最常用的一些属性。

(1) 普通文件

第一个符号是“-”的文件在 Linux 中就是普通文件。这些文件一般是用一些相关的应用程序创建的，比如图像工具、文档工具、归档工具或 cp 工具等。这类文件的删除方式是用 rm 命令。

(2) 目录

第一个符号是“d”的文件就是目录，目录在 Linux 中是一个比较特殊的文件。创建目录可以用 mkdir 命令或 cp 命令。cp 可以把一个目录复制为另一个目录。目录的删除用 rm 或 rmdir 命令。

(3) 字符设备文件或块设备文件

进入/dev 目录，使用 ls -al 命令列出 tty 和 hdc 的文件属性，结果如图 3-6 所示。

```
[root@dns ~]# ls -la /dev/tty
```

[root@dns ~]# ls -la /dev/hdc

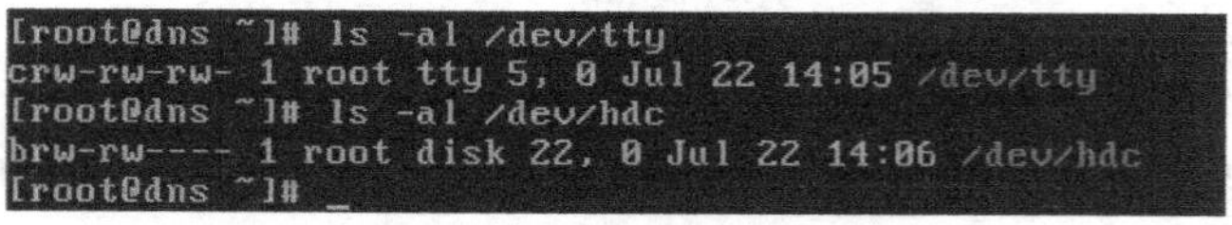

```
[root@dns ~]# ls -al /dev/tty
crw-rw-rw- 1 root tty 5, 0 Jul 22 14:05 /dev/tty
[root@dns ~]# ls -al /dev/hdc
brw-rw---- 1 root disk 22, 0 Jul 22 14:06 /dev/hdc
[root@dns ~]# _
```

图 3-6　字符设备和块设备文件属性

可以看到/dev/tty 的属性是 crw-rw-rw-，注意第一个字符是“c”，这表示字符设备文件，比如调制解调器等串口设备。

可以看到 /dev/hdc 的属性是 brw-rw----，注意第一个字符是“b”，这表示块设备文件，比如硬盘、光驱等设备。

该类型的文件用 mknode 命令来创建，用 rm 命令来删除。目前在最新的 Linux 发行版本中，一般不用自己创建设备文件，因为这些文件是和内核相关联的。

（4）链接文件

第一个符号是“l”的文件是链接文件，通过“ln -s 源文件名”命令创建新链接文件。

3.3.2　修改文件的属性

对文件属性的修改包括修改文件的拥有者和修改用户对文件的权限两个方面。

1. 文件权限

Linux 文件或目录的权限是与用户和用户组联系在一起的，如图 3-7 所示。

每个文件或目录都有一组 9 个权限位，每 3 位分为一组，它们分别是属主权限位（占 3 个位置）、属组权限位（占 3 个位置）、其他用户权限位（占 3 个位置）。比如 rwxr-xr-x，这 9 个权限位来控制文件属主、属组及其他用户的权限。

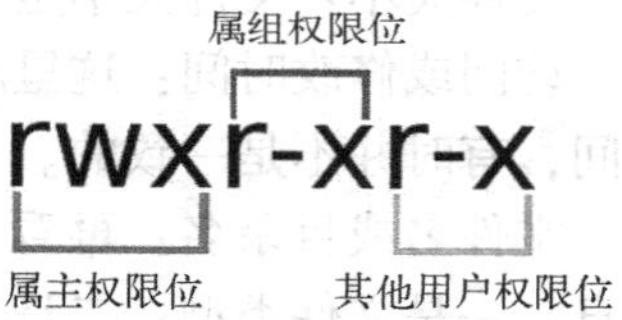

图 3-7　文件的权限

对于普通文件的可读、可写及可执行权限可以如下理解。

- 可读：意味着可以查看阅读。
- 可写：意味着可以修改或删除（删除或修改的权限受父目录的权限控制）。
- 可执行：意味着文件可以运行，比如二进制文件（比如命令），或脚本（要用脚本语言解释器来解释运行）。

例如：

```
[root@dns ~]# ls -l lsfile. sh
-rwxr-xr-x 1 root root 7 04-21 12:47 lsfile. sh
```

第一个字段 -rwxr-xr-x 中的第一个字符是-，表示 lsfile. sh 是一个普通文件；lsfile. sh 的权限是 rwxr-xr-x，表示 lsfile. sh 文件的属主 root 拥有 rwx（可读、可写、可执行）权限，用户组 root 拥有 r-x（可读、可写）权限，其他用户拥有 r-x（可读、可写）权限。这 9 个权限连在一起就是 rwxr-xr-x。

2. 修改文件或目录权限的 chmod 命令

chmod 命令是用来改变文件或目录权限的命令，但只有文件的属主和超级权限用户 root 才有这种权限。通过 chmod 命令来改变文件或目录的权限有两种方法：一种是通过八进制语法；另一种是通过助记语法。

【例 3-5】 新建 abc. txt 和 bnm. txt 文件，通过 chmod 命令的两种语法来改变权限。

```
[root@dns ~]# touch abc.txt #创建 abc.txt 文件
[root@dns ~]# touch bnm.txt #创建 bnm.txt 文件
[root@dns ~]# ls -lh abc.txt bnm.txt #查看 abc.txt 和 bnm.txt 文件属性
```

结果如图 3-8 所示。

```
[root@dns ~]# touch abc.txt
[root@dns ~]# touch bnm.txt
[root@dns ~]# ls -lh abc.txt bnm.txt
-rw-r--r-- 1 root root 0 Jul 24 03:04 abc.txt
-rw-r--r-- 1 root root 0 Jul 24 03:04 bnm.txt
```

图 3-8 查看文件权限

```
[root@dns ~]# chmod 755 abc.txt          #通过八进制语法来改变 abc.txt 的权限
[root@dns ~]# chmod u+x,og+x bnm.txt     #通过助记语法来改变 bnm.txt 的权限
[root@dns ~]# ls -lh abc.txt bnm.txt     #查看 abc.txt 和 bnm.txt 文件属性
```

结果如图 3-9 所示。

```
[root@dns ~]# chmod 755 abc.txt
[root@dns ~]# chmod u+x,og+x bnm.txt
[root@dns ~]# ls -lh abc.txt bnm.txt
-rwxr-xr-x 1 root root 0 Jul 24 03:04 abc.txt
-rwxr-xr-x 1 root root 0 Jul 24 03:04 bnm.txt
```

图 3-9 修改后的文件权限

上面是一个演示 chmod 命令的两种改变权限的语法的例子，可以看到，两种方法都能达到同一目的。

3. 通过 chmod 八进制语法来改变文件或目录的权限

前面已经说过，文件或目录的权限位总共有 9 个位置，文件属主、文件属组和其他用户三者的权限各占用 3 个位置。例如：

```
-rwxr-xr-x 1 root root 0 04-23 20:11 abc.txt
```

说明如下。

- 属主权限位：占用 3 个位置，3 个位置的顺序是读 r、写 w、执行 x。如果没有权限，则相应的位为-。在这个例子中，可以看到 rwx，表示属主在 3 个权位上都有权限，也就是可读可写可执行。
- 属组权限位：占用 3 个位置，3 个位置的顺序是读 r、写 w、执行 x。如果没有权限，则相应的位为-。在这个例子中，可以看到 r-x，在写的位置上是-，表示没有写权限，文件所归属的组对文件拥有可读可执行权限，但没有写的权限。
- 其他用户权限位：占用 3 个位置，3 个位置的顺序是读 r、写 w、执行 x，如果没有权限，则相应的位为-。在这个例子中，其他用户的权限位是 r-x，在写的位置上是-，表示没有写权限，其他用户对文件拥有可读可执行权限，但没有写的权限。

chmod 的八进制语法的数字说明：

r　4

w　2

x　1

-　0

- 属主权限的数字表达：属主的 3 个权限位数字相加的总和。比如上面的例子中属主的权限是 rwx，也就是 4+2+1，应该是 7。
- 属组权限的数字表达：属组的 3 个权限位数字的相加的总和。比如上面的例子中的 r-x，也就是 4+0+1，应该是 5。
- 其他用户权限的数字表达：其他用户权限位数字相加的总和。比如上面例子中是 r-x，也就是 4+0+1，应该是 5。

```
[root@dns ~]# ls -l moon.txt
-rwxr-xr-x 1 root 0 Jul 24 03:14 moon.txt #查看 moon.txt 的属性,可以看到 moon.txt 的权限位是rwxr-xr-x,用八进制数字表示是 755
[root@dns ~]# chmod 644 moon.txt #改变它的权限为属主可读可写、属组可读、其他用户可读,也就是 rw-r--r--,用数字表示就是 644
```

操作如图 3-10 所示。

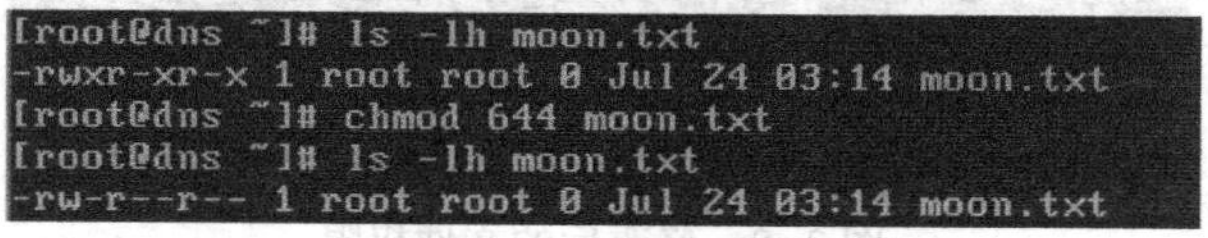

图 3-10　修改 moon.txt 的权限

4. 通过 chmod 助记语法来改变文件或目录的权限

chmod 的助记语法相对简单，对文件或目录权限改变时，通过比较直观的字符形式来完成。在助记语法中，相关字母的定义如下。

用户或用户组定义：

- u 代表属主。
- g 代表属组。
- o 代表其他用户。
- a 代表属主、属组和其他用户，也就是上面 3 个用户（或组）的所有。

权限定义字母：

- r 代表读权限。
- w 代表写权限。
- x 代表执行权限。

权限增减字符；

- - 代表减去相关权限。
- + 代表增加相关权限。

示例一：

```
[root@dns ~]# ls -l abc.txt
-rwxr-xr-x 1 root root 0 Jul 24 03:14 abc.txt
```

```
[root@dns ~]# chmod ugo-x abc.txt #把属主、属组及其他用户的执行权限都减掉
[root@dns ~]# ls -l abc.txt
-rw-r--r-- 1 root root 0 Jul 24 03:14 abc.txt
```

示例二：

```
[root@dns ~]# ls -l abc.txt
-rw-r--r-- 1 root root 0 Jul 24 03:14 abc.txt
[root@dns ~]# chmod u+x abc.txt #为文件的属主增加执行权限
[root@dns ~]# ls -l abc.txt
-rwxr--r-- 1 root root 0 Jul 24 03:14 abc.txt
```

示例三：

```
[root@dns ~]# ls -l abc.txt
-rwxr--r-- 1 root root 0 Jul 24 03:14 abc.txt
[root@dns ~]# chmod u-x,go+rw abc.txt #减去文件属主对文件的执行权限,增加属组和其他用户
对文件的可读可写权
[root@dns ~]# ls -l abc.txt
-rw-rw-rw- 1 root root 0 Jul 24 03:14 abc.txt
```

用助记语法比较灵活，组合起来比较方便，如下所述。

- u=r+x 为文件属主读和执行权限。
- ug=rwx，o=r 为属主和属组添加读、写、执行权限，为其他用户设置读权限。
- a+x 为文件的属主、属组和其他用户添加执行权限。
- g=u 让文件的属组和属主的权限相同。
- 对于目录权限的设置，要用到-R 参数。
- 和八进制方法一样，如果要让一个目录及其下的子目录和文件具有相同的属性，就可以用-R 参数。例如：

```
[root@dns ~]# chmod -R a+rwx testdir/
[root@dns ~]# ls -lr testdir/
总计 4
-rwxrwxrwx 1 root root 0 Jul 24 03:14 sir01.txt
drwxrwxrwx 2 root root 0 Jul 24 03:14 linuxsir
```

5. 默认权限分配的 umask 命令

umask 命令是通过八进制数值来定义用户创建文件或目录时的默认权限。umask 表示禁止权限，不过，文件和目录有点不同。

对于文件来说，umask 的设置是在假定文件拥有八进制 666 权限的基础上进行，文件的权限就是 666 减去 umask 的掩码数值。

对于目录来说，umask 的设置是在假定文件拥有八进制 777 权限的基础上进行，目录八进制权限 777 减去 umask 的掩码数值。

【例 3-6】 设置用户创建文件和目录的默认权限为 066。

```
[root@dns ~]# umask 066
```

```
[root@dns ~]# mkdir testdir003
[root@dns ~]# ls -ld testdir003/
drwx--x--x 2 root root 0 Jul 24 03:14 testdir003/
[root@dns ~]# touch test1.txt
[root@dns ~]# ls -lh test1.txt
-rw------- 1 root root 0 Jul 24 03:14 test1.txt
```

6. 修改文件或目录的拥有者

文件或目录的创建者，一般是该文件或目录的拥有者（所有者或称属主），拥有者对文件具有特别使用权。根据需要，文件和目录的所属关系是可以更改的，所有者或 root 用户可以将一个文件或目录的所有权转让给其他用户，使其他用户成为该文件或目录的拥有者或所有者。

改变文件的所属关系的命令是 chown，该命令可以改变文件或目录的所有者和所属的用户组。chown 命令的格式：

chown [-R] 新所有者 . 新用户组 要改变的文件名或目录

参数-R 可递归设置指定目录下的全部文件（包括子目录和子目录中的文件）的所属关系。

改变文件属组的命令是 chgrp，该命令只能更改指定文件或目录所属的用户组。chgrp 命令的格式：

chgrp 新用户组 要改变所属用户组的目录和文件

【例 3-7】 将 abc.txt 文件的所有者改为 user1 用户。

```
[root@dns ~]# useradd user1            #创建一个新的用户 user1
[root@dns ~]# passwd user1             #为 user1 用户添加登录密码
[root@dns ~]# ll abc.txt               #显示 abc.txt 文件的属性
[root@dns ~]# chown user1 abc.txt      #修改 abc.txt 的所有者为 user1
[root@dns ~]# ll abc.txt               #查看结果
```

过程如图 3-11 所示。

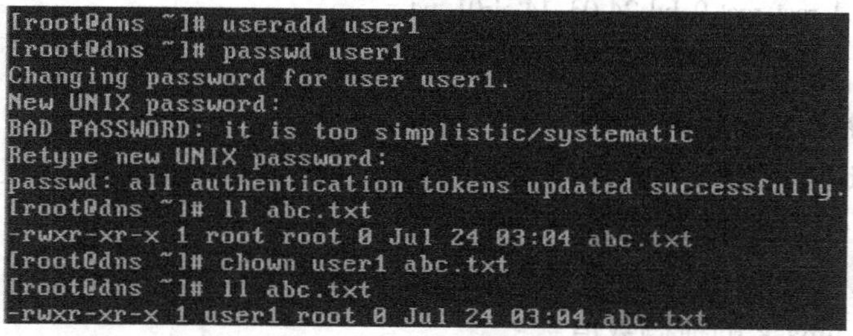
[root@dns ~]# useradd user1
[root@dns ~]# passwd user1
Changing password for user user1.
New UNIX password:
BAD PASSWORD: it is too simplistic/systematic
Retype new UNIX password:
passwd: all authentication tokens updated successfully.
[root@dns ~]# ll abc.txt
-rwxr-xr-x 1 root root 0 Jul 24 03:04 abc.txt
[root@dns ~]# chown user1 abc.txt
[root@dns ~]# ll abc.txt
-rwxr-xr-x 1 user1 root 0 Jul 24 03:04 abc.txt

图 3-11 修改 abc.txt 文件的所有者为 user1 用户

【例 3-8】 将 abc.txt 文件所属的用户组改为 student 组。

```
[root@dns ~]# groupadd student         #创建一个新的用户组 student
```

[root@dns ~]# ll abc. txt　　　　　　#显示 abc. txt 文件的属性
[root@dns ~]# chgrp student abc. txt　　　　#改变 abc. txt 所属的组
[root@dns ~]# ll abc. txt　　　　　　#显示 abc. txt 文件的属性

过程显示如图 3-12 所示。

```
[root@dns ~]# groupadd student
You have new mail in /var/spool/mail/root
[root@dns ~]# ll abc.txt
-rwxr-xr-x 1 user1 root 0 Jul 24 03:04 abc.txt
[root@dns ~]# chgrp student abc.txt
[root@dns ~]# ll abc.txt
-rwxr-xr-x 1 user1 student 0 Jul 24 03:04 abc.txt
```

图 3-12　将 abc. txt 文件所属的用户组改为 student 组

【例 3-9】　将 abc. txt 文件的所有者改回成 root，并且将其所属的用户组也改回成 root。

[root@dns ~]# chown root . root abc. txt #将 abc. txt 文件的所有者改回成 root,并且将其所属的用户组也改回成 root
[root@dns ~]# ll abc. txt

过程显示如图 3-13 所示。

```
[root@dns ~]# chown root.root abc.txt
[root@dns ~]# ll abc.txt
-rwxr-xr-x 1 root root 0 Jul 24 03:04 abc.txt
```

图 3-13　修改 abc. txt 文件的所有者和所属的用户组

chown 所接的新的属主和新的属组之间应该以“. ”或“:”连接，属主和属组之一可以为空。如果属主为空，应该是“ : 属组”；如果属组为空，就不需要“. ”或“:”了。

3.4　文件与目录管理

3.4.1　链接文件的介绍和使用

在了解链接文件之前，应该首先学习 inode。

1. inode

inode 译成中文就是索引结点。每个存储设备或存储设备的分区（存储设备是硬盘、U 盘等）被格式化为文件系统后，应该有两部分：一部分是 inode；另一部分是 Block。Block 是用来存储数据的，而 inode 就是用来存储关于这些数据的信息的，这些信息包括文件大小、属主、属组、读写权限等。inode 为每个文件进行信息索引，所以就有了 inode 的数值。操作系统能根据指令通过 inode 值很快找到相对应的文件。

使用 ls 查看某个目录或文件时，如果加上“-i ”参数，就可以看到 inode 结点了；比如前面的例子：

[root@dns~]# ls -i abc. txt

结果如图 3-14 所示。

```
[root@dns ~]# ls -i abc.txt
395021 abc.txt
```

图 3-14　abc. txt 的 inode 值

abc. txt 的 inode 值是 395021。

2. 链接文件

当需要在不同的目录中用到相同的某个文件时，不需要在每一个目录下都放一个该文件，这样会重复占用磁盘空间，也不便于同步管理。为此，可在某个固定的目录中放置该文件，然后在其他需要用该文件的目录中，利用 ln 命令创建一个指向该文件的链接即可，所生成的文件即为链接文件或称符号链接文件。在 Linux 系统中，链接的方式有硬链接和软链接两种。

ln 命令介绍如下。

格式：ln [选项] 目标文件 链接文件

功能：创建链接文件，默认创建硬链接文件。

主要选项说明如下。

- -b（backup）：若存在同名文件，则覆盖前备份原来的文件。
- -s（symbolic）：创建符号链接文件。

3. 硬链接文件

在 Linux 文件系统中，inode 值相同的文件是硬链接文件，也就是说，不同的文件名，inode 可能是相同的，一个 inode 值可以对应多个文件。理解链接文件并不难。在 Linux 系统中，链接文件是通过 ln 命令来创建的。

用 ln 命令创建硬链接的语法格式：

```
ln    源文件    目标文件
```

硬链接无法跨越不同的文件系统、分区和挂载的设备，只能在原文件所在的同一磁盘的同一分区上创建硬链接，而且硬链接只能针对文件，不能用于目录。

【例 3-10】 为 abc. txt 文件创建其硬链接 abc02. txt，然后查看 abc. txt 和 abc02. txt 的属性变化。

```
[root@dns ~]# ls -li abc.txt               #查看 abc.txt 的属性
[root@dns ~]# ln abc.txt abc02.txt         #通过 ln 来创建 abc.txt 的硬链接文件 abc02.txt
[root@dns ~]# ls -li abc*.txt              #查看 abc.txt 和 abc02.txt 的属性
```

过程及结果如图 3-15 所示。

```
[root@dns ~]# ls -li abc.txt
395021 -rwxr-xr-x 1 root root 0 Jul 24 03:04 abc.txt
You have new mail in /var/spool/mail/root
[root@dns ~]# ln abc.txt abc02.txt
[root@dns ~]# ls -li abc*.txt
395021 -rwxr-xr-x 2 root root 0 Jul 24 03:04 abc02.txt
395021 -rwxr-xr-x 2 root root 0 Jul 24 03:04 abc.txt
```

图 3-15 创建 abc. txt 的硬链接

可以看到 abc. txt 在没有创建硬链接文件 abc02. txt 时，其链接个数是 1（也就是-rwxr-xr-x 后的那个数值），创建了硬链接 abc02. txt 创建后，这个值变成了 2。也就是说，每次为 abc. txt 创建一个新的硬链接文件后，其硬链接个数都会增加 1。

inode 值相同的文件，它们的关系是互为硬链接的关系。当修改其中一个文件的内容时，互为硬链接的文件的内容也会跟着变化。如果删除互为硬链接关系的某个文件时，其他的文件并不受影响。比如把 abc. txt 删除后，还是能看到 abc02. txt 的内容，并且 abc02. txt 仍是存在的。

【例 3-11】 删除 abc. txt 文件，并查看 abc02. txt 的内容。

```
[root@dns ~]# rm -rf abc. txt
[root@dns ~]# more abc02. txt
```

过程及结果如图 3-16 所示。

```
[root@dns ~]# rm -rf abc.txt
[root@dns ~]# more abc02.txt
this is abc.txt file
```

图 3-16 删除硬链接文件

4. 软链接文件

软链接将会生成一个很小的链接文件，该文件的内容是要链接到的文件的路径。删除了源文件后，链接文件不能独立存在，虽然仍保留文件名，却不能查看软链接文件的内容。

软链接可以跨越各种文件系统和挂载设备。

创建软链接（也被称为符号链接）的语法格式：

```
ln -s 源文文件或目录 目标文件或目录
```

【例 3-12】 为 bnm. txt 文件创建其硬链接 bnm002. txt，然后查看 bnm. txt 和 bnm002. txt 的属性的变化。

```
[root@dns ~]# ls -li bnm. txt                #查看 bnm. txt 的属性
[root@dns ~]# ln -sbnm. txt bnm002. txt #通过 ln 命令来创建 bnm. txt 的软链接文件 bnm002. txt
[root@dns ~]# ls -li bnm * . txt             #查看 bnm. txt 和 bnm002. txt 的属性
```

过程及结果如图 3-17 所示。

```
[root@dns ~]# ls -li bnm.txt
396124 -rwxr-xr-x 1 root root 0 Jul 24 03:04 bnm.txt
[root@dns ~]# ln -s bnm.txt bnm002.txt
[root@dns ~]# ls -li bnm*.txt
396128 lrwxrwxrwx 1 root root 7 Jul 25 06:27 bnm002.txt -> bnm.txt
396124 -rwxr-xr-x 1 root root 0 Jul 24 03:04 bnm.txt
```

图 3-17 创建 bnm. txt 文件的软链接

从图 3-17 可以看出，bnm. txt 和 bnmoo2. txt 两个文件的区别及相同点如下。

1） 两个文件的结点不同。

2）两个文件的文件类型不同。bnm. txt 是“ - ”，也就是普通文件，而 bnm002. txt 是“l”，它是一个链接文件。

3）两个文件的读写权限不同，bnm. txt 是 rwxr-xr-x，而 bnm002. txt 的读写权限是 rwxr-wxrwx。

4）两者的硬链接个数相同，都是 1。

5）两文件的属主和所归属的用户组相同。

6）修改（或访问、创建）时间不同。

而且，bnm002. txt 后面有一个标记“->bnm. txt”，这表示 bnm002. txt 是 bnm. txt 的软链接文件。

值得注意的是，修改链接文件的内容就意味着在修改源文件的内容。当然，源文件的属性也会发生改变，链接文件的属性并不会发生变化。当把源文件删除后，链接文件只存在一个文件名，因为失去了源文件，所以软链接文件也就不存在了。这一点和硬链接是不同的。

【例 3-13】 删除 bnm. txt 文件，查看 bnm002. txt 的属性和内容。

```
[root@dns ~]# rm -rf bnm. txt
[root@dns ~]# ls -li bnm002. txt
[root@dns ~]# more bnm002. txt
```

过程及结果如图 3-18 所示。

```
[root@dns ~]# rm -rf bnm.txt
[root@dns ~]# ls -li bnm002.txt
396128 lrwxrwxrwx 1 root root 7 Jul 25 06:27 bnm002.txt -> bnm.txt
[root@dns ~]# more bnm002.txt
bnm002.txt: No such file or directory
```

图 3-18 删除软链接文件

从例 3-13 可以看出，如果一个链接文件失去了源文件，就意味着它已经不存在了。软链接文件其实只是源文件的一个标记，当失去源文件时，软链接文件也就不存在了。软链接文件的只是占用了 inode 来存储软链接文件的属性等信息，但文件存储是指向源文件的。

软链接对文件或目录都适用。无论是软链接还是硬链接，都可以用 rm 命令来删除链接文件。

3.4.2 查找文件

1. 使用 find 命令查找文件

格式：find [路径] [表达式]

功能：将文件系统指定 [路径] 内符合 [表达式] 条件的文件列出来。可以指定文件的名称、类别、时间、大小、权限等不同条件的组合，列出完全符合条件的文件。

主要表达式如下。

- -name 文件：按文件名查找，可使用通配符。
- -g 组群号：查找文件的所属组为指定组群的文件。
- -user 用户名：查找文件所有者为指定用户的文件。
- -type 文件类型：按照文件类型查找，其中 d 为目录文件，l 为符号文件。
- -size [+| -]：文件大小，查找指定大小的文件。

【例 3-14】将当前目录及其子目录下文件名以“k”打头的文件列出。

```
[root@dns bin]# find . -name "k * "
```

过程及结果如图 3-19 所示。

【例 3-15】 将/sbin 目录及其子目录下所有链接文件列出。

```
[root@dns/]# find /sbin -type l
```

过程及结果如图 3-20 所示。

```
[root@dns bin]# find . -name "k*"
./kbd_mode
./ksh
./kill
```

图 3-19　当前目录及其子目录下文件名以“k”打头的文件

```
[root@dns /]# find /sbin -type l
/sbin/pvscan
/sbin/clock
/sbin/restore.static
/sbin/swapoff
/sbin/rdump.static
/sbin/rrestore.static
/sbin/quotaoff
/sbin/vgscan
/sbin/dump.static
/sbin/scsi_id
/sbin/reboot
/sbin/pidof
/sbin/rrestore
/sbin/poweroff
/sbin/telinit
/sbin/rdump
/sbin/lvm
/sbin/vgchange
/sbin/lspcmcia
```

图 3-20　将/sbin 目录及其子目录下所有链接文件列出

【例 3-16】　查找/sbin 目录中所有大于 1024 KB 的文件。

```
[root@dns /]# find /sbin -size +1024k
```

过程及结果如图 3-21 所示。

```
[root@dns /]# find /sbin -size +1024k
/sbin/lvm.static
/sbin/cryptsetup
/sbin/dump
/sbin/busybox
/sbin/nash
```

图 3-21　查找/sbin 目录中所有大于 1024 KB 的文件

2. 使用 whereis 命令查找文件

格式：whereis　［选项］　文件名

功能：可以迅速地找到文件，而且可以提供这个文件的二进制可执行文件、源代码文件和使用手册页存放的位置。

主要选项说明如下。

- b：只查找二进制文件。
- m：查找主要文件。
- s：查找来源。
- u：查找不常用的记录文件。

【例 3-17】　查找 find 文件。

```
[root@dns /]# whereis find
```

过程及结果如图 3-22 所示。

```
[root@dns /]# whereis find
find: /usr/bin/find /usr/share/man/man1/find.1.gz /usr/share/man/man1p/find.1p.g
z
```

图 3-22　使用 whereis 命令查找 find 文件

3. 文件中字符串的查找

格式：grep［选项］字符串 文件列表

功能：从指定文本文件或标准输出中查找符合条件的字符串，默认显示其所在行的内容。

主要选项说明如下。

- -c：只输出匹配的行的总数。
- -i：不区分大小写（只用于单字符）。
- -n：显示行号。
- -l：显示匹配的行及行号。
- -s：不显示不存在或无匹配文件等错误信息。

【例 3-18】 在/etc/passwd 文件中查找包含“aaa”的行，并显示其行号。

```
[root@dns /]# grep -n aaa /etc/passwd
```

过程及结果如图 3-23 所示。

```
[root@dns /]# grep -n aaa /etc/passwd
45:aaa:x:507:507::/home/aaa:/bin/bash
```

图 3-23 /etc/passwd 文件中查找包含“aaa”的行并显示其行号

3.4.3 文件的归档与压缩

1. 使用 tar 命令进行归档

对于 Linux 系统中需要进行备份的文件和目录，tar 命令可以将其打包到一个文件中进行备份，这个功能叫作对文件或目录进行归档。

格式：tar 选项 文件目录列表

功能：对文件目录进行打包备份。

主要选项说明如下。

- -c：建立新的归档文件。
- -r：向归档文件末尾追加文件。
- -x：从归档文件中释放文件。
- -O：将文件解开到标准输出。
- -v：处理过程中输出相关信息。
- -f：对普通文件操作。
- -z：调用 gzip 来压缩归档文件，与-x 联用时调用 gzip 完成解压缩。
- -Z：调用 compress 来压缩归档文件，与-x 联用时调用 compress 完成解压缩。
- -j ：调用 bzip2 程序对文件进行压缩，压缩后文件扩展名为 . bz 或 . bz2。

（1）创建 . tar 包文件

选项“-c”用于创建一个 . tar 包文件。

【例 3-19】 将/etc/vsftpd 目录下的文件打包备份到/tmp/ftp. tar。

```
[root@dns /]# tar cvf /tmp/ftp.tar /etc/vsftpd
```

过程及结果如图 3-24 所示。

```
[root@dns /]# tar cvf /tmp/ftp.tar /etc/vsftpd
tar: Removing leading `/' from member names
/etc/vsftpd/
/etc/vsftpd/vsftpd.conf
/etc/vsftpd/vsftpd_conf_migrate.sh
/etc/vsftpd/user_list
/etc/vsftpd/ftpusers
```

图 3-24　将/etc/vsftpd 目录下的文件打包备份到/tmp/ftp. tar

其中，

- -c：用于创建 . tar 包。
- -v：在执行时给出详细信息。
- -f：用于指定 . tar 包的文件名。

命令执行后会在/tmp 下生成一个名为 ftp. tar 的文件，这个过程仅对目录/etc/vsftpd 下的文件进行打包，并不进行压缩。

（2）创建压缩的 . tar 包

没有经过压缩而生成的 . tar 包一般比较大，为了节省磁盘空间，通常需要对 . tar 包进行压缩。tar 命令本身只进行打包不压缩。通常使用 tar 命令配合其他的压缩命令对 . tar 包进行压缩或解压缩，tar 命令也提供了相应的选项直接调用其他命令的压缩解压缩功能。例如，在 tar 命令中增加使用“-z”或“-j”等参数，就可以调用 gzip 或 bzip2 对其进行压缩。

【例 3-20】　将/etc/vsftpd 目录下的文件打包备份到/tmp/ftp. tar. gz。

```
[root@dns tmp]# tar zcvf /tmp/ftp. tar. gz /etc/vsftpd
```

过程及结果如图 3-25 所示。

```
[root@dns tmp]# tar zcvf /tmp/ftp.tar.gz /etc/vsftpd
tar: Removing leading `/' from member names
/etc/vsftpd/
/etc/vsftpd/vsftpd.conf
/etc/vsftpd/vsftpd_conf_migrate.sh
/etc/vsftpd/user_list
/etc/vsftpd/ftpusers
```

图 3-25　用 gzip 压缩文件

其中，

- -z：是指用 gzip 程序进行压缩。
- -c：用于创建 . tar 包。
- -v：在执行时给出详细信息。
- -f：用于指定 . tar 包的文件名。

【例 3-21】　将/etc/vsftpd 目录下的文件打包备份到/tmp/ftp. tar. bz2 。

```
[root@dns tmp]# tar -jcvf /tmp/ftp. tar. bz2 /etc/vsftpd
```

过程及结果如图 3-26 所示。

```
[root@dns tmp]# tar jcvf /tmp/ftp.tar.bz2 /etc/vsftpd
tar: Removing leading `/' from member names
/etc/vsftpd/
/etc/vsftpd/vsftpd.conf
/etc/vsftpd/vsftpd_conf_migrate.sh
/etc/vsftpd/user_list
/etc/vsftpd/ftpusers
```

图 3-26　用 bzip2 压缩文件

其中，

- -j：是指调用 bzip2 程序进行压缩 . tar 包。
- -c：用于创建 . tar 包。
- -v：在执行时给出详细信息。
- -f：用于指定 . tar 包的文件名。

进入/tmp 目录，对比刚才已经建立的 ftp. tar 文件、ftp. tar. bz2 文件和 ftp. tar. gz 文件的大小，如图 3-27 所示。

```
-rw-r--r-- 1 root root 10240 Jul 25 09:14 ftp.tar
-rw-r--r-- 1 root root  2585 Jul 25 09:23 ftp.tar.bz2
-rw-r--r-- 1 root root  2561 Jul 25 09:19 ftp.tar.gz
```

图 3-27　显示文件属性

（3）释放 . tar 包

选项“-x”用于释放 . tar 包。在释放 . tar 包时，将按照原备份路径释放和恢复，若要将软件包释放到指定的位置，可使用“-C 路径名”参数来指定要释放到的位置。

【例 3-22】　释放/tmp/ftp. tar 包。

[root@dns ~] # tar -xvf /tmp/ftp. tar

对于 . gz 格式的压缩包，增加“-z”参数，参见例 3-23。

【例 3-23】　释放/tmp/ftp. tar. gz 包。

[root@dns ~]# tar -zxvf /tmp/ftp. tar

对于 . bz 或 . bz2 格式的压缩包，增加“-j”参数，参见例 3-24。

【例 3-24】　释放/tmp/ftp. tar. bz2 包。

[root@dns ~]# tar -jxvf /tmp/ftp. tar. bz2

（4）查询 tar 包中的文件列表

使用带“-t”参数的 tar 命令来实现查询 . tar 包中的文件列表。

【例 3-25】　查询/tmp/ftp. tar 包中的文件列表。

[root@dns ~]# tar -tf /tmp/ftp. tar

过程及结果如图 3-28 所示。

若要显示文件列表中每个文件的详细信息，可以增加参数“-v”。若要查看 . gz 压缩包中的文件列表，则还应该使用“-z”参数，参见例 3-26。

【例 3-26】　查询/tmp/ftp. tar. gz 包中的文件列表。

```
[root@dns ~]# tar -tf /tmp/ftp.tar
etc/vsftpd/
etc/vsftpd/vsftpd.conf
etc/vsftpd/vsftpd_conf_migrate.sh
etc/vsftpd/user_list
etc/vsftpd/ftpusers
```

图 3-28　查询文件列表

[root@dns ~]# tar -tvzf /tmp/ftp. tar. gz

过程及结果如图 3-29 所示。

```
[root@dns ~]# tar -tzvf /tmp/ftp.tar.gz
drwxr-xr-x root/root         0 2009-07-15 21:29:58 etc/vsftpd/
-rw------- root/root      4397 2007-01-18 02:25:23 etc/vsftpd/vsftpd.conf
-rwxr--r-- root/root       338 2007-01-18 02:25:23 etc/vsftpd/vsftpd_conf_migrat
e.sh
-rw------- root/root       361 2007-01-18 02:25:23 etc/vsftpd/user_list
-rw------- root/root       125 2007-01-18 02:25:23 etc/vsftpd/ftpusers
```

图 3-29　查询 . gz 压缩包中的文件列表

若要查看 . bz 或 . bz2 格式的压缩包的文件列表，则应该增加“-j”参数，参见例 3-27。

【例 3-27】　查询/tmp/ftp. tar. bz2 包中的文件列表。

[root@dns ~]# tar -jtvf /tmp/ftp. tar. bz2

过程及结果如图 3-30 所示。

```
[root@dns ~]# tar -jtvf /tmp/ftp.tar.bz2
drwxr-xr-x root/root         0 2009-07-15 21:29:58 etc/vsftpd/
-rw------- root/root      4397 2007-01-18 02:25:23 etc/vsftpd/vsftpd.conf
-rwxr--r-- root/root       338 2007-01-18 02:25:23 etc/vsftpd/vsftpd_conf_migrat
e.sh
-rw------- root/root       361 2007-01-18 02:25:23 etc/vsftpd/user_list
-rw------- root/root       125 2007-01-18 02:25:23 etc/vsftpd/ftpusers
```

图 3-30　查询 . bz2 压缩包的文件列表

2. 文件的压缩与解压缩

除了使用 tar 命令提供的相应选项直接调用其他命令的压缩解压缩功能来对文件压缩解压缩以外，Linux 还有两对命令来完成文件的压缩和解压缩，即 zip 和 unzip、gzip 和 gunzip。

(1) zip 和 unzip

1) zip 命令。

格式：zip [选项] 文件

功能：压缩文件。

主要选项说明如下。

- -d：删除。
- -g：增加而不重新产生。
- -u：更新。
- -r：压缩子目录。

zip 所使用的格式其实与 DOS 和 Windows 的 . zip 格式是完全一样的。也就是说，它无需经过打包和压缩两道工序，就可以产生兼有两种效用的“压缩文件包”。而且，如果使用这种格式，就可以和 . bmp、. jpg、. gif 等格式文件一样，自由地通行于 Windows 和 Linux 之间。例如，可以在 Windows 中用 WinZip 程序解压缩，或者用 WinZip 压缩成 . zip 格式文件直接送给 Linux 系统使用。

【例 3-28】 将/var/spool/下的所有文件打包成一个 mail. zip 文件。

```
[root@dns ~]# zip mail. zip /var/spool/ *
```

过程及结果如图 3-31 所示。

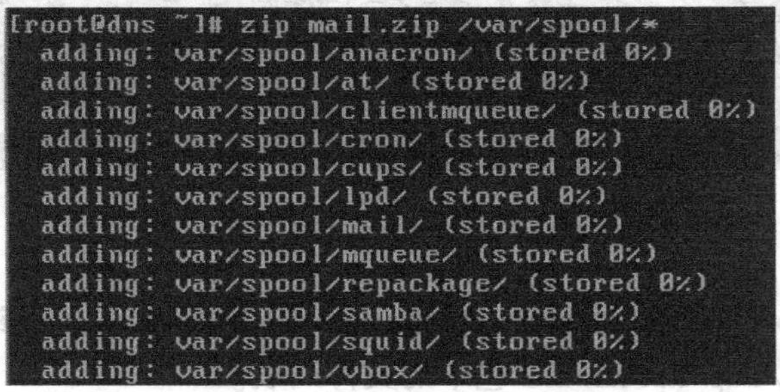

图 3-31 将/var/spool/下所有文件打包成一个 mail. zip 文件

Linux 自带的 unzip 命令可以解压缩 Linux 或 Windows 下的 . zip 格式的压缩文件。

2）unzip 命令。

格式：unzip [选项] 压缩文件名 . zip

主要选项说明如下。

- -x：文件列表解压缩文件，但不包括指定的文件。
- -v：查看压缩文件目录，但不解压缩。
- -t：测试文件有无损坏，但不解压缩。
- -d：把压缩文件解压缩到指定目录下。
- -z：只显示压缩文件的注解。
- -n：不覆盖已经存在的文件。
- -o：覆盖已存在的文件且不要求用户确认。
- -j：不重建文档的目录结构，把所有文件解压缩到同一目录下。

【例 3-29】 将 mail. zip 文件解压缩到目录/tmp 下，如果已有相同的文件存在，要求 unzip 命令不覆盖原来的文件。

```
[root@dns ~]# unzip -n mail. zip -d /tmp
```

过程及结果如图 3-32 所示。

(2) gzip 和 gunzip

1）gzip 命令。

格式：gzip [选项] 文件 | 目录列表

功能：压缩/解压缩文件。无选项参数时执行压缩操作，压缩后产生扩展名为 . gz 的压

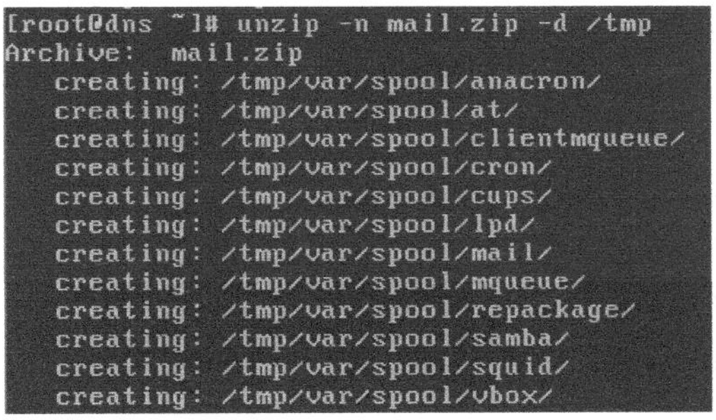

图 3-32　用 unzip 命令解压缩文件

缩文件，并删除源文件。

主要选项说明如下。

- -v：输出处理信息。
- -d：解压缩指定文件，相当于使用 gunzip 命令。
- -r：参数为目录时，按目录结构递归压缩目录中的所有文件。

【例 3-30】　进入/test 目录，采用 gzip 命令压缩/test 目录下所有文件。

```
[root@dns ~]# gzip *
```

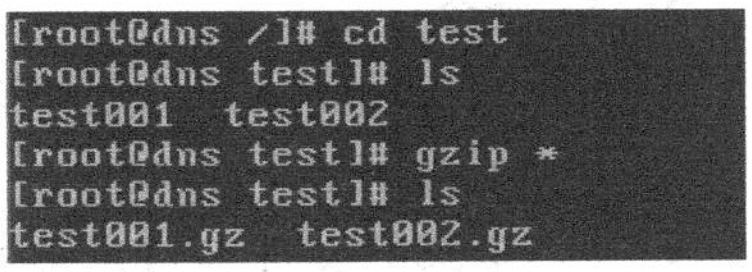

图 3-33　用 gzip 命令压缩文件

过程及结果如图 3-33 所示。

从图 3-33 可以看到，gzip 命令和刚才使用的 zip 命令不一样，它没有归档功能。当压缩多个文件时将分别压缩每个文件，使之成为 . gz 压缩文件。

2）gunzip 命令用来解压缩文件，可以解压扩展名为 . gz、. z、. Z 和 . tgz 等类型的压缩文件，功能和“gzip -d”命令是一样的。

【例 3-31】　进入/test 目录，采用 gunzip 解压缩/test 目录下所有文件。

```
[root@dns test]# gunzip /test/ *
```

过程及结果如图 3-34 所示。

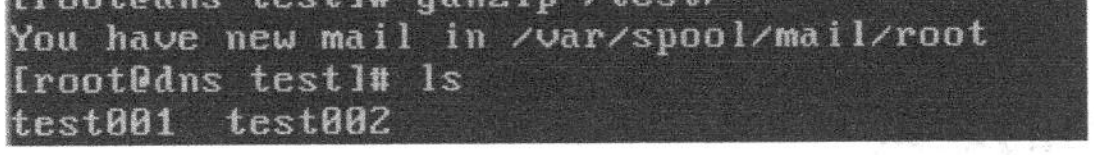

图 3-34　用 gunzip 命令解压缩文件

3.5　磁盘管理

3.5.1　查看硬盘或目录的容量

1. df 命令

利用 df 命令，可以查看已挂载磁盘的总容量、使用容量与 inode 等。磁盘空间大小的单位为数据块，1数据块=1024B。

格式：df-[ikm]

主要选项说明如下。

- -i：使用 i-nodes 显示结果。
- -k：使用 KB 显示结果。
- -m：使用 MB 显示结果。

【例 3-32】 以 KB 显示磁盘空间。

```
[root@dns test]# df -k
```

过程及结果如图 3-35 所示。

```
[root@dns test]# df -k
Filesystem           1K-blocks      Used Available Use% Mounted on
/dev/sda1              7103744   5050940   1686124  75% /
tmpfs                   127812         0    127812   0% /dev/shm
```

图 3-35 以 KB 显示磁盘空间

2. du 命令

格式：du [-abckms] [目录名称]

主要选项说明如下。

- -a：全部的文件与目录都列出来，默认值是只列出目录的值。
- -b：列出的值以 B 输出。
- -c：最后加总和。
- -k：列出的值以 KB 输出。
- -m：列出的值以 MB 输出。
- -s：只列出最后加总的值。

[目录名称] 可以省略。如果省略，表示要统计目前所在目录的容量。

【例 3-33】 列出 /etc 下目录与文件所占的容量，最后加总并以 MB 输出。

```
[root@dns ~]# du -s -m /etc
```

过程及结果如图 3-36 所示。

```
[root@dns ~]# du -s -m  /etc
96      /etc
```

图 3-36 /etc 下目录与档案所占的容量并最后加总值输出

3.5.2 移动存储介质的装载

1. 图形界面下光盘和 U 盘的挂载

首先依次选择“系统”→“首选项”→“可移动驱动器和介质”菜单命令，系统弹出“可移动驱动器和介质的首选项”对话框，如图 3-37 所示。

“存储”选项卡中的“热插拔时挂载可移动驱动器”复选框如果处于选中状态，那么一插上 U 盘就自动挂载。

“插入时挂载可移动介质”复选框如果被选中，那么将自动挂载光盘。

只有当以上两项都选中时，选中“插入时浏览可移动介质”复选框，才可以自动打开

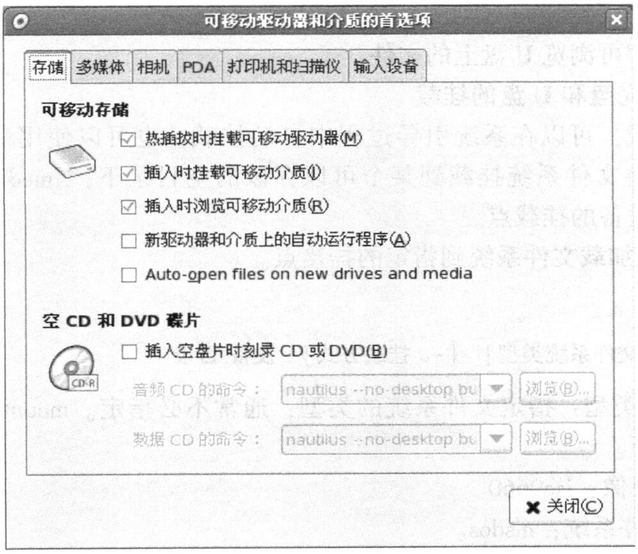

图 3-37 “可移动驱动器和介质的首选项”对话框

文件浏览器显示其中的内容。

(1) 光盘的挂载

在图形界面下，只要用户将光盘放入光驱中，在桌面上就会出现光盘的图标，显示光盘的名字，如图 3-38 所示。

双击该图标，可以看到光盘上的内容。右击该图标，显示如图 3-39 所示的快捷菜单。

图 3-38 光标图标

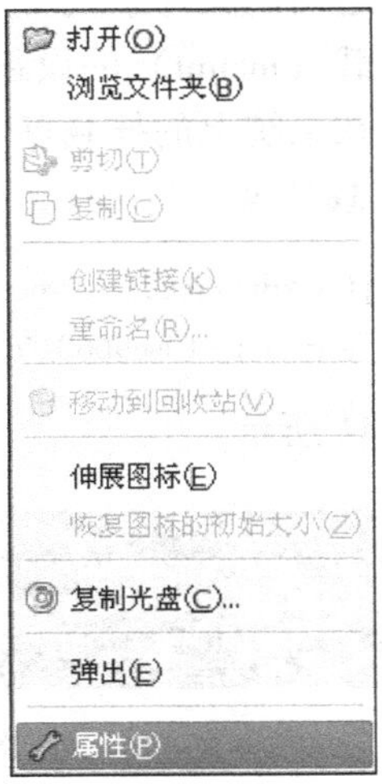

图 3-39 快捷菜单

在快捷菜单里可以实现打开、浏览、复制光盘等操作。这里就不一一讲解。

(2) U 盘的挂载

与光盘相同，在图形界面下将 U 盘插在 USB 接口后，U 盘将被自动挂载。桌面会出现

U 盘图标，如图 3-40 所示。

图 3-40　U 盘图标

双击该图标，即可浏览 U 盘上的文件。

2. 文字界面下光盘和 U 盘的挂载

文件系统的挂载，可以在系统引导过程中自动挂载，也可以使用命令手工挂载。通常将文件系统挂载到某个可以存取的空目录下，/media 是系统默认的移动设备的挂载点。

mount 命令可以加载文件系统到指定的挂接点。

格式：

```
mount [-t 文件系统类型] [-o 挂载方式] 设备 目录
```

1）-t 文件系统类型：指定文件系统的类型，通常不必指定。mount 会自动选择正确的类型。常用类型如下。

- 光盘或光盘映像：iso9660。
- DOS fat16 文件系统：msdos。
- Windows 9x fat32 文件系统：vfat。
- Windows NT ntfs 文件系统：ntfs。
- Mount Windows 文件网络共享：smbfs。
- UNIX（Linux）文件网络共享：nfs。

2）-o 挂载方式：主要用来描述设备或文件的挂接方式。常用的参数如下。

- loop：用来把一个文件当成硬盘分区挂载在系统上。
- ro：采用只读方式挂载设备。
- rw：采用读写方式挂载设备。
- iocharset：指定访问文件系统所用字符集。

3）设备：要挂载（mount）的设备。

4）目录：设备在系统上的挂载点（mount point）。

【例 3-34】　挂载光盘。

```
[root@dns /]# mkdir /media/cdrom        #创建空目录作为挂载点
[root@dns /]# mount -t iso9660 /dev/cdrom /media/cdrom
```

过程及结果如图 3-41 所示。

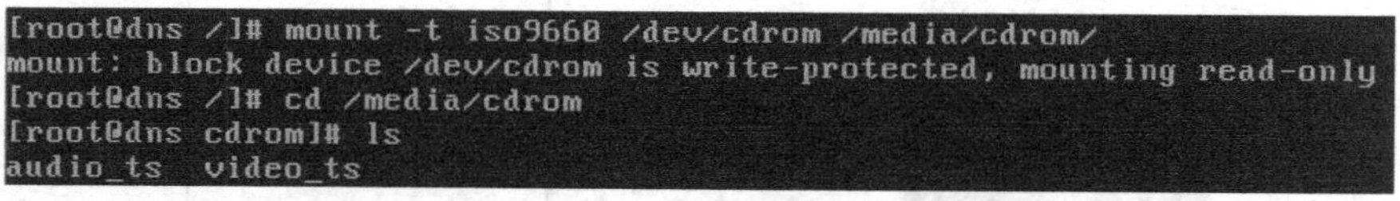

```
[root@dns /]# mount -t iso9660 /dev/cdrom /media/cdrom/
mount: block device /dev/cdrom is write-protected, mounting read-only
[root@dns /]# cd /media/cdrom
[root@dns cdrom]# ls
audio_ts  video_ts
```

图 3-41　挂载光盘

【例 3-35】　挂载 U 盘。

对 Linux 系统而言，U 盘是被当作 SCSI 设备对待的。插入 U 盘之前，应先用fdisk -l 或 more /proc/partitions 命令查看系统的硬盘和硬盘分区情况，如图 3-42 所示。

```
[root@dns cdrom]# fdisk -l

Disk /dev/sda: 8589 MB, 8589934592 bytes
255 heads, 63 sectors/track, 1044 cylinders
Units = cylinders of 16065 * 512 = 8225280 bytes

   Device Boot      Start         End      Blocks   Id  System
/dev/sda1   *           1         913     7333641   83  Linux
/dev/sda2             914        1044     1052257+  82  Linux swap / Solaris
```

图 3-42　硬盘分区情况

在这里能够清楚地看到系统有一块 SCSI 硬盘/dev/sda 和它的两个磁盘分区/dev/sda1 和/dev/sda2。

接好 U 盘后，系统会自动识别 U 盘信息，如图 3-43 所示。

```
[root@dns cdrom]#  Vendor: Hanxin    Model: USB Flash Drive   Rev: %z!Y
  Type:   Direct-Access                ANSI SCSI revision: 02
SCSI device sdb: 254720 512-byte hdwr sectors (130 MB)
sdb: Write Protect is off
sdb: assuming drive cache: write through
SCSI device sdb: 254720 512-byte hdwr sectors (130 MB)
sdb: Write Protect is off
sdb: assuming drive cache: write through
sd 2:0:0:0: Attached scsi removable disk sdb
sd 2:0:0:0: Attached scsi generic sg1 type 0
```

图 3-43　系统读出 U 盘信息

从信息上可以判断 U 盘是一个 SCSI 硬盘，并且设备名称为 sdb。这时再使用fdisk -l或 more /proc/partitions 命令查看系统的硬盘和硬盘分区情况，结果如图 3-44 所示。

```
[root@dns cdrom]# fdisk -l

Disk /dev/sda: 8589 MB, 8589934592 bytes
255 heads, 63 sectors/track, 1044 cylinders
Units = cylinders of 16065 * 512 = 8225280 bytes

   Device Boot      Start         End      Blocks   Id  System
/dev/sda1   *           1         913     7333641   83  Linux
/dev/sda2             914        1044     1052257+  82  Linux swap / Solaris

Disk /dev/sdb: 130 MB, 130416640 bytes
8 heads, 32 sectors/track, 995 cylinders
Units = cylinders of 256 * 512 = 131072 bytes

   Device Boot      Start         End      Blocks   Id  System
/dev/sdb1   *           1         995      127344    6  FAT16
```

图 3-44　挂载了 U 盘后的硬盘分区情况

系统多了一个 SCSI 硬盘/dev/sdb 和一个磁盘分区/dev/sdb1，/dev/sdb1 就是要挂载的 U 盘。

使用如下命令使用 U 盘：

```
[root@dns cdrom]# mkdir /media/u      #创建空目录作为挂载点
[root@dns cdrom]# mount -t vfat /dev/sdbl/media/u
```

过程及结果如图 3-45 所示。

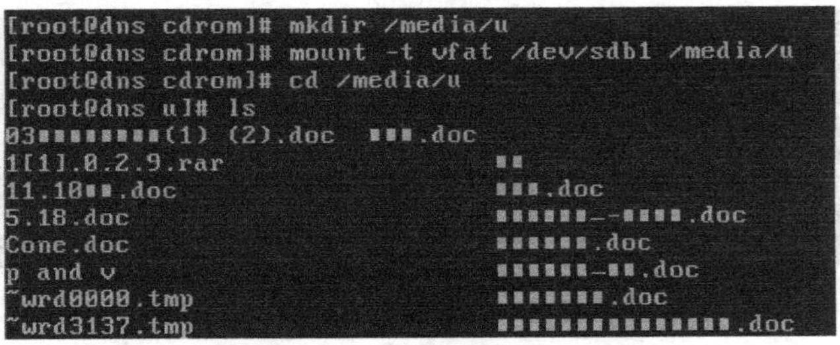

图 3-45　挂载并读取 U 盘内容

3. 卸载光盘和 U 盘

umount 命令用于卸载光盘和 U 盘。

格式：umount 设备 | 目录

功能：卸载指定的设备，这里注意既可使用设备名也可以使用挂载目录名，或两个都使用。

【例 3-36】 卸载光盘。

```
[root@dns ~]# umount /dev/cdrom
```

或者用命令

```
[root@dns ~]# umount /media/cdrom
```

或

```
[root@dns ~]# umount /dev/cdrom /media/cdrom
```

【例 3-37】 卸载 U 盘。

```
[root@dns ~]# umount /dev/sdb1
```

或者用命令

```
[root@dns ~]# umount /media/u
```

或

```
[root@dns ~]# umount /dev/sdb1 /media/u
```

3.6 系统管理

3.6.1 启动过程

RHEL Server 6.4 的启动过程可分为以下几个阶段：

1）主机启动并进行硬件自检后，读取硬盘 MBR（主引导扇区）中的启动引导器程序，并进行加载。

2）启动引导器程序负责引导硬盘中的操作系统，根据用户的选择来启动不同的操作系统。Linux 操作系统直接加载 Linux 内核程序。

3）Linux 的内核程序负责操作系统启动的前期工作，并进一步加载系统的 init 进程。init 进程是 Linux 系统中运行的第一个进程，该进程将根据其配置文件执行相应的启动程序，并进入指定的系统运行级别。

4）在不同的运行级别中，根据系统的设置将启动相应的服务程序。

5）在启动过程的最后，将运行控制台程序提示并允许用户输入账号和口令进行登录。

3.6.2 运行级别

（1）Linux 系统中的运行级别

在 Linux 系统中通常有 0~6 共 7 个运行级别，各运行级别的含义如下：

- 运行级别 0 为停机，机器关闭。
- 运行级别 1 为单用户模式，就像 Win2003 下的安全模式类似。
- 运行级别 2 为多用户模式，但是没有 NFS 支持。
- 运行级别 3 为完整的多用户模式，是标准的运行级别。
- 运行级别 4 一般不用，在一些特殊情况下可以用它来做一些事情。例如，在笔记本电脑的电池用尽时，可以切换到这个模式来做一些设置。
- 运行级别 5 图形登录的多用户模式，用户在该模式下可进行图形界面登录。
- 运行级别 6 为重启，运行 init 6 机器就会重启。

（2）用 runlevel 命令显示系统当前运行级别

格式：runlevel

功能：用于显示系统当前运行级别和上一次的运行级别，如系统中不存在上一次的运行级别，则用“N”代替。

【例 3-38】 显示运行级别。

```
[root@dns u]# runlevel
```

图 3-46 显示运行级别

结果如图 3-46 所示。

系统当前运行级别为“3”，上一次的运行级别为“5”。

（3）用 init 命令改变系统运行级别

当用户需要从系统当前运行级别转换到其他运行级别时，可以使用 init 命令转换运行级别。

格式：init [0123456]

功能：init 命令后面跟相应的运行级别作为参数，可以从当前的运行级别转换为其他运行级别。

3.6.3 inittab 配置文件

init 进程是由 Linux 内核引导运行的，是系统运行的第一个进程，其进程号（PID）永远为“1”。init 进程运行后将安装其配置文件，引导运行系统所需的其他进程，init 进程将作为这些进程的父进程。init 配置文件的全路径名为“/etc/inittab”，init 进程运行后将按照该文件中的配置内容运行系统启动程序。

（1）inittab 文件的内容

该文件的内容如下，其中“#”为注释说明符。

```
#
# inittab       This file describes how the INIT process should set up
#               the system in a certain run-level
#
# Author:       Miquel van Smoorenburg, <miquels@drinkel.nl.mugnet.org>
#               Modified for RHS Linux by Marc Ewing and Donnie Barnes
#
# Default runlevel. The runlevels used by RHS are:
#   0 - halt (Do NOT set initdefault to this)
#   1 - Single user mode
#   2 - Multiuser, without NFS (The same as 3, if you do not have networking)
#   3 - Full multiuser mode
#   4 - unused
#   5 - X11
#   6 - reboot (Do NOT set initdefault to this)
#
id:5:initdefault:
# System initialization.
si::sysinit:/etc/rc.d/rc.sysinit
l0:0:wait:/etc/rc.d/rc 0
l1:1:wait:/etc/rc.d/rc 1
l2:2:wait:/etc/rc.d/rc 2
l3:3:wait:/etc/rc.d/rc 3
l4:4:wait:/etc/rc.d/rc 4
l5:5:wait:/etc/rc.d/rc 5
l6:6:wait:/etc/rc.d/rc 6
# Trap CTRL-ALT-DELETE
ca::ctrlaltdel:/sbin/shutdown -t3 -r now
# When our UPS tells us power has failed, assume we have a few minutes
# of power left. Schedule a shutdown for 2 minutes from now.
# This does, of course, assume you have powerd installed and your
# UPS connected and working correctly.
pf::powerfail:/sbin/shutdown -f -h +2 "Power Failure; System Shutting Down"
# If power was restored before the shutdown kicked in, cancel it.
pr:12345:powerokwait:/sbin/shutdown -c "Power Restored; Shutdown Cancelled"
# Run gettys in standard runlevels
1:2345:respawn:/sbin/mingetty tty1
2:2345:respawn:/sbin/mingetty tty2
3:2345:respawn:/sbin/mingetty tty3
4:2345:respawn:/sbin/mingetty tty4
5:2345:respawn:/sbin/mingetty tty5
6:2345:respawn:/sbin/mingetty tty6
# Run xdm in runlevel 5
```

(2) 文件说明

配置命令行的格式：

```
id:runlevels:action:command
```

文件中的每一行都被3个冒号分隔成4个部分，每个部分有不同的含义。

1）id：该行的行标识符，该文件中每行的行标识符都不一样。

2）runlevels：代表init进程的运行级别，即0~6，如果为空，则对任何运行级别都有效。

3）action：该行的动作标识符，表示init进程运行一个可执行文件的方式。在Linux中规定了多种方式。部分说明如下：

- once：在执行本行第4部分中的命令或者程序时，init不必等待执行这些命令的进程完成，可以立即执行下面的循环。
- wait：在执行本行第4部分中的命令或者程序时，init必须等待执行这些命令的进程完成后，才能进行下面一行的操作。
- respwan：表示本行的命令进程终止后，init进程应该马上重新启动相应的进程。
- sysinit：init进程启动后，最先执行动作标识符为sysinit行的命令或可执行程序。而其他标有boot或bootwait行的命令要等到sysinit行的命令或可执行程序终止后才能执行。

4）command：用于指定启动该进程所要执行的命令。

(3) 修改系统启动后默认进入的运行级别

initdefault用于指定系统启动后默认进入的运行级别。例如，要定义默认进入运行级别3，也就是启动后默认进入文字界面，则设置：

```
id : 3 : initdefault
```

(4) 修改启动或者重启相关的设置

默认情况下，与启动或者重启相关的设置是：

```
ca::ctrlaltdel:/sbin/shutdown -t3 -r now
```

当按〈Ctrl+Alt+Del〉组合键时，init进程将接收到系统发送的SIGINT信号，马上执行本行的shutdown命令，关闭系统；有时为了避免误把〈Ctrl+Alt+Del〉组合键同时按下造成的损失，则在该条配置命令前加“#”。

(5) 建立终端

init进程默认会打开6个终端，以便用户登录系统。通过按〈Alt+Fn〉组合键（n对应1~6）可以在这6个终端之间切换。在inittab文件中的以下6行就是定义了6个终端：

```
1:2345:respawn:/sbin/mingetty tty1
2:2345:respawn:/sbin/mingetty tty2
3:2345:respawn:/sbin/mingetty tty3
4:2345:respawn:/sbin/mingetty tty4
5:2345:respawn:/sbin/mingetty tty5
6:2345:respawn:/sbin/mingetty tty6
```

Linux 最多支持 23 个虚拟终端，可以根据需要在配置文件中添加，但注意不要定义第 7 个虚拟终端，因为 X-Windows 系统使用了该终端，可在 6 个终端后再添加一行配置命令：

```
8:2345:respawn:/sbin/mingetty tty8
```

来增加一个虚拟终端。以后就可以使用〈Alt+Fn〉组合键在 1~6 和 8~12 这 11 个终端之间切换，使用〈右 Alt+Fn〉组合键在 13~24 这 12 个终端之间进行切换。

3.6.4 进程管理

1. 进程的概念

进程是具有一定独立功能的程序在某个数据集合上的一次运行活动，是系统进行资源分配和调度的一个独立单位。从操作系统角度来看，可将进程分为系统进程和用户进程两类。

2. 进程与程序的联系和区别

程序是构成进程的组成部分，一个进程的目标是执行它所对应的程序，如果没有程序，进程就失去了其存在的意义。从静态的角度看，进程是由程序、数据和进程控制块（PCB）3 部分组成的。

程序是静态的，而进程是动态的，进程是程序的一个执行过程。程序的存在是永久的，而进程是为了程序的一次执行而暂时存在的。进程有生命周期，有诞生，亦有消亡。

一个进程可以包括若干程序的执行，而一个程序亦可以产生多个进程。进程具有创建其他进程的功能。被创建的进程被称为子进程，而创建者被称为父进程，从而构成了进程家族。

3. 使用 ps 命令查看进程

格式：ps [选项]

主要选项说明如下。

- -e：显示所有进程。
- -u：选择有效的用户 ID。
- a：显示终端上的所有进程，包括其他用户的进程。
- r：只显示正在运行的进程。
- x：显示没有控制终端的进程。

用户可以使用 ps 命令和 grep 命令的组合来查看某进程是否在运行。譬如，要判定 emacs 是否在运行，使用下面这个命令：

```
[root@dns ~]# ps ax | grep emacs
```

要显示进程以及它们的所有者，使用如下命令：

```
[root@dns ~]# ps aux
```

【例 3-39】 显示当前系统进程。

```
[root@dns u]# ps
```

结果如图 3-47 所示。

从图中可以看到：PID 是进程的标识号；TTY 是进程所属的终端控制台；TIME 是进程

所使用的总的 CPU 时间；CMD 是正在执行的命令行。

```
[root@dns u]# ps
  PID TTY          TIME CMD
 2817 tty1     00:00:01 bash
 9902 tty1     00:00:00 ps
```

图 3-47　显示当前系统进程

4. 使用 top 命令查看系统信息

ps 命令只提供当前进程的快照。要即时查看最活跃的进程，可使用 top 命令。

top 命令可实时提供进程信息。它还拥有交互式的状态，允许用户输入命令，如 n 后面跟有 5 或 10 等数字。其结果是指示 top 显示 5 或 10 个最活跃的进程。top 持续运行，直到按〈q〉键退出 top 命令为止。在 shell 提示符下输入 top 命令，终端会显示系统运行信息，如图 3-48 所示。

```
top - 07:53:12 up  4:45,  1 user,  load average: 0.07, 0.02, 0.00
Tasks:  72 total,   1 running,  71 sleeping,   0 stopped,   0 zombie
Cpu(s):  0.0%us,  1.7%sy,  0.0%ni, 98.3%id,  0.0%wa,  0.0%hi,  0.0%si,  0.0%st
Mem:    255628k total,   178680k used,    76948k free,    27148k buffers
Swap:  1052248k total,        4k used,  1052244k free,   102232k cached

  PID USER      PR  NI  VIRT  RES  SHR S %CPU %MEM    TIME+  COMMAND
 9925 root      15   0  2172  976  796 R  1.6  0.4   0:00.11 top
 2129 root      15   0 25832  12m 3280 S  0.3  4.9   0:08.78 yum-updatesd
    1 root      15   0  2040  640  548 S  0.0  0.3   0:02.84 init
    2 root      RT   0     0    0    0 S  0.0  0.0   0:00.00 migration/0
    3 root      34  19     0    0    0 S  0.0  0.0   0:00.20 ksoftirqd/0
    4 root      RT   0     0    0    0 S  0.0  0.0   0:00.00 watchdog/0
    5 root      10  -5     0    0    0 S  0.0  0.0   0:00.73 events/0
    6 root      15  -5     0    0    0 S  0.0  0.0   0:00.00 khelper
    7 root      10  -5     0    0    0 S  0.0  0.0   0:00.00 kthread
   10 root      10  -5     0    0    0 S  0.0  0.0   0:00.68 kblockd/0
   11 root      20  -5     0    0    0 S  0.0  0.0   0:00.00 kacpid
   72 root      20  -5     0    0    0 S  0.0  0.0   0:00.00 cqueue/0
   75 root      11  -5     0    0    0 S  0.0  0.0   0:00.15 khubd
   77 root      10  -5     0    0    0 S  0.0  0.0   0:00.00 kseriod
  136 root      25   0     0    0    0 S  0.0  0.0   0:00.00 pdflush
  137 root      15   0     0    0    0 S  0.0  0.0   0:01.38 pdflush
  138 root      10  -5     0    0    0 S  0.0  0.0   0:00.60 kswapd0
  139 root      20  -5     0    0    0 S  0.0  0.0   0:00.00 aio/0
```

图 3-48　使用 top 命令监控系统运行信息

top 命令显示的项目很多，默认值是每 5 s 更新一次，当然这是可以设置的。

5. 使用 pstree 命令查看进程树

另外一个可以快速简单查看进程的命令是 pstree。这个命令会列出当前的进程及其树结构。一个进程启动的时候，可能会产生自己的一个子进程。运行 pstree 命令就可以很容易地看到这些信息了，如图 3-49 所示。

```
init-+-acpid
     |-atd
     |-auditd-+-python
     |        `-{auditd}
     |-automount---4*[{automount}]
     |-avahi-daemon---avahi-daemon
     |-crond
     |-cupsd
     |-dbus-daemon
     |-esd
     |-events/0
     |-gam_server
     |-gpm
     |-hald---hald-runner-+-hald-addon-acpi
     |                    |-hald-addon-keyb
     |                    `-2*[hald-addon-stor]
     |-hcid
     |-hidd
     |-hpiod
     |-khelper
     |-klogd
     |-krfcommd
     |-ksoftirqd/0
     |-kthread-+-aio/0
```

图 3-49　使用 pstree 命令查看进程树

本章小结

本章围绕与文件系统和磁盘系统管理展开叙述，分别介绍了文件系统的类型、建立和使用文件系统的方法、Linux 文件的类型，以及如何管理文件和目录、如何管理磁盘、如何管理系统等非常重要的内容。文件系统的权限管理涉及系统数据的安全，应该引起特别的重视。Linux 的系统启动过程比较复杂，尽管这个过程是自动完成的，不需要用户参与，但作为 Linux 用户，应该对启动的过程有一定的了解，以便随时介入启动过程的设置，既可以加深对 Linux 系统的理解，又有助于在系统启动出现故障时进行故障诊断和排除。

实训项目

一、试验环境

一人一台装有 RHEL Server 6.4 系统的计算机，一人一组。

二、实验目的

1）掌握磁盘管理相关命令。

2）掌握如何修改文件权限。

3）熟练如何建立和使用文件系统。

4）熟练挂载光盘和 U 盘。

5）熟练文件的归档和压缩。

任务一：文件与目录权限

1）用命令 adduser t1 新建用户 t1，注意要设置用户密码。

2）用命令方式新建用户 t2。

3）在终端方式用命令 cat /etc/passwd 查看有关用户 t1、t2 的信息，以确认用户已经成功添加。

4）用命令 passwd t1 设置 t1 账号的口令为 1111。

5）用命令方式设置 t2 账号的口令为 2222。

6）注销系统，试着用 t1 或 t2 账号登录系统，登录成功后，恢复原来的 test 用户登录系统。

7）用命令 groupadd aa 命令新建用户组。

8）用命令方式新建组 bb。

9）用 cat /etc/group 命令查看有关 aa、bb 组的信息，以确认组已经成功添加。

10）在主目录中新建一个 file1 文件和 file2 文件，分别在图形界面和文字界面（用命令 ls -l）查看文件的所有者和属组及其对该文件的访问权限。

11）用命令方式把 file1 文件的访问权限设置为 rw-rw-r--。

12）用命令方式把 file2 文件的访问权限设置为 rwxrw-r-x。

13）用命令方式把 file1 的属组设为 aa。

14）用命令方式把 file2 的所有者设为 t1 用户。

任务二：文件和目录操作（命令的使用方法参照第 2 章 shell 命令）

1）在目录/home 下新建目录 dir，在目录/home/dir 下新建一个文件 file。

2）用 Vi 文字编辑器写一段文字，保存并关闭。

3）再打开 file 文件，查看文件内容。

4）在/home 下创建新目录 nextdir 和 testdir。

5）删除子目录 testdir。

6）在当前目录下把 file 文件复制到目录/home/nextdir。

7）删除目录/home/dir 下的原文件 file，要求删除前给出提示。

8）在目录/home/dir 下创建 file 文件的硬链接 file1 和软链接 file2，查看详细列表，观察它们有何不同。

9）删除源文件 file，再查看详细列表，观察有何变化。

任务三：为系统增加一块硬盘

1）显示系统磁盘空间的使用情况。

2）对新增硬盘进行分区。

3）对分区进行格式化，以建立相应的文件系统。

4）将分区挂载到系统相应目录。

5）卸载这块硬盘。

任务四：压缩命令的练习

1）将系统中/etc/samba 下的文件压缩成 smb. zip 包。

2）解压缩 smb. zip 文件。

3）从 Windows 磁盘中找一个或用 WinZip 制作一个 zip 压缩文件，再在 Linux 下用 unzip 命令解压缩。

4）将系统中/etc 目录下的内容打包在/tmp 中，名为 etcback. tar。

5）将系统中/etc 目录下的内容打包在/tmp 中，名为 etcback. tar. gz。

6）将系统中/etc 目标下的内容打包在/tmp 中，名为 etcback. tar. bz。

7）解压缩上述 3 个压缩包。

同步测试

一、填空题

1）完成下表。

设　备	命　名
第一块 IDE 硬盘	
	/dev/hda1
第二块 IDE 硬盘的第二个分区	
第一块 SCSI 硬盘的第一个逻辑分区	
	/dev/hdb

2）Linux 的文件系统主要有 ext3 和________两种，后者主要用于交换分区。

3）安装 Linux 系统，硬盘至少要分两个分区：一个为交换分区；另一个必须挂载到________目录。

二、选择题

1）以下命令中可以了解在当前目录下还有多大空间的是（　　）。

A. df　　B. du /　　C. du .　　D. df .

2）以下命令中可以更改一个文件的权限设置的是（　　）。

A. attrib　　B. chmod　　C. change　　D. file

3）假如系统当前运行级别是 3，以下命令中可以不重启系统就可转换到运行级别 5 的是（　　）。

A. Set level = 5　　B. init 5　　C. run 5　　D. ALT-F7-5

4）下面参数可以删除一个用户并同时删除用户的主目录的是（　　）。

A. rmuser -r　　B. deluser -r　　C. userdel -r　　D. usermgr -r

5）运行级定义在（　　）。

A. in the kernel　　B. in /etc/inittab　　C. in /etc/runlevels　　D. using the rl command

6）下面命令用来显示系统中各个分区中 inode 的使用情况的是（　　）。

A. df -i　　B. df -H　　C. free -b　　D. du -a -c/

7）文件 aaa 的属性为-rw-r--r--，现要增加文件所有者的执行权限和同组用户的写权限，下列命令正确的是（　　）。

A. chmod u+x，g+w aaa　　B. chmod 765 aaa

C. chmod o+x aaa　　D. chmod g+w aaa

8）系统中有用户 user1 和 user2，同属于 users 组。在 user1 用户目录下有 file1 文件，它拥有 644 的权限，如果 user2 用户想修改 user1 用户目录下的 file1 文件，应拥有（　　）权限。

A. 744　　B. 664　　C. 646　　D. 746

9）以下命令中可以将光盘/dev/hdc 卸载的是（　　）。

A. umount /dev/hdc　　B. unmount /dev/hdc

C. umount /mnt/cdrom /dev/hdc　　D. unmount /mnt/cdrom /dev/hdc

10）以下命令中可以将光盘 CD-ROM（hdc）安装到文件系统的/mnt/cdrom 目录下的是（　　）。

A. mount /mnt/cdrom　　B. mount /mnt/cdrom /dev/hdc

C. mount /dev/hdc /mnt/cdrom　　D. mount /dev/hdc

11）文件权限读、写、执行的 3 种标志符号依次是（　　）。

A. rwx　　B. xrw　　C. rdx　　D. srw

三、简答题

简述 Linux 发行版本与 Linux 内核的关系。

第 4 章　软件包管理与配置网络连接

本章目标

- 熟练掌握使用 rpm 命令进行软件的安装、升级、卸载和查询
- 熟悉 IP 地址、DNS、网卡等的配置
- 掌握如何测试网络的连通性
- 掌握服务器的启动方法

首先，在对系统的使用和维护过程中，安装和卸载软件是必须掌握的操作。RHEL Server 6.4 为便于软件包的安装、更新或卸载，提供了 RPM 软件包管理器。所以学习掌握 rpm 命令对软件进行安装、升级、删除或者查询是非常重要的。其次，Linux 所能提供的强大的服务器系统，都是建立在一个稳定的网络通信基础之上的，所以用户熟练掌握基础的网络配置和维护，为以后学习如何搭建 Linux 服务器打下夯实的基础。

4.1　RPM 软件包管理

4.1.1　RPM 软件包简介

RPM（Redhat Package Manager）是由 RedHat 公司开发的软件包安装和管理程序。使用 RPM，用户可以通过命令很简便地安装和管理 Linux 上的应用程序和系统工具。现在 RPM 已经在包括 RedHat、SuSE、Red Flag 等在内的很多 Linux 发行版本中广泛使用，可以算是公认的行业标准了。

RPM 软件包的名称具有特定的格式，其格式：

软件名称-版本号（包括主版本和次版本号）. 软件运行的硬件平台 . rpm

例如，域名服务器的软件包名称为 bind-9. 8. 2-0. 17. rcl. el6. x86_64. rmp。其中，bind 为软件的名称；9. 8. 2-0. 17. rcl. el6 为软件的版本号；x86 是软件运行的硬件平台；rpm 是文件的扩展名，代表文件是 rpm 类型的软件包。

RPM 软件包管理的用途：

- 可以安装、删除、升级和管理以 RPM 软件包形式发布的软件。
- 可以查询某个 RPM 软件包中包含哪些文件，以及某个指定文件属于哪个 RPM 软件包。
- 可以查询系统中的某个 RPM 软件包是否已安装以及其版本。
- 作为开发者可以把自己开发的软件打包成 RPM 软件包发布。
- 依赖性检查，查询安装某个 RPM 软件包时需要哪些其他的 RPM 软件包。

应该注意的是，RPM 软件的安装、删除和更新只有 root 权限才能使用。对于查询功能，

任何用户都可以操作。

4.1.2　使用 rpm 命令

rpm 命令的基本操作主要有 5 项：安装、卸载、升级、查询和验证。rpm 命令的一般格式：

rpm［选项］［rpm 软件包］

1. 安装软件包

其语法格式：

rpm -ivh［RPM 包文件名称］

主要选项说明如下。

- i：表示安装软件包。
- v：表示在安装过程中显示详细的信息。
- h：表示显示水平进度条。

【例 4-1】　安装 DNS 软件包。

首先将 Red Hat Enterprise Linux 6.4 DVD 安装光盘放入光驱，加载光驱：

［root@localhost /］# mount /dev/cdrom /mnt

以超级用户身份执行安装 DNS 服务器软件包的 rpm 命令，如图 4-1 所示。

［root@localhost /］# rpm -ivh /mnt/Packages/bind-9.8.2-0.17.rcl.el6.x86_64.rpm

```
[root@localhost /]# rpm -ivh /mnt/Packages/bind-9.8.2-0.17.rc1.el6.x86_64.rpm
warning: /mnt/Packages/bind-9.8.2-0.17.rc1.el6.x86_64.rpm: Header V3 RSA/SHA256
Signature, key ID fd431d51: NOKEY
Preparing...                ########################################### [100%]
   1:bind                   ########################################### [100%]
[root@localhost /]# 
```

图 4-1　安装 bind 软件包

如果出现如图 4-1 所示的结果，则表示 DNS 服务安装成功。

如果只想测试一下能否安装而不是真正安装，则可以在命令中增加“--test”参数选项。例如：

［root@localhost /］# rpm -ivh --test mplayer-1.0pre7try2-2.i386.rpm

“--test”表示测试，并不真正安装。

一个软件包可能还依赖于其他软件包，即只有在安装了所依赖的特定软件包后，才能安装该软件包。此时，只需按系统给出的提示信息，先安装所依赖的软件包，然后再安装所要安装的软件包即可。

【例 4-2】　安装 WWW 服务器软件包。

RHEL Server 6.4 默认不安装 Apache 软件包，把 RHEL Server 6.4 的 DVD 安装光盘放入光驱，加载光驱后，超级用户先安装与 Apache 软件包存在依赖关系的软件包 postgresql-libs-8.4.13-1.el6_3.x86_64.rpm，如图 4-2 所示。

```
[root@dns ~]# rpm -ivh /mnt/Packages/postgresql-libs-8.4.13-1.el6_3.x86_64.rpm
warning: /mnt/Packages/postgresql-libs-8.4.13-1.el6_3.x86_64.rpm: Header V3 RSA/
SHA256 Signature, key ID fd431d51: NOKEY
Preparing...                ########################################### [100%]
   1:postgresql-libs        ########################################### [100%]
[root@dns ~]# _
```

图 4-2　安装 postgresql-libs 软件包

然后安装 Apache 服务器的运行类库 apr 软件包，如图 4-3 所示。

[root@dns ~]# rpm -ivh /mnt/Packages/apr-1.3.9-5.el6_2.x86_64.rpm
warning: /mnt/Packages/apr-1.3.9-5.el6_2.x86_64.rpm: Header V3 RSA/SHA256 Signat
ure, key ID fd431d51: NOKEY
Preparing...   ### [100%]
        package apr-1.3.9-5.el6_2.x86_64 is already installed
[root@dns ~]# _

图 4-3　安装 apr 软件包

最后安装 Apache 软件包，如图 4-4 所示。

[root@dns~]# rpm -ivh /mnt/Packages/httpd. 2. 2. 15-26. el6. x86_64. rpm

[root@dns ~]# rpm -ivh /mnt/Packages/httpd-2.2.15-26.el6.x86_64.rpm
warning: /mnt/Packages/httpd-2.2.15-26.el6.x86_64.rpm: Header V3 RSA/SHA256 Sign
ature, key ID fd431d51: NOKEY
Preparing...   ### [100%]
        package httpd-2.2.15-26.el6.x86_64 is already installed
[root@dns ~]#

图 4-4　安装 httpd 软件包

2. 卸载软件包

卸载软件包非常简单，使用的选项是“-e”。

卸载软件包的语法格式为：

rpm -e [RPM 包名称]

主要选项：e 表示卸载软件包。

【例 4-3】　卸载 DNS 服务器软件包。

[root@dns root]# rpm -e bind

注意：*在卸载软件包时使用软件包名称 bind，而不是软件包文件名称 bind-9. 3. 4-6. p1. el5. i386. rpm*。

3. 升级软件包

升级软件包的语法格式：

rpm -Uvh [RPM 包文件名称]

主要选项：U 表示升级软件包。

若要将某软件包升级到较高版本，可以采用升级软件包的方法。

【例 4-4】　升级 foo-2. 0-1. i386. rpm 软件包。

[root@dns root]# rpm -Uvh foo-2. 0-1. i386. rpm

升级软件包实际上是删除软件包和安装软件包的组合，因此在 RPM 软件包升级过程中，还可能会碰到另一个错误，如果 RPM 认为用户正试图升级到软件包的早期版本，系统会显示如下信息：

package foo-2. 0-1 (which is newer than foo-1. 0-1) is already installed

这时如果想要使 RPM 软件包强制升级，可以使用“--oldpackage”选项。

【例 4-5】　强制升级 foo-1. 0-1. i386. rpm 软件包。

[root@localhost ~]# rpm -Uvh --oldpackage foo -1.0 -1.i386.rpm

4. 查询软件包

使用-q 选项可以查询 RPM 软件包，如果再进一步查询软件包的其他方面的信息，可以结合使用相关的选项。

查询软件包的语法格式：

rpm -q [RPM 包文件名称]

功能：使用该命令会显示已安装软件包的名称、版本和发行号码。

主要选项说明如下。

- q：表示查询。
- a：代表全部。
- i：查询软件包的描述信息。
- l：查询软件包中的文件列表。
- f：查询莫文件所属的软件包。
- V：验证 RPM 软件包。

【例 4-6】 查询系统中已安装的全部 RPM 软件包。

命令用法：rpm -qa 软件包名称

一般来说，系统安装的软件包较多，为便于分屏浏览，可结合管道命令和 less 命令来实现，其命令用法：

[root@localhost ~]# rpm -qa | less

若要查询某个软件包是否安装，则可结合管道命令和 grep 命令来实现。

【例 4-7】 查询系统中是否已安装 vsftpd 软件包。

[root@localhost ~]# rpm -qa |grep vsftpd

过程与结果如图 4-5 所示。

[root@localhost ~]# rpm -qa |grep vsftpd
vsftpd-2.2.2-11.el6.x86_64
[root@localhost ~]# _

图 4-5 查询系统中是否已安装 vsftpd 软件包

如图 4-5 所示，如果指定软件包已经安装，将显示该软件包的完整名称（包括版本号信息），如果没有安装，则提示该软件包没有安装。例如，查询 foo 软件包是否安装。

[root@dns root]# rpm -q foo
package foo is not installed

结果表示，这个软件包没有安装。

【例 4-8】 查询 vsftpd 软件包中的文件列表。

命令用法：rpm -ql 软件包名称

[root@dns root]# rpm -ql vsftpd

【例 4-9】 查询 vsftpd 软件包的描述信息。

命令用法：rpm -qi 软件包名称

```
[root@localhost ~]# rpm -qi vsftpd
```

过程与结果如图 4-6 所示。

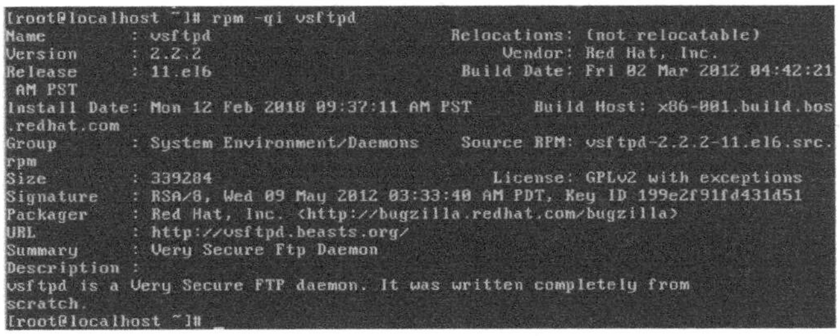

图 4-6 查询 vsftpd 软件包的描述信息

【例 4-10】 查询/etc/logrotate. d/named 文件属于哪个软件包。

命令用法：rpm -qf 文件或目录的全路径名

```
[root@localhost ~]# rpm -qf /etc/logrotate.d/named
```

过程与结果如图 4-7 所示。

图 4-7 查询/etc/logrotate. d/named 文件属于哪个软件包

利用这个命令可以查询某个文件或目录是通过安装哪一个软件包产生的，但并不是系统中的每一个文件都一定属于某个软件包，比如自己创建的文件就不属于任何一个软件包。

【例 4-11】 验证 vsftpd 软件包是否正常。

命令用法：rpm -V 软件包

```
[root@dns root]# rpm -V vsftpd
```

为确定 RPM 软件包中的文件是否损坏或被删除，可进行软件包验证，检查软件包中的各文件是否与原始软件包相同。软件包验证包括文件大小和文件权限等。若软件包一切正常则不输出任何内容，否则输出 8 位字符串。字符串中的字符表示某项验证的失败，8 个字符及其含义说明如下。

- S(size)：文件大小不同。
- M(mode)：文件权限和文件类型不同。
- 5：MD5 校验码不同。
- D(device)：设备的标识号不同。
- L(link)：文件的链接路径不同。
- U(user)：文件所有者不同。
- G(group)：文件所属组不同。
- T(time)：文件修改时间不同。

4.1.3 图形界面下软件包的安装

Linux 软件包有两种管理方式：一种方式是 4.1.2 节讲到的命令行方式实现；另一种方式是可视化方式，也就是通过图形界面实现软件包安装。

在文件浏览器中右击 RPM 文件，系统弹出如图 4-8 所示快捷菜单，选择“打开方式”命令，再选择“用软件包安装工具”命令，单击“打开”按钮，就可以安装这个软件包了。

图 4-8　弹出 RPM 快捷菜单

4.2 网络的基本配置

Linux 网络的基本配置与网络接口的初始化，主要是通过一组配置文件、可执行脚本程序和相应的命令来控制，它们统称为 Linux 基本网络参数。这些文本和脚本程序大多位于 /etc目录下，通过对配置文件的配置，便可以控制 Linux 网络的 IP 地址、网关、DNS、主机名及路由等网络信息。同时，通过脚本程序的运行对网络接口进行启动、停止等操作，使用相应的网络命令时，则通过命令行参数对 Linux 网络做上述操作。

Linux 内核中定义不同的网络接口，其中包括以下几种。

（1）lo 接口

lo 接口表示本地回送接口，用于测试网络以及本地主机各网络进程之间的通信。假如软件包是由一个本地进程为另一个本地进程产生的，它们将通过外出链的 lo 接口，然后返回进入链的 lo 接口。Linux 默认包含回送接口，如图 4-9 所示。

（2）ethX 接口

ethX 接口表示网卡设备接口，X 是由 0 开始的正整数，比如 eth0、eth1、…、ethX。

```
lo        Link encap:Local Loopback
          inet addr:127.0.0.1  Mask:255.0.0.0
          inet6 addr: ::1/128 Scope:Host
          UP LOOPBACK RUNNING  MTU:16436  Metric:1
          RX packets:1760 errors:0 dropped:0 overruns:0 frame:0
          TX packets:1760 errors:0 dropped:0 overruns:0 carrier:0
          collisions:0 txqueuelen:0
          RX bytes:2373433 (2.2 MiB)  TX bytes:2373433 (2.2 MiB)
```

图 4-9　lo 接口

（3）ppp 接口

普通 Modem 和 ADSL 的接口是 pppX，比如 ppp0 表示第一个 ppp 接口，第二个 ppp 接口称为 ppp1。

（4）Linux 网络端口

为了区分不同类型的网络连接，TCP/IP 采用端口号来进行区别。端口号的取值范围是 0~65535。根据服务类型不同，Linux 将端口分为三大类，分别对应不同类型的服务。

- 0~255：用于最常用的服务。
- 256~1024：用于其他专用的服务。
- 1024 以上：用于端口的动态分配。

通常，配置网络要经过以下几个步骤：

1）配置主机名称。

2）配置网络配置文件。

3）配置网卡配置文件。

4）配置客户端名称解析。

5）重新启动网络服务。

4.2.1　主机名称

1. /etc/hosts

Linux 系统默认的通信协议为 TCP/IP，而 TCP/IP 网络上的每台主机都用一个唯一的号码来代表它的地址，这个号码就称为 IP 地址。IP 地址虽然可以准确地识别每一台主机，但是它也产生了一个问题——地址记忆的困难，因为对用户来说，一些数字的组合实在很难与特定的主机产生联想。在 TCP/IP 网络上进行 IP 地址和易记名称的转换通常有两种方法：使用 DNS 服务器或/etc/hosts 文件。

用/etc/hosts 文件的方法实现上述转换非常简单，只要每行包括一个 IP 地址、一个完整域名和一个主机名即可。下面是/etc/hosts 文件的一个例子。

```
# Do not remove the following line,or various programs
# that require network functionality will fail.
127.0.0.1 localhost.localdomain localhost
192.168.0.1 ns1.fc5linux.com ns1
```

2. hostname 命令

要查看当前主机的名称，可使用 hostname 命令，若要临时设置主机名，也可使用 “hostname 新主机名” 命令来实现，但是该命令不会将新主机名保存在网络配置文件/etc/sysconfig/network 中，因此，重启系统后，主机名将恢复为该配置文件中所设置的主机名。

3. 网络配置文件中主机名的设置

若要使主机名更改长期生效，则应直接在/etc/sysconfig/network 配置文件中进行修改，系统启动时，会从该配置文件中获得主机名信息，并进行主机名的设置。在/etc/sysconfig/network 配置文件中有设置项 HOSTNAME，该设置项用于设置本机的主机名，/etc/hosts 中设置的主机名要与 HOSTNAME 设置的主机名一致。

4.2.2 网络配置文件

网络配置文件/etc/sysconfig/network 用于对网络服务进行总体配置。这个配置文件决定了是否启用网络功能、是否开启 IP 数据包转发服务等。即使在没有配置和安装网卡的情况下，为了使本机的回环设备（lo）能够正常工作，也需要设置该文件。该文件包括如下一个或多个设置项。

- NETWORKING=yes | no：yes 表示需要配置网络，no 表示不需要配置网络，如果设置为 no，则很多系统服务程序将无法启动。
- HOSTNAME=hostname：本机的主机名，这里设置的主机名称应该和/etc/hosts 里设置的主机名一样。
- GATEWAYDEV=gw-dev：网关的设备名称（例如，eth0 或 IP 地址）。
- GATEWAY=gw-ip：网关的 IP 地址。
- DOMAINNAME=dom-name：本机的域名。
- FORWARD_IPV4=false | true：用于设置是否开启 IPv6 转发功能。在只有一个网卡时，一般设置为 false；若安装了两块网卡，并要开启 IP 数据包的转发功能，则设置为 true，比如在利用两块网卡代理或连接两个网段进行通信时。

在这个配置文件中至少要有 NETWORKING=yes | no 和 HOSTNAME=hostname 两个配置项。

4.2.3 网卡配置文件

在 RHEL Server 6.4 中，系统网络设备的配置文件保存在/etc/sysconfig/network-scripts 目录下，ifcfg-eth0 包含第一块网卡的配置信息，ifcfg-eth1 包含第二块网卡的配置信息。其中包括网卡的设备名、IP 地址、子网掩码以及默认网关等配置信息。

配置文件中各项目的功能和含义见表 4-1。

表 4-1 配置文件中各项目的功能和含义

项目名称	设置值	功能
DEVICE	name	name 表示当前网卡设备的名字，如 eth0
BOOTPROTO	static 或 dhcp	设置 IP 地址的获得方式，static 代表静态指定 IP 地址，dhcp 为动态分配 IP 地址
IPADDR	addr	addr 表示赋给该卡的 IP 地址
NETMASK	mask	mask 表示该网卡的子网掩码
NETWORK	addr	addr 表示网络地址
GATEWAY	addr	addr 表示该网卡的默认网关地址
BROADCAST	addr	addr 表示该网卡所处网络的广播地址

（续）

项目名称	设置值	功能
ONBOOT	yes/no	启动时是否激活该卡
NM_CONTROLLED	yes/no	eth0 是否可以由 NetworkManager 托管
IPV6INIT	yes/no	是否允许在该网卡上启动 IPv6 的功能
UUID		网卡全球通用唯一识别码

例如：

```
# vi  /etc/sysconfig/network-scripts/ifcfg-eth0
DEVICE=eth0                  #指定接口名称
ONBOOT=yes                   #系统启动时加载
BOOTPROTO=static             #IP 地址静态配置,若该值为 dhcp,则为动态获得
IPADDR=192.168.1.5           #设置 IP 地址
NETMASK=255.255.255.0        #设置子网掩码
GATEWAY=192.168.1.254        #设置默认网关地址
DNS1=192.168.1.5             #设置 DNS,必须有 1(表示首选 DNS)
```

netconfig 是 Red Hat Linux 的特有网络配置工具，它在控制台界面下提供比较智能的网络设备设置功能，可以根据该工具的提示逐步完成网卡配置，方便普通用户使用。操作主要根据界面的提示逐步进行。在命令提示符下输入命令：netconfig，按〈Enter〉键即出现 netconfig 配置初始界面。按步骤提示一步步完成即可，这里就不再详述。

4.2.4 客户端名称解析

DNS 服务器在域名解析过程中的查询顺序：本地缓存记录、区域记录、转发域名服务器、根域名服务器。

直接在 ifcfg-eth0 中配置 DNS，这是比较简单的一种配置方法。如果想在 DNS 的文件（/etc/resolv. conf）中配置，就稍微复杂一点，因为在 RHELServer6. 4 中有一个 NetworkManager，用于协助管理无线、ADSL、VPN 等。eth0 网卡的主配置文件中的 NM_CONTROLLED =yes|no 项决定了 eth0 是否可以由 NetworkManager 管理，默认是开启的。如果开启了该选项，可能导致重启网络服务后，/etc/resolv. conf 中的配置会消失。

所以首先要关闭 NM_CONTROLLED，然后在 ifcfg-eth0 配置中加上 NM_CONTROLLED = no，即不让 NetworkManager 管理 eth0。

```
# service NetworkManager stop
# chkconfig NetworkManager off
# echo "NM_CONTROLLED=no" >> /etc/sysconfig/network-scripts/ifcfg-eth0
```

/etc/resolv. conf 文件中存放域名服务器的 IP 地址。当用户正确设置了 IP 地址和默认网关后，就可以用 IP 地址与其他主机通信了，但此时还没有办法使用域名与其他主机进行通信，所以在配置网络的过程中还要配置当前主机的 DNS 服务器的 IP 地址，也就是说，该主机可以用配置的 DNS 服务器进行域名解析。

在配置文件中包含 search 配置项和 nameserver 配置项。

例如：

```
search abc. com
nameserver 208. 164. 186. 1
nameserver 208. 164. 186. 2
```

“search abc. com”表示当提供了一个不包括完全域名的主机名时，在该主机名后添加abc. com 的后缀；“nameserver”表示解析域名时使用该地址指定的主机为域名服务器。其中域名服务器是按照在文件中出现的顺序来查询的。

注意： 当以 RHEL Server 6. 4 为客户端指派 DNS 服务器的 IP 地址时，必须在网卡配置文件/etc/sysconfig/network-scripts/ifcfg-eth0 中进行设置，格式为 DNS1=IP 地址，而/etc/resolv. conf 中的内容会随着系统或网络服务的重启自动生成。

4. 2. 5 重启网络服务

使用 network 命令重新启动网络，以使得最新设置被 Linux 内核运行系统采用。可以使用命令：

```
[root@dns root]# /etc/rc. d/init. d/network restart
```

或使用命令：

```
[root@dns root]# server network restart
```

4. 3 常用网络设置命令

4. 3. 1 ifconfig 命令

ifconfig 是 Linux 系统中最常用的一个用来显示和设置网络设备的工具。其中，“if”是“interface”的缩写，它可以用来设置设备网卡的状态或是显示当前的设置。

1. 显示网卡信息

【例 4-12】 显示当前网卡的信息。

显示当前网卡的信息，命令为 ifconfig。

```
[root@dns ~]# ifconfig
```

过程与结果如图 4-10 所示。

eth0 表示第一块网卡，其中 HWaddr 表示网卡的物理地址，UP BROADCAST RUNNING MULTICAST 表示该网卡处于活动状态。如果想要显示系统中所有网卡的设置信息，可以使用命令“ifconfig -a”。如果想要显示系统中指定网卡的设置信息，可以使用命令“ifconfig 网卡设备名”。除了可以显示网卡的状态，ifconfig 命令还可以设置网卡的信息。

2. 修改网卡 IP 地址

要设置和修改网卡的 IP 地址，可使用以下命令来实现：

```
ifconfig 网卡设备名 IP 地址 netmask 子网掩码
```

```
[root@dns ~]# ifconfig
eth0      Link encap:Ethernet  HWaddr 00:0C:29:0A:CC:8D
          inet addr:192.168.0.99  Bcast:192.168.0.255  Mask:255.255.255.0
          inet6 addr: fe80::20c:29ff:fe0a:cc8d/64 Scope:Link
          UP BROADCAST RUNNING MULTICAST  MTU:1500  Metric:1
          RX packets:16 errors:0 dropped:0 overruns:0 frame:0
          TX packets:59 errors:0 dropped:0 overruns:0 carrier:0
          collisions:0 txqueuelen:1000
          RX bytes:1332 (1.3 KiB)  TX bytes:8786 (8.5 KiB)
          Interrupt:169 Base address:0x2000

lo        Link encap:Local Loopback
          inet addr:127.0.0.1  Mask:255.0.0.0
          inet6 addr: ::1/128 Scope:Host
          UP LOOPBACK RUNNING  MTU:16436  Metric:1
          RX packets:8 errors:0 dropped:0 overruns:0 frame:0
          TX packets:8 errors:0 dropped:0 overruns:0 carrier:0
          collisions:0 txqueuelen:0
          RX bytes:560 (560.0 b)  TX bytes:560 (560.0 b)
```

图 4-10　显示当前网卡的信息

【例 4-13】　设置第一块网卡的 IP 地址为 192. 168. 1. 99。

```
[root@dns ~]# ifconfig eth0 down
[root@dns ~]# ifconfig eth0 192. 168. 1. 99 broadcast 192. 168. 1. 255 netmask 255. 255. 255. 0
[root@dns ~]# ifconfig eth0 up
[root@dns ~]# ifconfig eth0
```

过程和结果如图 4-11 所示。

```
[root@dns ~]# ifconfig eth0 down
[root@dns ~]# ifconfig eth0 192.168.1.99 broadcast 192.168.1.255 netmask 255.255
.255.0
[root@dns ~]# ifconfig eth0 up
[root@dns ~]# ifconfig eth0
eth0      Link encap:Ethernet  HWaddr 00:0C:29:0A:CC:8D
          inet addr:192.168.1.99  Bcast:192.168.1.255  Mask:255.255.255.0
          inet6 addr: fe80::20c:29ff:fe0a:cc8d/64 Scope:Link
          UP BROADCAST RUNNING MULTICAST  MTU:1500  Metric:1
          RX packets:72 errors:0 dropped:0 overruns:0 frame:0
          TX packets:109 errors:0 dropped:0 overruns:0 carrier:0
          collisions:0 txqueuelen:1000
          RX bytes:6489 (6.3 KiB)  TX bytes:17469 (17.0 KiB)
          Interrupt:169 Base address:0x2000
```

图 4-11　修改网卡 IP 地址

注意：该命令修改的 IP 地址仅对本次修改有效，重启系统或网卡被禁用后，eth0 的 IP 地址还是网卡配置文件/etc/sysconfig/network - scripts/ifcfg - eth0 中 IPADDR 所设置的 IP 地址。

3. 暂时关闭或启用网卡

暂时关闭网卡，可使用以下命令来实现：

```
ifconfig　网卡设备名 down
```

或

```
ifdown　网卡设备名
```

重新启用网卡，可以使用以下命令来实现：

```
ifconfig  网卡设备名 up
```

或

```
ifup  网卡设备名
```

例如：

关闭第一块网卡：[root@dns root]# ifconfig eth0 down

启用第一块网卡：[root@dns root]# ifconfig eth0 up

4.3.2 route 命令

route 命令是用来查看和设置 Linux 系统的路由信息的，以实现与其他网络的通信。要实现两个不同的子网之间的网络通信，需要一台连接两个的网络路由器或者同时位于两个网络的网关来实现。

在 Linux 系统中，设置路由通常是为了解决以下问题：该 Linux 机器在一个局域网中，局域网中有一个网关，能够让机器访问 Internet，那么就需要将这台机器的 IP 地址设置为 Linux 机器的默认路由。

1. 增加一个默认路由

若要增加一个默认路由，其命令格式：

```
route add default gw 网关 IP 地址 dev 网卡设备名
```

【例 4-14】 设置网卡 eth0 的默认网关地址为 192.168.5.1。

```
[root@dns root]# route add default gw 192.168.5.1 dev eth0
[root@dns root]# route
```

route 命令不带任何参数时是查看当前系统的路由信息。

2. 删除一个默认路由

若要删除一个默认路由，其命令格式：

```
route del default gw 网关 IP 地址
```

【例 4-15】 删除网卡 eth0 的默认网关地址 192.168.5.1。

```
[root@dns root]# route del default gw 192.168.5.1
[root@dns root]# route
```

3. 添加删除路由信息

若要在系统当前目录表中添加路由记录，其命令格式为：

```
route add -net 网络地址 netmask 子网掩码 [dev 网卡设备名] [gw 网关]
```

若要在系统当前目录表中删除路由记录，其命令格式为：

```
route del -net 网络地址 netmask 子网掩码
```

【例 4-16】 添加 192.168.167.0 路由记录到当前路由表中。

```
[root@dns root]# route add -net 192.168.167.0 netmask 255.255.255.0 dev eth0
```

```
[root@dns root]# route
```

【例 4-17】 从当前路由表中删除 192. 168. 167. 0 路由记录。

```
[root@dns root]# route del -net 192. 168. 167. 0 netmask 255. 255. 255. 0
[root@dns root]# route
```

4. 4 网络诊断命令

4. 4. 1 ping 命令

ping 命令是一个最常用的检测是否能够与远端主机建立网络通信连接的命令。该命令使用 ICMP 发送消息数据包给目标主机，并根据收到的回应消息情况来测试该主机与目标主机之间的网络连接情况。

命令格式：

```
ping 选项 要校验连接的远程计算机 IP 地址
```

常用选项说明如下。

- -t ：校验与指定计算机的连接，直到用户中断。
- -a：将地址解析为计算机名。
- -n count：发送由 count 指定数量的 ECHO 报文，默认值为 4。
- -l length：发送包含由 length 指定数据长度的 ECHO 报文。默认值为 64 B，最大值为 8192 B。
- -i ttl：将“生存时间”字段设置为 ttl 指定的数值。
- -r count：在“记录路由”字段中记录发出报文和返回报文的路由。指定的 count 值最小可以是 1，最大可以是 9。
- -s count：设置发出的每个 ICMP 消息的数据包尺寸，默认为 64 B，最大为 65507 B。
- -w timeout ：以毫秒为单位指定超时间隔。

【例 4-18】 检测与 192. 168. 0. 1 的连通是否正常，并指定 ping 回应次数为 4。

在 Linux 下，如果不指定回应次数，ping 命令将不断地向远端主机发送 ICMP 信息。用户可以通过-c 参数来限定，命令如下：

```
[root@dns ~]# ping -c 4 192. 168. 0. 1
```

过程与结果如图 4-12 所示。

```
[root@dns ~]# ping -c 4 192.168.0.1
PING 192.168.0.1 (192.168.0.1) 56(84) bytes of data.
64 bytes from 192.168.0.1: icmp_seq=1 ttl=64 time=7.61 ms
64 bytes from 192.168.0.1: icmp_seq=2 ttl=64 time=1.49 ms
64 bytes from 192.168.0.1: icmp_seq=3 ttl=64 time=1.35 ms
64 bytes from 192.168.0.1: icmp_seq=4 ttl=64 time=1.88 ms

--- 192.168.0.1 ping statistics ---
4 packets transmitted, 4 received, 0% packet loss, time 3000ms
rtt min/avg/max/mdev = 1.354/3.088/7.615/2.620 ms
```

图 4-12 检测与 192. 168. 0. 1 的连通是否正常

【例 4-19】 通过 eth0 网卡检测与 192. 168. 0. 1 的连通是否正常。

有时，用户需要检测某块网卡（系统中有多块）能否 ping 通远程主机。用户可以通过-I 参数来限定，命令如下：

```
[root@dns ~]# ping -I eth0 192.168.0.1
```

4.4.2 traceroute 命令

traceroute 命令用于跟踪本地与远程主机之间的 UDP 数据报，根据收到回应的情况可以判断网络故障可能的位置。

如果 ping 不通远程主机，想知道是在什么地方出的问题，或者想知道发出的信息到远程主机都经过了哪些路由器，可以使用 traceroute 命令。顾名思义，trace 是跟踪，route 是路由，也就是跟踪路由。

命令格式：

```
traceroute 远程主机 IP 地址或域名
```

【例 4-20】 连接到 192. 168. 0. 1 都经过了哪些路由器？

```
[root@dns~]# traceroute 192.168.0.1
```

过程与结果如图 4-13 所示。

```
[root@dns ~]# traceroute 192.168.0.1
traceroute to 192.168.0.1 (192.168.0.1), 30 hops max, 40 byte packets
 1  dir-605 (192.168.0.1)  2.009 ms  2.570 ms  2.404 ms
```

图 4-13 traceroute 命令结果

最前面的数字代表“经过第几站”；路由器（网关）的 IP 地址就是“该站”的 IP 地址；访问所需时间 2. 009 ms、2. 570 ms、2. 404 ms 是指访问到这个路由器（网关）需要的时间。

4.4.3 netstat 命令

在 Linux 系统中提供了一个功能十分强大的查看网络状态的工具：netstat。它可以让用户得知整个 Linux 系统的网络情况。

1. 统计出各网络设备传送、接收数据包的情况

使用命令：netstat -i

这个命令将输出一张表，如图 4-14 所示。

```
[root@dns ~]# netstat -i
Kernel Interface table
Iface       MTU Met    RX-OK RX-ERR RX-DRP RX-OVR    TX-OK TX-ERR TX-DRP TX-OVR
Flg
eth0       1500   0      253      0      0      0      139      0      0      0
BMRU
lo        16436   0     1884      0      0      0     1884      0      0      0
LRU
```

图 4-14 统计传送、接收数据包的情况

其中包括如下信息。

- Iface：网络接口名。

- MTU：最大传输单元。
- Met：接口的度量值。
- RX-OK：共成功接收多少个包。
- RX-ERR：接收的包中共有多少个错误包。
- RX-DRP：接收时共丢失多少个包。
- RX-OVR：共接收了多少个碰撞包。
- TX-OK：共成功发送多少个包。
- TX-ERR：发送的包中共有多少个错误包。
- TX-DRP：发送包时共丢失多少个包。
- TX-OVR：共接收了多少个碰撞包。

2. 显示网络的统计信息

使用命令：netstat -s

使用这个命令，将会以摘要的形式统计出 IP、ICMP、TCP、UDP、TCPEXT 形式的通信信息。

3. 显示出 TCP（传输控制协议）的网络连接情况

使用命令：netstat -t

这个命令的输出也是一张表，如图 4-15 所示。

```
[root@dns ~]# netstat -t
Active Internet connections (w/o servers)
Proto Recv-Q Send-Q Local Address               Foreign Address             Stat
e
```

图 4-15　TCP 的网络连接情况

其中包括如下信息。

- Local Address：本地地址，格式是“IP 地址：端口号”。
- Foreign Address：远程地址，格式也是“IP 地址：端口号”。
- State：连接状态，包括 LISTEN、ESTABLISHED、TIME_WAIT 等。

4. 只显示出 UDP（用户数据报协议）的网络连接情况

使用命令：netstat -u

输出格式也是一样的。

5. 显示路由表

使用命令：netstat -r

这个命令的输出与 route 命令的输出相同。

4.5　网络配置实例

- 某公司局域网的网络是 192. 168. 0. 0/255. 255. 255. 0
- 主机 IP 地址为 192. 168. 0. 0。主机名称为 test＊，＊（＊代表 2~254 中的任意数字）。
- 网关为 192. 168. 0. 1。
- DNS 服务器为 202. 96. 152. 20。

步骤一：在/etc/hosts 里设置主机名称为 test1。

```
[root@dns root]# vi /etc/hosts
```

添加内容：

```
192.168.0.50 test1
```

存盘退出，其中 192. 168. 0. 50 是本机的 IP 地址，test1 是本机的主机名。利用 logout 命令可以使得新主机名生效。

步骤二：配置网络配置文件/etc/sysconfig/network。

```
[root@ test1 root]# vi /etc/sysconfig/network
NETWORKING=yes
HOSTNAME=test1
GATEWAY=192.168.0.1
GATEWAYDEV=eth0
```

存盘退出。

步骤三：配置网卡配置文件，因为是对第一块网卡进行配置，所以配置文件是/etc/sysconfig/network-scripts/ifcfg-eth0

```
[root@test1 root]# vi /etc/sysconfig/network-scripts/ifcfg-eth0
```

修改文件中的 IPADDR，GATEWAY 分别为 192. 168. 0. 50 和 192. 168. 0. 1，BOOTRPOTO = static，DNS1 = 202. 96. 152. 20，显示如图 4-16 所示。

```
DEVICE=eth0
BOOTPROTO=static
HWADDR=00:0C:29:9D:FD:8E
IPADDR=192.168.0.50
NETMASK=255.255.255.0
NETWORK=192.168.0.0
GATEWAY=192.168.0.1
ONBOOT=yes
BROADCAST=192.168.0.255
DNS1=202.96.152.20
```

图 4-16　网卡配置文件

修改完毕保存文件。

步骤四：使用 network 命令重新启动网络。

```
[root@test1 ~]# /etc/rc.d/init.d/network restart
```

过程和结果如图 4-17 所示。

```
[root@test1 ~]# /etc/rc.d/init.d/network restart
Shutting down interface eth0:                              [  OK  ]
Shutting down loopback interface:                          [  OK  ]
Bringing up loopback interface:                            [  OK  ]
Bringing up interface eth0:                                [  OK  ]
```

图 4-17　重启网络

步骤五：利用 ifconfig 命令查看修改后的网络设备信息，可以看到网络接口已经被配置为新的信息。显示如图 4-18 所示。

```
[root@test1 ~]# ifconfig
eth0      Link encap:Ethernet  HWaddr 00:0C:29:9D:FD:8E
          inet addr:192.168.0.50  Bcast:192.168.0.255  Mask:255.255.255.0
          inet6 addr: fe80::20c:29ff:fe9d:fd8e/64 Scope:Link
          UP BROADCAST RUNNING MULTICAST  MTU:1500  Metric:1
          RX packets:364 errors:0 dropped:0 overruns:0 frame:0
          TX packets:211 errors:0 dropped:0 overruns:0 carrier:0
          collisions:0 txqueuelen:1000
          RX bytes:33388 (32.6 KiB)  TX bytes:22621 (22.0 KiB)
          Interrupt:169 Base address:0x2000

lo        Link encap:Local Loopback
          inet addr:127.0.0.1  Mask:255.0.0.0
          inet6 addr: ::1/128 Scope:Host
          UP LOOPBACK RUNNING  MTU:16436  Metric:1
          RX packets:1884 errors:0 dropped:0 overruns:0 frame:0
          TX packets:1884 errors:0 dropped:0 overruns:0 carrier:0
          collisions:0 txqueuelen:0
          RX bytes:2591268 (2.4 MiB)  TX bytes:2591268 (2.4 MiB)
```

图 4-18　本地网络信息

步骤六：修改 DNS 信息（如果是 RHEL Server 6.4 系统做客户端且网卡配置文件中的 DNS1 已经设置，则/etc/resolv. conf 文件会自动生成）。

利用 Vi 打开/etc/resolv. conf 文件准备编辑：

```
[root@  test1 root]#vi /etc/resolv.conf
```

修改 nameserver 项后面的值为 202. 96. 152. 20，保存并退出编辑。

```
nameserve 202.96.152.20
```

步骤七：使用 ping 命令检测是否可以和网关机器连接，如图 4-19 所示表示连接正常。

```
[root@test1 ~]# ping 192.168.0.1
PING 192.168.0.1 (192.168.0.1) 56(84) bytes of data.
64 bytes from 192.168.0.1: icmp_seq=1 ttl=64 time=3.98 ms
64 bytes from 192.168.0.1: icmp_seq=2 ttl=64 time=1.65 ms
64 bytes from 192.168.0.1: icmp_seq=3 ttl=64 time=1.56 ms

--- 192.168.0.1 ping statistics ---
3 packets transmitted, 3 received, 0% packet loss, time 2001ms
rtt min/avg/max/mdev = 1.566/2.400/3.984/1.121 ms
```

图 4-19　测试网关连通性

4.6　管理网络服务

Linux 中的服务分为两大类：一类是独立运行的服务。独立运行的工作方式称为 stand-alone，它是 UNIX 传统的 C/S 模式的访问模式。在 stand-alone 模式下的网络服务有 xinetd、Web、Apache 和 Sendmail、Bind 等。另一类是受 xinetd 服务管理的服务。xinetd 能够同时监听多个指定的端口，在接受用户请求时，它能够根据用户请求的端口的不同，启动不同的网络服务进程来处理这些用户请求。可以把 xinetd 看作一个管理启动服务的管理服务器，它决定把一个客户请求交给哪个程序处理，然后启动相应的守护进程。这种机制的设计目的是为了有效地降低对系统资源的占用率。

4.6.1　服务的启动脚本

Linux 的服务都是以脚本的方式来运行的，存在于 /etc/rc. d/init. d 目录下所有的脚本就是服务脚本，并且脚本的名称与服务名称相对应。它具有两个作用：一是能够在系统启动时自动启动那些脚本中所要求启动的程序；二是能够通过该脚本来对服务进行控制，如启动、停止等。该目录中有哪些脚本与当前系统中安装了哪些服务有关。

首先解释/etc/rc. d 目录下的文件。

```
[root@test1 ~]# ls /etc/rc.d
```

显示结果如图 4-20 所示。

```
[root@test1 ~]# ls /etc/rc.d
init.d  rc0.d  rc2.d  rc4.d  rc6.d      rc.sysinit
rc      rc1.d  rc3.d  rc5.d  rc.local
```

图 4-20　/etc/rc. d 目录下的文件

其中，/etc/rc. d/rc. local 文件是自动批处理文件，放入该文件中的脚本和命令，在其他初始化脚本执行完后将被自动执行。

目录 rc0~rc6 是系统的各个运行级别的脚本目录，当系统启动或进入某运行级别时，对应脚本目录中用于启动服务的脚本将自动运行，当离开该级别时，用于停止的脚本也将自动执行。

再进入/etc/rc. d/init. d 目录：

```
[root@test1 ~]# ls /etc/rc. d/init. d
```

显示结果如图 4-21 所示。

```
[root@test1 ~]# ls /etc/rc.d/init.d
acpid               gpm              multipathd                  rpcidmapd
anacron             haldaemon        named                       rpcsvcgssd
apmd                halt             netconsole                  saslauthd
atd                 hidd             netfs                       sendmail
auditd              hplip            netplugd                    setroubleshoot
autofs              httpd            network                     single
avahi-daemon        ip6tables        NetworkManager              smartd
avahi-dnsconfd      ipmi             NetworkManagerDispatcher    smb
bluetooth           iptables         nfs                         spamassassin
capi                irda             nfslock                     squid
conman              irqbalance       nscd                        sshd
cpuspeed            isdn             ntpd                        syslog
crond               kdump            pand                        tux
cups                killall          pcscd                       vncserver
cups-config-daemon  krb524           portmap                     vsftpd
dc_client           kudzu            psacct                      winbind
dc_server           lvm2-monitor     rdisc                       wpa_supplicant
dhcdbd              mcstrans         readahead_early             xfs
dovecot             mdmonitor        readahead_later             ypbind
dund                mdmpd            restorecond                 yum-updatesd
firstboot           messagebus       rhnsd
functions           microcode_ctl    rpcgssd
```

图 4-21　/etc/rc. d/init. d 目录下的文件

图 4-21 列出的就是目前系统中所有的服务脚本，每次系统启动时就会启动。

4.6.2　服务的启动与停止

Linux 有两种方法实现对服务的启动与停止：一种是通过启动脚本来管理服务；另一种是使用 service 命令管理服务。

服务操作包括以下几种，见表 4-2。

表 4-2　对服务的操作

操　作	作　用
start	启动服务
stop	停止服务
restart	关闭服务，然后重新启动
status	提供服务的当前状态

服务启动脚本方式的命令格式：

```
# /etc/rc. d/init. d/服务启动脚本名{start|stop|status|restart|reload}
```

service 命令管理服务的命令格式：

```
# service 服务名称 要执行的动作{start|stop|restart}
```

例如，重新启动 Samba，则可以用 root 用户运行下面两条命令，效果是一样的：

```
# /etc/rc. d/init. d/smb restart
# service smb restart
```

有时用户利用 Linux 进行上网时，不能联网，其实是 Linux 防火墙的原因，可以关闭防火墙，使用命令：

```
# /etc/rc. d/init. d/iptables stop
# service iptables stop
```

非独立运行的服务受 xinetd 服务的管理，它们的启动与停止需要启动或停止 xinetd 服务。默认情况下，xinetd 服务管理的服务的启动配置文件所在的目录为/etc/xinetd. d。在这个目录中，xinetd 管理的每个服务都有独立的配置文件，配置文件对 xinetd 服务将如何启动该服务进行了配置。配置文件的名称与服务名相同。

例如，要启动 telnet 服务。telnet 服务器由 xinetd 服务管理器管理，默认情况下并不会启动，若要启动 telnet 服务器，则先通过 Vi 编辑器修改 telnet 的配置文件，命令如下：

```
# vi /etc/xinetd. d/telnet
```

将配置文件中的 disable=yes 改为 disable=no，然后存盘退出。接下来启动 xinetd 服务，命令如下：

```
# service xinetd restart
```

这样由 xinetd 服务管理器管理的 telnet 服务才可以启动。

4.6.3 配置服务的启动状态

上一节学习的是如何手工启动与停止服务，在本节中学习如何使系统在启动时自动启动或不启动服务，Linux 提供了 chkconfig 命令和 ntsysv 命令来设置或调整某些服务在某运行级别中是否自动启动。

1. chkconfig 命令

Linux 提供了 chkconfig 命令用来更新和查询不同运行级别上的系统服务。

chkconfig 命令的语法格式：

```
chkconfig --list [name]
chkconfig --add name
chkconfig --del name
chkconfig [--level levels] name
chkconfig [--level levels] name
```

chkconfig 有 5 项功能：添加服务、删除服务、列表服务、改变启动信息，以及检查特定服务的启动状态。

chkconfig 不带参数运行时，显示 chkconfig 命令的用法。如果加上服务名，那么就检查这个服务是否在当前运行级别启动。如果是，返回 true，否则返回 false。

如果在服务名后面指定了 on、off 或者 reset，那么 chkconfig 会改变指定服务的启动信息。on 和 off 分别指服务在改变运行级别时的启动和停止。reset 指初始化服务信息，无论有问题的初始化脚本指定了什么。

对于 on 和 off，系统默认只对运行级别 3、4、5 有效，但是 reset 可以对所有运行级别有效。指定--level 选项时，可以选择特定的运行级别。

需要说明的是，对于每个运行级别，只能有一个启动脚本或者停止脚本。当切换运行级别时，init 不会重新启动已经启动的服务，也不会再次去停止已经停止的服务。

主要选项：

```
--level levels
```

指定运行级别，由数字 0~6 构成的字符串，例如：

--level 35 表示指定运行级别 3 和 5。

要在运行级别 3、4、5 中停止 nfs 服务，使用下面的命令：

```
#chkconfig --level 345 nfs off
```

增加一项新的服务，使用下面的命令：

```
--add name
```

删除服务，并把相关符号连接从 /etc/rc[0-6].d 删除，使用下面的命令：

```
--del name
```

如果指定了 name，那么只是显示指定的服务名，否则列出全部服务在不同运行级别的状态。

```
--list name
```

【例 4-21】 查看当前系统中 vsftpd 服务的启动状态。

```
[root@dns ~]# chkconfig --list vsftpd
```

过程与结果如图 4-22 所示。

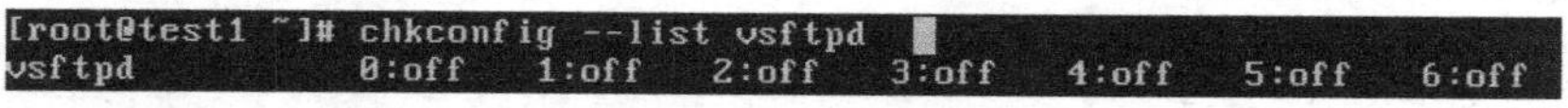

[root@test1 ~]# chkconfig --list vsftpd
vsftpd 0:off 1:off 2:off 3:off 4:off 5:off 6:off

图 4-22 查看 vsftpd 服务的启动状态

【例 4-22】 设置 vsftpd 服务在 2、3、5 运行级别启动。

```
[root@dns ~]# chkconfig -level 235 vsftpd on
```

过程与结果如图 4-23 所示。

[root@test1 ~]# chkconfig --level 235 vsftpd on
[root@test1 ~]# chkconfig --list vsftpd
vsftpd 0:off 1:off 2:on 3:on 4:off 5:on 6:off

图 4-23　设置 vsftpd 服务在 2、3、5 运行级别启动

【例 4-23】　设置 rsync 服务为自动启动。

由于 rsync 服务受 xinetd 服务的管理，因此不存在运行级别启动状态的问题，非独立运行的服务的启动状态改变后，需要重新启动 xinetd 服务，才能使设置立即生效。

```
[root@dns ~]# chkconfig --list rsync
[root@dns ~]# chkconfig rsync on
[root@dns ~]# chkconfig --list rsync
[root@dns ~]# service xinetd restart
```

过程与结果如图 4-24 所示。

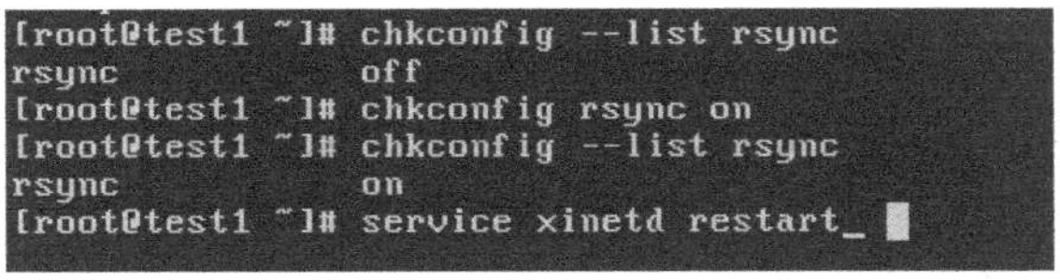
[root@test1 ~]# chkconfig --list rsync
rsync off
[root@test1 ~]# chkconfig rsync on
[root@test1 ~]# chkconfig --list rsync
rsync on
[root@test1 ~]# service xinetd restart_

图 4-24　设置 rsync 服务为自动启动

2. ntsysv 命令

ntsysv 命令是基于文本界面的实用程序，在命令行状态下输入并执行 ntsysv 命令，将出现如图 4-25 所示界面。

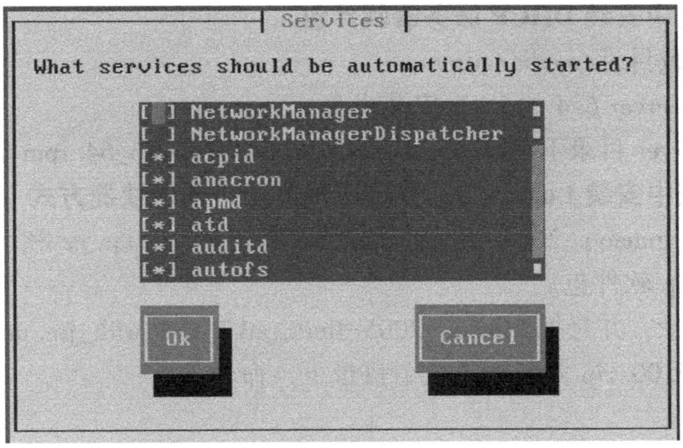
Services
What services should be automatically started?
[ ] NetworkManager
[ ] NetworkManagerDispatcher
[*] acpid
[*] anacron
[*] apmd
[*] atd
[*] auditd
[*] autofs
Ok
Cancel

图 4-25　设置服务启动状态

ntsysv 的界面和文本模式的安装程序的工作方式相似，使用上下箭头查看列表，使用空格键来选择或取消选择服务，或按“OK”和“Cancel”按钮。要在服务列表和“OK”“Cancel”按钮中切换，使用〈Tab〉键。* 标明某服务被设为启动。按〈F1〉键会弹出每项服务的简短描述。

可以使用 ntsysv 命令来启动或关闭由 xinetd 管理的服务，还可以使用 ntsysv 命令来配置运行级别。按照默认设置，只有当前运行级别会被配置。要配置不同的运行级别，使用

--level选项来指定一个或多个运行级别。例如，命令 ntsysv --level 345 配置运行级别 3、4 和 5。

本章小结

本章介绍了 RPM 软件包管理工具，学习了 rpm 命令对软件进行安装、升级、删除和查询等操作；介绍了在 Linux 操作系统中配置网络的方法，同时介绍了几个常用的网络诊断工具，以及 Linux 中服务类型和各类型服务的启动与停止等操作。后续章节的网络服务如 FTP、WWW、DNS 等都会用到本章所学的软件安装、卸载，以及网络配置，服务器启动、停止等知识，所以应该熟练掌握这 3 部分内容。

实训项目

一、试验环境

一人一台装有 RHEL Server 6.4 系统的计算机，一人一组。

二、实验目的

1）掌握磁盘管理相关命令。

2）掌握如何修改文件权限。

3）熟练如何建立和使用文件系统。

4）熟练挂载光盘和 U 盘。

5）熟练文件的归档和压缩。

任务一：在系统中安装 DHCP 服务器软件包

1）建立媒体挂载目录/media/cdrom。

2）挂载 RHEL Server 6.4 的 DVD 安装光盘。

3）安装位于 Server 目录下的 dhcp-4.1.1-34.p1.el6.x86_64.rpm 软件包。

任务二：在系统中安装 LumaQQ，并在图形界面下创建快捷方式

1）在网上下载 lumaqq_2005-linux_gtk2_x86_with_jre.tar.gz 和 lumaqq_2005_patch_2006.02.02.15.00.zip 软件包。

2）新建/QQ 目录，并且把 lumaqq_2005-linux_gtk2_x86_with_jre.tar.gz 和 lumaqq_2005_patch_2006.02.02.15.00.zip 复制到了这个目录下，命令如下：

```
# mkdir /QQ
# cp lumaqq_2005-linux_gtk2_x86_with_jre.tar.gz /QQ
# cp lumaqq_2005_patch_2006.02.02.15.00.zip /QQ
```

3）解包安装。命令如下：

```
# tar zxvf lumaqq_2005-linux_gtk2_x86_with_jre.tar.gz
```

4）解包后的文件都放进了 LumaQQ 目录中。进入这个目录，然后运行 lumaqq 可执行文件。命令如下：

```
# cd LumaQQ/
```

\# ./lumaqq

5）在桌面创建快捷方式。

在桌面上单击鼠标右键，选择“创建快速启动器”命令。分别填入需要的信息，然后单击图标按钮，选择图标。

任务三：通过网卡配置文件修改网络参数

1）修改主机名称为 hhh。

2）配置主机所在的网络为 192.168.167.0，主机的 IP 地址为 192.168.167.2，默认网关为 192.168.167.1。

3）配置主机的 DNS 服务器为 202.116.6.5。

4）使用 ifconfig 命令测试所做设置是否正确。

任务四：改变网络服务状态

1）查看 vsftpd 服务的启动状态。

2）如果没有启动则启动，如果已经启动则停止。

3）设置 vsftpd 服务在 2、3、5 运行级别自启动。

同步测试

一、填空题

1）安装 DNS 服务器软件包/bind-9.8.2-0.17.rc1.e16.i686.rpm 的 rpm 命令是（　　）。

2）卸载 DNS 服务器软件包的 rpm 命令是（　　）。

3）升级 foo-2.0-1.i386.rpm 软件包的 rpm 命令是（　　）。

4）查询/etc/logrotate.d/named 文件属于哪个软件包的 rpm 命令是（　　）。

5）（　　）命令可以测试网络中本机系统是否能到达一台远程主机，所以常常用于测试网络的连通性。

6）在超级用户下显示 Linux 系统中正在运行的全部进程，应使用的命令及参数是（　　）。

7）欲发送 10 个分组报文测试与主机 abc.tuu.edu.cn 的连通性，应使用的命令和参数是（　　）。

8）当 LAN 内没有条件建立 DNS 服务器，但又想让局域网内的用户可以使用计算机名互相访问时，应配置（　　）文件。

二、选择题

1）一台主机要实现通过局域网与另一个局域网通信，需要做的工作是（　　）。

A. 配置域名服务器

B. 定义一条本机指向所在网络的路由

C. 定义一条本机指向所在网络网关的路由

D. 定义一条本机指向目标网络网关的路由

2）下列各项（　　）不是进程和程序的区别。

A. 程序是一组有序的静态指令，进程是一次程序的执行过程

B. 程序只能在前台运行，而进程可以在前台或后台运行

C. 程序可以长期保存，进程是暂时的

D. 程序没有状态，而进程是有状态的

3）局域网的网络地址 192.168.1.0/24，局域网络连接其他网络的网关地址是 192.168.1.1。主机 192.168.1.20 访问 172.16.1.0/24 网络时，其路由设置正确的是（　　）。

A. route add -net 192.168.1.0 gw 192.168.1.1 netmask 255.255.255.0 metric 1

B. route add -net 172.16.1.0 gw 192.168.1.1 netmask 255.255.255.255 metric 1

C. route add -net 172.16.1.0 gw 172.16.1.1 netmask 255.255.255.0 metric 1

D. route add default 192.168.1.0 netmask 172.168.1.1 metric 1

4）下列各项中不属于 ifconfig 命令作用范围的是（　　）。

A. 配置本地回环地址　　B. 配置网卡的 IP 地址

C. 激活网络适配器　　D. 加载网卡到内核中

5）在局域网络内的某台主机用 ping 命令测试网络连接时发现网络内部的主机都可以连通，而不能与公网连通，问题可能是（　　）。

A. 主机 IP 设置有误　　B. 没有设置连接局域网的网关

C. 局域网的网关或主机的网关设置有误　　D. 局域网 DNS 服务器设置有误

6）下列文件中包含了主机名到 IP 地址的映射关系的文件是（　　）。

A. /etc/hostname　　B. /etc/hosts

C. /etc/resolv.conf　　D. /etc/networks

三、简答题

1）请问 Linux 的服务分为哪两大类？如何使用相应的命令来实现对 vsftpd 服务的启动、停止和重启？

2）请用命令写出如何设置当前网卡 eth0 的 IP 地址为 192.168.5.3，子网掩码为 255.255.255.0，并添加默认网关为 192.168.5.254。

第5章　DNS服务器的配置与管理

本章目标

- 了解 DNS 的概念
- 掌握使用 Linux/Bind 配置域名服务器的基本方法
- 了解不同类型域名服务器的配置方法
- 掌握域名服务器调试原理及调试工具

计算机在网络中通信时只能识别如“202.10.139.188”的 IP 地址，为什么在浏览器的地址栏中输入 www.sohu.com 的域名后，就能看到所需要的页面呢？这是因为当输入域名后，有一台叫“DNS 服务器”的计算机自动把域名“翻译”成了相应的 IP 地址，然后调出 IP 地址所对应的网页，将网页传回给浏览器。

域名系统（Domain Name System，DNS）是一种为域层次结构的计算机和网络服务命名的系统。DNS 命名广泛用于 TCP/IP 网络，如 Internet，用以通过友好的名称（域名）代替难记的 IP 地址来定位计算机。

5.1　DNS 系统基础

5.1.1　DNS 的作用

现在几乎整个互联网都是基于 TCP/IP 的。在这个世界里，不管访问哪个网站、哪台机器，都必须知道它的 IP 地址才可以。目前使用的 IPv4 地址长度为 32 位，地址空间为 2^{32}，即可能有 2^{32} 个 IP 地址，没有人能记住这么多的 IP 地址，哪怕是其中一小部分也不可能，未来 IPv6 的 2^{128} 个地址空间更是不可能记住了。

在早期的互联网（APPRANET）中只拥有几百台计算机，系统中通过一个 hosts 文件提供主机名到 IP 地址的映射关系。也就是说，可以用主机名进行网络信息的共享，而不需要记住 IP 地址。现在的小型局域网仍然是采用 hosts 文件来提供 IP 地址的解析。

随着网络的扩展，互联网上的主机数量迅速扩张，不可能再存在一个能够快速提供所有主机地址解析的中心文件，这时出现了 DNS。实际上，DNS 是一个分层的分布式数据库，用来处理 Internet 上上亿个主机名和 IP 地址的转换。也就是说，网络中没有存放全部 Internet 主机信息的中心数据库，这些信息分布在一个层次结构中的若干台域名服务器上。当用户需要访问 Internet 中的某台主机时，只要给出它的域名，然后系统通过这个域名到数据库里去查找它的 IP 地址，查找返回后，系统使用返回的 IP 地址去访问该台主机。

5.1.2 DNS的结构与作用机制

1. DNS的结构

DNS是一个分层的分布式名称对应系统，类似于计算机的目录树结构。在最顶端的是一个根（root）；根（root）下分为几个基本类别名称，如com、org、edu等；再下面是组织名称，如sony、ibm、intel、microsoft等；再往下是主机名称，如www、mail、ftp等。因为Internet是从美国发起的，所以当时并没有国域名称，但随着后来Internet的发展，DNS也加进了诸如cn、uk、ru等国域名称。所以，一个完整的DNS名称是这样：

www.abc.edu.cn

而整个名称对应的就是一个IP地址。

开始的时候，根下面只有6个组织类别，见表5-1。

表5-1 根下面的6个组织类别

组织类别	代表含义
edu	教育学术单位
org	组织机构
net	网络、通信单位
com	公司、企业
gov	政府、机关
mil	军事单位

不过，自从组织类别名称开放以后，各种各样的名称相继出现，但无论如何，取名的规则应该符合网站性质。除了原来的类别资料数据由美国本土的NIC（Network Information Center）管理之外，其他在国家代码以下的类别分别由该国的NIC管理。这样的结构如图5-1所示。

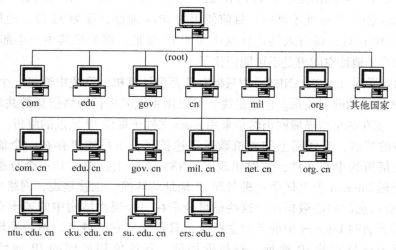

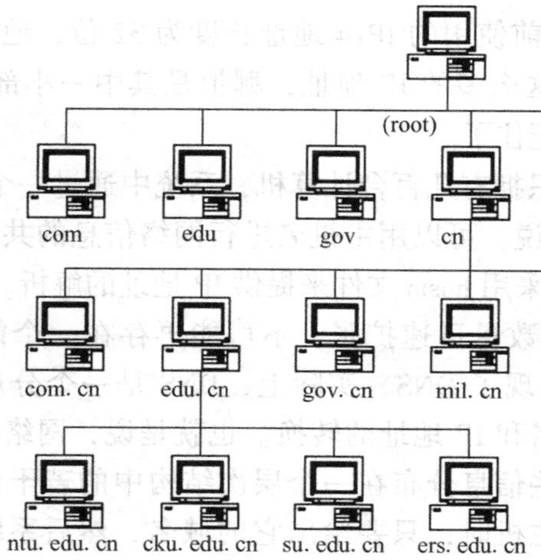

图5-1 DNS结构示意图

2. DNS 的搜索过程

在设置 IP 网络环境时，通常都要告诉每台主机关于 DNS 服务器的地址（可以手动在每一台主机上面设置，也可以使用 DHCP 来设置）。

下面讲述 DNS 是怎样进行域名解析的。

以访问 www. abc. com 为例说明，如图 5-2 所示。

1）客户端首先检查本地/etc/hosts 文件是否有对应的 IP 地址，若有，则直接访问 www. abc. com 站点；若无，则执行步骤 2。

2）客户端检查本地缓存信息，若有，则直接访问 Web 站点；若无，则执行步骤 3。

3）本地 DNS 检查缓存信息，若有，将 IP 地址返回给客户端，客户端可直接访问 Web 站点；若无，则执行步骤 4。

4）本地 DNS 服务器检查区域文件是否有对应的 IP 地址，若有，将 IP 地址返回给客户端，客户端可直接访问 Web 站点；若无，则执行步骤 5。

5）本地 DNS 服务器根据 cache. dns 文件中指定的根 DNS 服务器（. DNS 服务器）的 IP 地址，转向根 DNS 服务器查询。

6）根 DNS 服务器收到查询请求后，查看区域文件记录，若无，则将其管辖范围内 . com DNS 服务器的 IP 地址告诉本地 DNS 服务器。

7）. com DNS 服务器收到查询请求后，查看区域文件记录，若无，则将其管辖范围内 abc. com DNS 服务器的 IP 地址告诉本地 DNS 服务器。

8）abc. com DNS 服务器收到查询请求后，分析需要解析的域名，若无，则查询失败，若有，返回 www. abc. com DNS 服务器的 IP 地址给本地 DNS 服务器。

9）本地 DNS 服务器将 www. acb. com DNS 服务器的 IP 地址返回给客户端，客户端通过这个 IP 地址与 Web 站点建立连接。

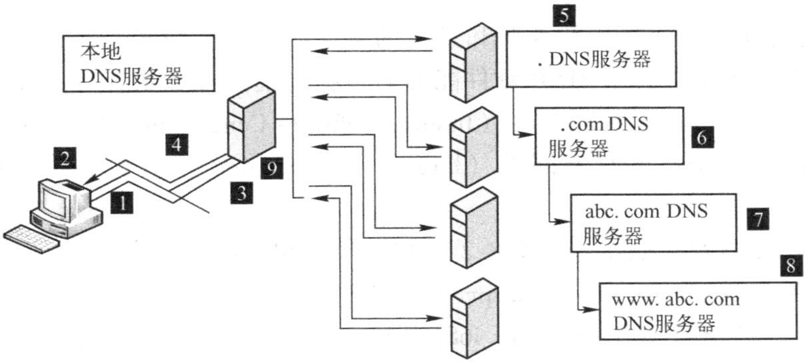

图 5-2　DNS 的域名解析过程

3. DNS 服务器的类型

为了便于分散管理域名，DNS 服务器以区域为单位管理域名空间。区域是由单个域或具有层次关系的多个子域组成的管理单位。一个 DNS 服务器可以管理一个或多个区域，而一个区域也由多个 DNS 服务器管理。

目前，Linux 系统中使用的 DNS 服务器软件是 BIND，运行其守护进程 Named 可完成网络中的域名解析任务。使用 BIND 软件，可建立如下几种类型的 DNS 服务器。

（1）主域名服务器

主域名服务器（Master Server）从管理员创建的本地磁盘文件中加载域信息，是特定域中权威性的信息源。配置 Internet 主域名服务器时需要一整套配置文件，其中包括主配置文件（named. conf）、正向域的区域文件、反向域的区域文件、根服务器信息文件（named. ca）。

（2）辅助域名服务器

辅助域名服务器（Slave Server）是主域名服务器的备份，具有主域名服务器的绝大部分功能。配置 Internet 辅助域名服务器时只需要配置主配置文件，而不需要配置区域文件。因为区域文件可从主域名服务器转移过来后存储在辅助域名服务器。一个域中只能有一个主域名服务器，有时为了分散域名解析任务，还可以创建一个或多个辅助域名服务器。

（3）缓存域名服务器

缓存域名服务器（Cathing Only Server）本身不管理任何域，仅运行域名服务器软件。它从远程服务器获得每次域名服务器查询的回答，然后保存在缓存中，以后查询到相同的信息时可予以回答。配置 Internet 缓存域名服务器时只需要缓存文件。

5.2 使用 BIND 创建域名服务器

5.2.1 BIND 简介

Linux 下架设 DNS 服务器通常是使用 BIND 软件来实现的。BIND 是 Berkeley Internet Name Domain Service 的缩写，它是一款实现 DNS 服务器的开放源码软件。BIND 原本是美国 DARPA 资助伯克里大学（Berkeley）开设的一个研究生课题，后来经过多年的变化发展，已经成为世界上使用最为广泛的 DNS 服务器软件。目前，Internet 上绝大多数的 DNS 服务器都是用 BIND 软件来架设的。

BIND 软件经历了第 4 版、第 8 版和最新的第 9 版，第 9 版修正了以前版本的许多错误，并提升了执行时的效能。BIND 软件能够运行在当前大多数的操作系统平台之上。目前，BIND 软件由 Internet 软件联合会（Internet Software Consortium，ISC）这个非赢利性机构负责开发和维护。ISC 的官方网站（http://www. isc. org/）包含了最新的错误修复和更新。

RHEL Server 6. 4 自带版本号为 9. 8. 2 的 bind 软件包，如下所述。

- bind-9. 8. 2-0. 17. rc1. el6. i686. rpm——DNS 的主程序包。
- bind-chroot-9. 8. 2-0. 17. rc1. el6. i686. rpm——为 BIND 提供一个伪装的根目录以增强安全性工具。
- bind-utils-9. 8. 2-0. 17. rc1. el6. i686. rpm——提供了对 DNS 服务器的测试工具程序，包括 dig、host 与 nslookup 等（系统默认安装）。
- bind-libs-9. 8. 2-0. 17. rc1. el6. i686. rpm——进行域名解析必备的库文件（系统默认安装）。

5.2.2 DNS 域名服务器配置实例

【例 5-1】 现要为某校园网（abc 大学）配置一台 DNS 服务器，该服务器的 IP 地址为

192. 168. 1. 1，DNS 服务器的域名为 dns. abc. edu. cn，同时，这台服务器也做 BBS 服务器，域名为 bbs. abc. edu. cn。要求为表 5-2 中的域名提供正反向解析服务。

表 5-2　域名与 IP 地址的对应关系

www. abc. edu. cn	192. 168. 1. 2
Mail. abc. edu. cn	192. 168. 1. 4
ftp. abc. edu. cn	192. 168. 1. 5
bbs. abc. edu. cn	192. 168. 1. 1
dns. abc. edu. cn	192. 168. 1. 1

因为 WWW 服务器会有大量的访问请求，所以要求为 WWW 服务器做负载均衡，使得 192. 168. 1. 8 也解析为 www. abc. edu. com。

完成例 5-1 的任务，要执行以下几个步骤。

1. 安装 DNS 服务器

BIND 是一款开放源码的 DNS 服务器软件，支持各种 Linux 平台和 Windows 平台。

BIND 软件包的安装方式有两种：

- 利用 RPM 格式的安装包直接安装。
- 利用源代码编译安装。

这里利用 RPM 格式安装，首先查询是否安装了 bind 软件包（bind 软件包的安装参见本书【例 4-1】），如图 5-3 所示。

若系统只输出如图 5-4 所示的两行，表示并没有安装 bind 软件包。

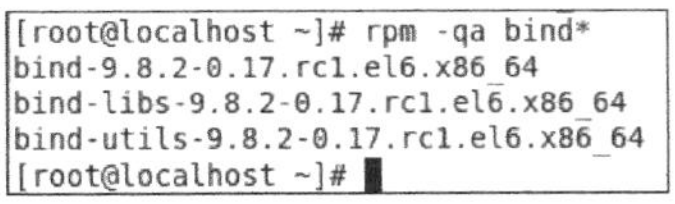

[root@localhost ~]# rpm -qa bind*
bind-9.8.2-0.17.rc1.el6.x86_64
bind-libs-9.8.2-0.17.rc1.el6.x86_64
bind-utils-9.8.2-0.17.rc1.el6.x86_64
[root@localhost ~]#

图 5-3　查询是否安装了 bind 软件包

bind-libs-9.8.2-0.17.rc1.el6.x86_64
bind-utils-9.8.2-0.17.rc1.el6.x86_64
[root@localhost ~]# _

图 5-4　没有安装 bind 软件包

为了提高 DNS 服务的安全性，RHEL Server 6. 4 还提供了 bind-chroot 软件包来更改其相关进程所能到的根目录，即将某进程限制在指定目录中，保证该进程只能对该目录及子目录的文件有所动作，从而保证整个服务器的安全。

bind-chroot 软件包最好最后安装，否则会报错。

可以通过光盘挂载的方式安装，代码如下。

```
# mount /dev/cdrom /media
# rpm -ivh /mnt/Packages/bind-chroot- 9. 8. 2-0. 17. rc1. el6. i686. rpm
```

或直接进入镜像文件的目录进行安装，如图 5-5 所示。

右击镜像文件图标，在快捷菜单中选择“在终端打开”命令，进入 Packages 目录，使用 rpm 命令安装，图 5-6 所示表示安装成功。

```
# cd Packages
```

本书并没有采用 chroot 方式进行配置。

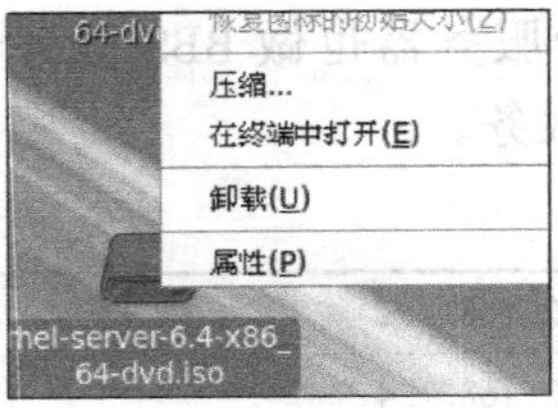

图 5-5　打开镜像文件

```
[root@localhost Packages]# rpm -ivh bind-chroot-9.8.2-0.17.rc1.el6.x86_64.rpm
warning: bind-chroot-9.8.2-0.17.rc1.el6.x86_64.rpm: Header V3 RSA/SHA256 Signatu
re, key ID fd431d51: NOKEY
Preparing...                ########################################### [100%]
   1:bind-chroot            ########################################### [100%]
[root@localhost Packages]#
```

图 5-6　bind-chroot 软件包安装成功

2. 完成 DNS 服务器配置

配置 Internet 域名服务器时需要一组文件，表 5-3 列出了与域名服务器配置相关的文件。

表 5-3　域名服务器配置相关的文件

样本文件的位置及名称	作　用
全局配置文件/etc/named. conf	设置一般的 name 参数，指向该服务器使用的域数据库的信息源
区域配置文件/etc/named. rfc1912. zones	用于定义各解析区域特征的文件
正向解析数据库文件样本 var/named/named. localhost	用于将域名映射为 IP 地址的样本文件
反向解析数据库文件样本/var/named/chroot/var/named/named. local	用于将 IP 地址映射为域名的样本文件
根域地址数据库文件/var/named/named. ca	记录了 Internet 中根域服务器的 IP 地址等相关信息
/etc/resolv. conf	指定本机 DNS 服务器的 IP 地址的配置文件

步骤 1：配置主配置文件

使用命令：# vi /etc/named. conf

打开主配置文件，其主要配置项如图 5-7 所示。

```
//
// named.conf
//
options {   //说明全局属性
        listen-on port 53 { any; };   //设置named服务监听的端口及IP地址
        listen-on-v6 port 53 { any; }; //设置named服务监听的端口（IPv6）
        directory       "/var/named";//设置区域数据库文件默认存放相对路径
        dump-file       "/var/named/data/cache_dump.db";  //用于缓存解析过的内容
        statistics-file "/var/named/data/named_stats.txt";  //静态缓存
        memstatistics-file "/var/named/data/named_mem_stats.txt";  //静态缓存，放在内存里
        allow-query     { any; };      //允许任何DNS的客户端查询
        recursion yes; //递归查询
};

logging {   //为域名服务器配置日志
        channel default_debug {
                file "data/named.run";
                severity dynamic;
        };
};

zone "." IN {   //设置根区域
        type hint;   //设置根区域的类型为hint,hint是根区域的标识，master为主区域的标识，slave为辅助区域标识
        file "named.ca";    //区域数据文件为named.ca
};

include "/etc/named.rfc1912.zones";  //定义将指定的区域配置文件包含到当前文件
```

图 5-7　主配置文件

配置文件中需要修改的两条语句如下：

“listen-on port 53 { any; };”将原配置文件中的“127.0.0.1”改为“any”，表示监听所有。

“listen-on-v6 port 53 { any; };”将原配置文件中的“::1”改为“any”，表示监听所有。

注意：named.conf 文件格式有一定的规则。

- 配置文件中语句必须以分号结尾。
- 须用花括号将容器指令（如 options）中的配置语句括起来。
- 注释符号可以使用 C 语言中的符号对“/*”和“*/”、C++语言的“//”和 Shell 脚本的“#”。

符号“//”“#”与符号对“/*”和“*/”的区别如下：

符号“//”和“#”表示注释开始，从这个符号出现的位置直到当前行结束的所有内容都作为注释，一般使用它对单行内容进行注释。

符号对“/*”和“*/”必须成对出现，被符号对包围的所有内容都作为注释，一般使用它对多行内容进行注释。

容器指令 options 大括号内的语句都属于定义服务器的全局选项，这个语句在每个配置文件中只有一处。如果出现多个 options 语句，则第一个 options 的配置有效，并且会产生一个警告信息。如果没有 options 语句，则每个选项都使用默认值。

```
directory "/var/named";
```

步骤 2：建立正向解析区域和反向解析区域

根据实例的要求，要建立一个名为 abc.edu.cn 的域，在主配置文件/etc/named.rfc1912.zones 的末尾增加本机解析的正向区域和反向区域语句：

```
zone "abc.edu.cn" IN {
    type master;
    file "abc.edu.cn.zone";
allow-transfer { none; };
};
zone "1.168.192.in-addr.arpa" IN {
    type master;
    file "192.168.1.arpa";
allow-transfer { none; };
};
```

（1）设置正向解析区域

设置主区域的名称：

```
zone "abc.edu.cn" IN { };
```

容器指令 zone 后面跟着的是主区域的名称，表示这台 DNS 服务器保存着 abc.edu.cn 区域的数据，网络上其他所有 DNS 客户端或 DNS 服务器都可以通过这台 DNS 服务器查询到与这个域相关的信息。

设置类型为主区域：

```
type master;
```

type 选项定义了 DNS 区域的类型，参数为 master，则表示此 DNS 服务器为主域名服务器；如果参数为 slave，则表示此 DNS 为辅助域名服务器。

设置正向区域文件的名称：

```
file " abc. edu. cn. zone " ;
```

file 选项定义了主区域文件的名称。一个区域内的所有数据（如主机名和对应 IP 地址、刷新间隔和过期时间等）必须存放在区域文件中。虽然用户可以自行定义文件名，但为了方便管理，文件名一般是区域的名称，扩展名是“. zone”。应该注意的是，在文件名两边要使用双引号。

设置辅助域名服务器的地址：

```
allow-transfer { none; } ;
```

allow-transfer 选项定义了允许进行区域复制的辅助域名服务器地址。由于 DNS 服务器是经常被黑客用来找寻 IP 数据库的对象之一，因此为了安全起见，必须严格限制区域复制操作，即指定只能向信任的辅助域名服务器开放区域复制功能。如果没有辅助域名服务器，可以将语句设为“allow-transfer { none; };”，从而禁止区域复制功能。

（2）设置反向解析区域

在大部分的 DNS 查询中，DNS 客户端一般执行正向查找，即根据计算机的 DNS 域名查询对应的 IP 地址。但在某些特殊的应用场合中（如判断 IP 地址所对应的域名是否合法），也会使用到通过 IP 地址查询对应 DNS 域名的情况（也称为反向查找）。

设置反向解析区域的名称：

```
zone "1. 168. 192. in-addr. arpa" IN {
} ;
```

容器指令 zone 后面跟着的是反向解析区域的名称。在 DNS 标准中定义了固定格式的反向解析区域 in-addr. arpa，以便提供对反向查找的支持。

与 DNS 名称不同，当从左向右读取 IP 地址时，它们是以相反的方式解释的，所以需要将域中的每个 8 位字节数值反序排列。从左向右读取 IP 地址时，读取顺序是从地址的第一部分最一般的信息（IP 网络地址）到最后 8 位字节中包含的更具体的信息（IP 主机地址）。

因此，创建 in-addr. arpa 域中的子域时，应该按照带点的十进制表示法编号的 IP 地址的相反顺序组成，如子网“192. 168. 16. 0/24”完整的反向解析域名为“16. 168. 192. in-addr. arpa”，子网“192. 168. 0. 0/16”完整的反向解析域名为“168. 192. in-addr. arpa”。

设置区域的类型为 master。

设置反向解析区域文件的名称为“192. 168. 1. arpa”。

设置辅助域名服务器的地址（同正向解析区域）。

步骤 3：创建并编辑正向区域文件和反向区域文件

(1) 创建正向区域文件

根据主配置文件中 directory 配置项的说明，区域文件应该在/var/named 下，到区域目录复制示例文件，如图 5-8 所示。

```
[root@dns ~]# cp -p /var/named/named.localhost /var/named/abc.edu.cn.zone
[root@dns ~]# cp -p /var/named/named.loopback  /var/named/192.168.1.arpa
```

图 5-8　使用样本文件复制生成正/反向区域文件

注意名字的对应，如图 5-9 所示。

```
zone "abc.edu.cn"IN {
        type master;
        file"abc.edu.cn.zone";
        allow-transfer{none;};
};
zone "1.168.192.in-addr.arpa"IN{
        type master;
        file"192.168.1.arpa";
        allow-transfer{none;};
};
"/etc/named.rfc1912.zones" 52L, 1116C written
[root@dns ~]# cp -p /var/named/named.localhost /var/named/abc.edu.cn.zone
[root@dns ~]# cp -p /var/named/named.loopback  /var/named/192.168.1.arpa
```

图 5-9　注意正/反向区域文件名称的对应

使用 vi 编辑器建立正向区域文件 abc. edu. cn. zone 和反向区域文件 192. 168. 1. arpa。命令如下：

```
vi /var/named/abc.edu.cn.zone
```

编辑正向区域文件，如图 5-10 所示。

```
$TTL 1D
@       IN SOA  dns.abc.edu.cn. root.abc.edu.cn (
                                        0       ; serial
                                        1D      ; refresh
                                        1H      ; retry
                                        1W      ; expire
                                        3H )    ; minimum
@       IN          NS      dns.abc.edu.cn.
@       IN      MX  10      mail.abc.edu.cn.
dns     IN          A       192.168.1.1
www     IN          A       192.168.1.2
mail    IN          A       192.168.1.4
www     IN          A       192.168.1.8
bbs     IN          CNAME dns
```

图 5-10　编辑正向区域文件

区域文件格式说明：

1) 缓存寿命。表示记录在缓冲区中保持的时间，以 s 为单位，必须是第一条记录。

```
$ ttl     86400      #表示记录在缓冲区存在的时间为 86400s
```

区域文件的时间数字都默认以 s（秒）为单位，为了方便理解，也可以用 h（小时）、d（天）和 w（星期）单位来表示，36000 s 和 10 h 表示的时间是一样的。

2) 设置起始授权机构（Start of Authority，SOA）资源记录。SOA 是主域名服务器区域文件中必须设置的资源记录，它表示创建它的 DNS 服务器是主域名服务器。SOA 资源记录定义了域名数据的基本信息和其他属性（更新或过期间隔）。通常，SOA 资源记录必须为区域文件中 TTL 记录后第一个记录。

图 5-11 中@ 代表区域名，也可以用 abc. edu. cn 替换，表示使用 named. conf 文件中 zone 语句定义的域名，存放该区域的主机是 dns. abc. edu. cn. （注意此时以“.”结尾），管理员的邮件地址为 root@ abc. edu. cn.（注意邮件中的@ 必须写为点“.”）。

```
$TTL 1D
@       IN SOA  dns.abc.edu.cn. root.abc.edu.cn (
                                        0       ; serial
                                        1D      ; refresh
                                        1H      ; retry
                                        1W      ; expire
                                        3H )    ; minimum
```

图 5-11　正向区域文件

邮件地址后圆括号“()”里的数字是 SOA 资源记录各种选项的值，主要是为和辅助域名服务器同步 DNS 数据而设置的。注意“(”号一定要和 SOA 写在同一行。

0：设置序列号

它的格式通常是“年月日+修改次数”（当然也从 0 开始，然后在每次修改完主区域文件后使这个数加 1），而且不能超过 10 位数字。序列号用于标识该区域的数据是否有更新，当辅助域名服务器需要与主域名服务器进行区域复制操作（即同步辅助域名服务器的 DNS 数据）时，就会比较这个数值。如果发现在这里的数值比它最后一次更新时的数值大，就进行区域复制操作，否则放弃区域复制操作，所以每次修改完主区域文件后都应增加序列号的值。

1D：设置更新间隔

更新间隔用于定义辅助域名服务器隔多久时间与主域名服务器进行一次区域复制操作。

1H：设置重试间隔

重试间隔用于定义辅助域名服务器在更新间隔到期后，仍然无法与主域名服务器取得联系时，重试区域复制的间隔。通常该间隔应小于更新间隔。

1W：设置过期时间

过期时间用于定义辅助域名服务器在该时间内一直不能与主域名服务器取得联系时，则放弃重试并丢掉这个区域的数据（因为这些数据有可能失效或错误）。

3H：设置最小默认 TTL

最小默认 TTL 定义允许辅助域名服务器缓存查询数据的默认时间。如果文件开头没有“$ ttl”选项，则以此值为准。

3）设置 NS（Name Server，名称服务器）资源记录。NS 资源记录定义了该域名由哪个 DNS 服务器负责解析。NS 资源记录定义的服务器称为区域权威名称服务器，如图 5-12 所示。权威名称服务器负责维护和管理所管辖区域中的数据，它被其他服务器或客户端当作权威的来源，为 DNS 客户端提供数据查询，并且能肯定应答区域内所含名称的查询。注意，IN 前必须有空格或写上域名。

```
            IN NS         dns.abc.edu.cn.
```

图 5-12　NS 资源记录

4）设置 A（Address，主机地址）资源记录。A 资源记录是最常用的记录，它定义了 DNS 域名对应 IP 地址的信息。注意，主机名称（如 dns，www 等）前不要有空格，如图 5-13 所示。

```
dns                 IN A   192.168.1.1
www                 IN A   192.168.1.2
mail                IN A   192.168.1.4
ftp                 IN A   192.168.1.5
www                 IN A   192.168.1.8
```

图 5-13　A 资源记录

5）设置 CNAME（Canonical Name，别名）资源记录。CNAME 资源记录也被称为规范名字资源记录，如图 5-14 所示。CNAME 资源记录允许将多个名称映射到同一台计算机上，使得某些任务更容易执行。这样访问 dns. abc. edu. cn 和 bbs. abc. edu. cn 时，实际都是访问 IP 地址为 192. 168. 1. 1 的计算机。完成了实例中要求的（该服务器的 IP 地址为 192. 168. 1. 1，DNS 服务器的域名为 dns. abc. edu. cn，同时，这台服务器也做 BBS 服务器，域名为 bbs. abc. edu. cn）的任务。

```
bbs                 IN CNAME dns
~
```

图 5-14　CNAME 资源记录

6）设置 MX（Mail eXchanger，邮件交换器）资源记录。MX 资源记录指向一个邮件服务器，用于电子邮件系统发邮件时根据收信人邮件地址后缀来定位邮件服务器，如图 5-15 所示。例如，当一个邮件要发送到地址 linden@ abc. edu. cn，邮件服务器通过 DNS 服务器查询 abc. edu. cn 这个域名的 MX 资源记录，邮件就会发送到 MX 资源记录所指定的邮件服务器上（mail. abc. edu. cn）。

```
                    IN MX 10      mail.abc.edu.cn.
dns                 IN A   192.168.1.1
www                 IN A   192.168.1.2
mail                IN A   192.168.1.4
```

图 5-15　MX 资源记录

7）测试区域文件语法的正确性。可以使用命令：

named-checkzone zonename abc. edu. cn. zone

来测试区域文件的语法错误。命令格式：named-checkzone 域名称正向或反向区域文件名。图 5-16 表示正向区域文件没有语法错误。

```
[root@dns named]# named-checkzone zonename abc.edu.cn.zone
zone zonename/IN: loaded serial 2009021011
OK
```

图 5-16　正向区域文件没有语法错误

（2）创建反向区域文件

反向区域文件的结构和格式与正向区域文件类似，只不过它的主要内容是创建 IP 地址映射到 DNS 域名的指针 PTR 资源记录。为了方便，将刚刚创建的正向区域文件（abc. edu. cn. zone）复制给反向区域文件（192. 168. 1. arpa），对其进行修改。文件内容如图 5-17 所示，检查反向区域文件的语法错误如图 5-18 所示。

```
$ttl 86400
@ IN SOA dns.abc.edu.cn.  root.abc.edu.cn. (
                              2009021011 ;
                              3H ;
                              15M ;
                              1W ;
                              1D ) ;
            IN NS        dns.abc.edu.cn.
            IN MX 10     mail.abc.edu.cn.
1           IN PTR  dns.abc.edu.cn.
2           IN PTR  www.abc.edu.cn.
4           IN PTR  mail.abc.edu.cn.
5           IN PTR  ftp.abc.edu.cn.
8           IN PTR  www.abc.edu.cn.
1           IN PTR  bbs.abc.edu.cn.
~
~
~
~
~
~
~
~
"1.168.192.arpa" 16L, 392C
```

图 5-17　反向区域文件

```
[root@dns named]# named-checkzone zonename 1.168.192.arpa
zone zonename/IN: loaded serial 2009021011
OK
```

图 5-18　检查反向区域文件的语法错误

步骤 4：创建根服务器信息文件 named. ca

/var/named/named. ca 是一个非常重要的文件，该文件包含了 Internet 的根服务器名字和地址，BIND 接到客户端主机的查询请求时，如果在缓存（Cache）中找不到相应的数据，就会通过根服务器进行逐级查询。例如，当服务器收到来自 DNS 客户端查询 www. everest. com 域名的请求时，如果缓存没有相应的数据，就会向 Internet 的根服务器请求，然后根服务器将查询交给负责域 . com 的权威域名服务器，域 . com 权威域名服务器再将请求交给负责域 everest. com 的权威域名服务器进行查询。

由于 named. ca 文件经常会随着根服务器的变化而发生变化，因此建议最好从国际互联网络信息中心（InterNIC）的 FTP 服务器下载最新的版本，下载地址为 ftp://ftp. rs. internic. net/domain/named. root。下载完后，应将该文件改名为 named. ca，并复制到 /var/named 目录下。

步骤 5：配置/etc/resolv. conf

在/etc/resolv. conf 文件中可以配置本机使用哪台 DNS 服务器来完成域名解析工作。先对文件进行如图 5-19 所示的设置。

```
domain abc.edu.cn
nameserver 192.168.1.1
~
~
```

图 5-19 配置/etc/resolv. conf

domain 选项定义了本机的默认域名，任何只有主机名而没有域名的查询，系统都会自动将默认域名加到主机名的后面。如对于查询主机名为 linden 的请求，系统会自动将其转换为对 linden. example. com 的请求。

nameserver 选项定义了本机使用哪台 DNS 服务器来完成域名解析工作，应该设置为主要域名服务器的 IP 地址。

注意：当以 RHEL Server 6 为客户端指派 DNS 服务器的 IP 地址时，必须在网卡配置文件/etc/sysconfig/network-scripts/ifcfg-eth0 中进行设置，格式为 DNS1 = IP 地址，而/etc/resolv. conf 中的内容会随着系统或网络服务的重启自动生成。

步骤 5：在防火墙设置中同时打开 TCP 和 UDP 的 53 端口

可以使用如下命令方式设置：

```
iptables -A INPUT -p udp --dport 53 -j ACCEPT
iptables -A OUTPUT -p udp --sport 53 -j ACCEPT
iptables -A INPUT -p tdp --dport 53 -j ACCEPT
iptables -A OUTPUT -p tdp --sport 53 -j ACCEPT
```

当然，如果为了测试搭建的 DNS 服务，可以直接先把防火墙暂时关闭，如图 5-20 所示。

```
[root@dns named]# service iptables stop
iptables: Flushing firewall rules:                         [  OK  ]
iptables: Setting chains to policy ACCEPT: filter          [  OK  ]
iptables: Unloading modules:                               [  OK  ]
[root@dns named]# _
```

图 5-20 关闭防火墙

步骤 6：启动 named 守护进程

配置完成后就可以启动 DNS 服务器了。启动或停止 DNS 服务器的方法如下：

```
# chkconfig named on          #保证系统启动时自动启动 named 服务
# service named start         #启动 named 服务
# service named restart       #当重新配置后,可以重新启动 named 服务器,刷新配置
# service named stop          #停止 named 服务
```

启动过程如图 5-21 所示。

```
[root@dns run]# chkconfig named on
[root@dns run]# service named start
Starting named:                                            [  OK  ]
[root@dns run]# _
```

图 5-21 启动 DNS 服务

5.2.3 配置辅助域名服务器

【例 5-2】 为例 5-1 中的主域名服务器 dns. abc. edu. cn 创建一个辅助域名服务器，辅

助域名服务器的主机名为 second. abc. edu. cn，IP 地址为 192. 168. 1. 22。

配置辅助域名服务器相对简单，只需要修改/etc/named. conf 和/etc/named. rfc1912. zones 文件即可，而不需要创建区域文件，因为区域文件将从主域名服务器上自动复制到辅助域名服务器。

辅助域名服务器也可以向客户端提供域名解析功能，但它与主域名服务器不同的是，它的数据不是直接输入的，而是从其他服务器（主域名服务器或其他的辅助域名服务器）中复制过来的，只是一份副本，所以辅助域名服务器中的数据无法被修改。

当启动辅助域名服务器时，它会和与它建立联系的所有主域名服务器建立联系，并从中复制数据。在辅助域名服务器工作时，还会定期地更改原有的数据，以尽可能保证副本与正本数据的一致性。

准备工作：在辅助 DNS 服务器上安装 bind 软件包。

在主 DNS 服务器上要进行以下设置。

1）编辑/etc/named. conf 文件，在 options 全局配置段中添加允许进行区域传输的配置项 allow-transfer，如图 5-22 所示。

```
options {
        listen-on port 53 { any; };
        listen-on-v6 port 53 { any; };
        directory       "/var/named";
        dump-file       "/var/named/data/cache_dump.db";
        statistics-file "/var/named/data/named_stats.txt";
        memstatistics-file "/var/named/data/named_mem_stats.txt";
        allow-query     { localhost; };
        allow-transfer{192.168.1.22;};
        recursion yes;

        dnssec-enable yes;
        dnssec-validation yes;
        dnssec-lookaside auto;
```

图 5-22　修改主 DNS 服务器全局配置

2）编辑主域名服务器的正向区域文件 abc. edu. cn. zone，增加一个指向 second 的 A 记录，如图 5-23 所示。

```
second          IN A  192.168.1.22
```

图 5-23　编辑主域名服务器的正向区域文件

3）编辑主域名服务器的反向区域文件 1. 168. 192. arpa，增加一个指向 192. 168. 1. 22 的 PTR 记录，如图 5-24 所示。

```
22              IN PTR  second.abc.edu.cn.
```

图 5-24　编辑主域名服务器的反向区域文件

启动主域名服务器的 named 进程，确保 DNS 服务器正常工作。

在辅助 DNS 服务器上要进行以下设置。

1）辅助域名服务器/etc/named. conf 文件的配置与【例 5-1】中主 DNS 服务器的/etc/named. conf 文件的配置一样。

2）在辅助域名服务器上编辑/etc/named.rfc1912.zones 文件，内容如图 5-25 所示。

```
zone"abc.edu.cn" IN {
type slave;
file "slaves/abc.edu.cn.zone";
masters {192.168.1.1};
};
zone "1.168.192.in-addr.arpa"IN {
type slave;
file "slaves/1.168.192.arpa";
masters {192.168.1.1};
};
```

图 5-25　编辑辅助域名服务器的反向区域文件

以上设置中要注意以下几个地方和主区域的主配置文件是不一样的。

1）type slave：type 选项定义了 DNS 区域的类型，对于从区域应该设置为 slave 类型。

2）file "slaves/abc.edu.cn.zone"：file 选项定义了从区域文件的名称。从区域文件的数据不需要管理员直接输入，而是从其他服务器中复制而来的，只是一份副本。如果不需要辅助域名服务器保存区域数据的备份，则可以删除该行语句。BIND 已经建立了一个专门用于存放从区域文件的目录 /var/named/slaves/，所以设置主区域文件的路径是“slaves/abc.edu.cn.zone”，切勿自行指定路径，否则可能会造成 DNS 服务启动出错。

3）masters {192.168.1.1;}：masters 选项定义了主区域服务器的域名或 IP 地址，辅助域名服务器启动时或达到刷新时间间隔时会自动连接主域名服务器并复制其中的 DNS 数据。

4）辅助域名服务器也可以实现域名的反向查找，但也需要定义相应的反向解析区域，方法与设置普通的从区域类似。

5）只有在主域名服务器允许当前进行区域传输的情况下，辅助域名服务器才能进行区域复制操作。

5.3　客户端设置

5.3.1　Windows 客户端的设置

在 Windows 下配置 DNS 客户端的方法也很简单，而且在 Windows 2008、Windows 10 等各种 Windows 版本中的设置方法也基本相同，下面就以配置 Windows 10 的 DNS 客户端为例来说明具体的操作步骤。

在桌面上单击“设置”，在弹出的菜单中选择“网络和 Internet”，系统会显示网络状态，单击“更改网络设置”下的“更改适配器选项”，如图 5-26 所示。

选中当前使用的网卡并右击，在快捷菜单中选择“属性”命令，在打开的对话框中勾选“Internet 协议版本 4（TCP/IPv4）”复选框后，单击“属性”按钮，打开“Internet 协议（TCP/IP）属性”对话框，如图 5-27 所示。

选中“使用下面的 DNS 服务器地址”单选按钮，在“首选 DNS 服务器”和“备用 DNS 服务器”中输入 DNS 服务器的 IP 地址，然后单击“确定”按钮即可完成 Windows XP 下的 DNS 客户端的配置。

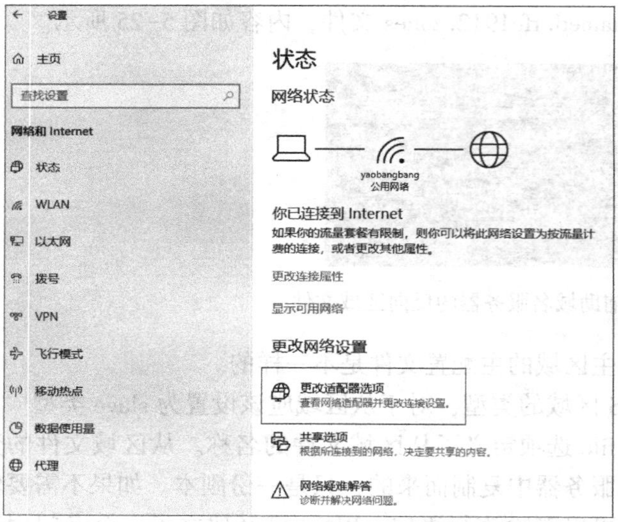

图 5-26　网络状态

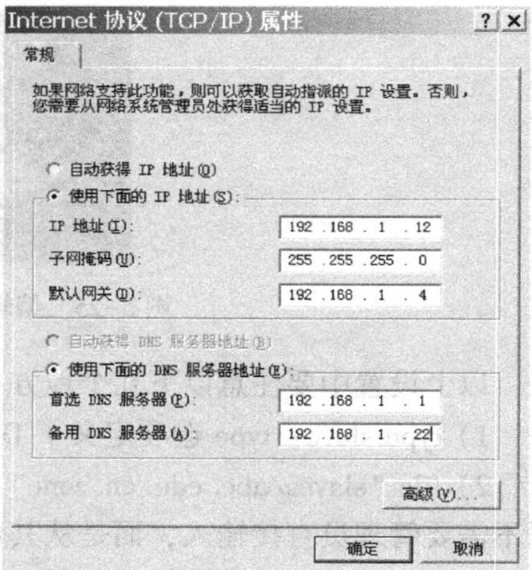

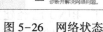

图 5-27　“Internet 协议（TCP/IP）属性”对话框

5.3.2　Linux 客户端的设置

在 Linux 中配置 DNS 客户端的方法很简单，可直接编辑文件/etc/resolv.conf，然后使用 nameserver 选项来指定 DNS 服务器的 IP 地址。

用户可以使用 nameserver 选项来指定多达 3 台 DNS 服务器。如果指定了两台以上的 DNS 服务器，则只有前两台 DNS 服务器有效。客户端是按照 DNS 服务器在文件中的顺序进行查询的，如果没有接收到 DNS 服务器的响应，就去尝试向下一台服务器查询，直到试完所有的服务器为止，所以应该将速度最快、最可靠的 DNS 服务器列在最前面，以保证在查询时不会超时。

5.4　测试 DNS 设置

启动 named 守护进程后可以查看/var/log/message 文件，了解 DNS 服务是否成功启动，虽然屏幕显示已经正常启动 named 进程，但是 DNS 服务器可能仍然存在问题，因此需要查看日志文件，发现错误问题及时纠正。

有时候看日志对初学者有些困难，不一定能找到错误所在，这时可以使用如下命令：

```
# named -g
```

除了在/etc/resolv.conf 中没有添加 DNS 服务器的 IP 地址外，大多数的错误都可以通过这个命令找到原因。

完成域名服务器的配置后，应该对其进行测试。下面的测试操作都在例 5-1 的主域名服务器上完成。

测试前的准备：

- 启动 DNS 服务（同上）。
- 配置/etc/resolv. conf（同上）。
- 使用 nslookup 程序测试。

nslookup 程序是 DNS 服务的主要诊断工具，它提供了执行 DNS 服务器查询测试并获取详细信息的功能。使用 nslookup 可以诊断和解决名称解析问题、检查资源记录是否在区域中正确添加或更新，以及排除其他服务器相关问题。其命令格式：

nslookup [-选项] 需查询的域名 [DNS 服务器地址]

如果没有指明 nslookup 要使用 DNS 服务器地址，则 nsookup 使用/etc/resolv. conf 文件定义的 DNS 服务进行查询。

下面用 nslookup 命令来测试配置的 DNS 服务器。

1. 测试 A（主机地址）资源记录

进入 nslookup 程序后，默认的查询类型是主机地址，在 nslookup 程序提示符“>”下直接输入要测试的完全规范域名（FQDN），nslookup 会显示当前 DNS 服务器的名称和 IP 地址，然后返回完全规范域名对应的 IP 地址，如图 5-28 所示。

```
[root@dns run]# nslookup
> www.abc.edu.cn
Server:         192.168.1.1
Address:        192.168.1.1#53

Name:   www.abc.edu.cn
Address: 192.168.1.8
Name:   www.abc.edu.cn
Address: 192.168.1.2
> ftp.abc.edu.cn
Server:         192.168.1.1
Address:        192.168.1.1#53

Name:   ftp.abc.edu.cn
Address: 192.168.1.5
> _
```

图 5-28　测试 A 资源记录

2. 测试 PTR（反向解析指针）资源记录

在 nslookup 程序提示符“>”下直接输入要测试的 IP 地址，nslookup 会返回 IP 地址所对应的完全规范域名，如图 5-29 所示。

```
[root@dns run]# nslookup
> 192.168.1.5
Server:         192.168.1.1
Address:        192.168.1.1#53

5.1.168.192.in-addr.arpa        name = ftp.abc.edu.cn.
> 192.168.1.2
Server:         192.168.1.1
Address:        192.168.1.1#53

2.1.168.192.in-addr.arpa        name = www.abc.edu.cn.
> _
```

图 5-29　测试 PTR 资源记录

3. 测试 CNAME（别名）资源记录

在 nslookup 程序提示符“>”下先使用命令“set type=cname”设置查询的类型为别名，然后输入要测试的别名，nslookup 会返回对应的真实计算机域名，如图 5-30 所示。

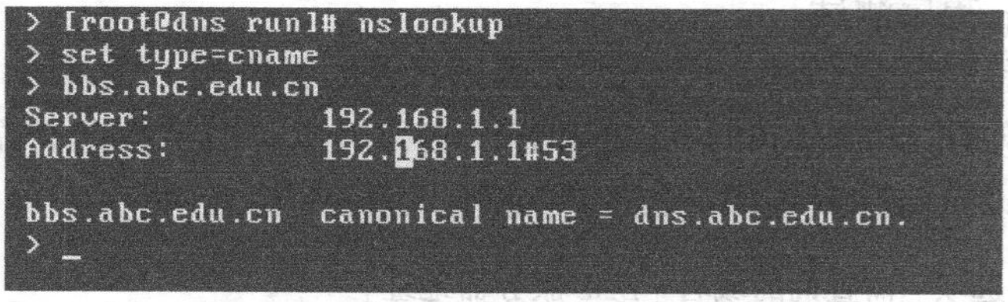

> [root@dns run]# nslookup
> set type=cname
> bbs.abc.edu.cn
Server: 192.168.1.1
Address: 192.168.1.1#53
bbs.abc.edu.cn canonical name = dns.abc.edu.cn.
> _

图 5-30　测试 CNAME 资源记录

4. 测试 MX（邮件交换器）资源记录

在 nslookup 程序提示符“>”下先使用命令“set type=mx”设置查询的类型为邮件交换器，然后输入要测试的域名，nslookup 会返回对应的邮件交换器地址，如图 5-31 所示。

[root@dns run]# nslookup
> set type=mx
> abc.edu.cn
Server: 192.168.1.1
Address: 192.168.1.1#53
abc.edu.cn mail exchanger = 10 mail.abc.edu.cn.

图 5-31　测试 MX 资源记录

5. 测试 SOA（起始授权机构）资源记录

在 nslookup 程序提示符“>”下先使用命令“set type=soa”设置查询的类型为起始授权机构，然后输入要测试的域名，nslookup 会返回对应的 SOA 资源记录内容，如图 5-32 所示。

图 5-32　测试 SOA 资源记录

6. 测试 NS（名称服务器）资源记录

在 nslookup 程序提示符“>”下先使用命令“set type=ns”设置查询的类型为名称服务器，然后输入要测试的域名，nslookup 会返回对应的名称服务器地址，如图 5-33 所示。

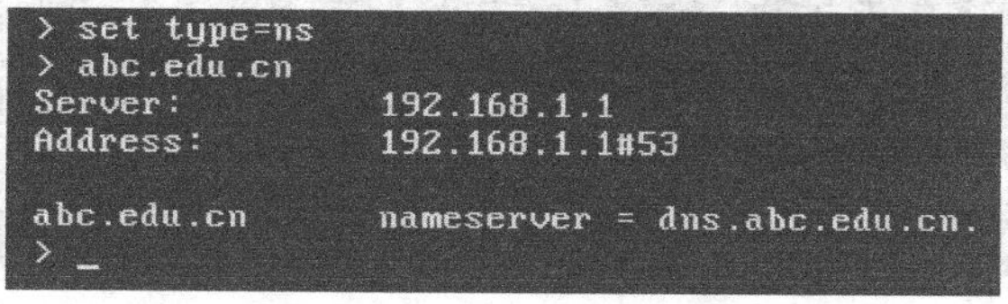

图 5-33　测试 NS 资源记录

7. 测试负载均衡

测试负载均衡需要使用的查询类型为主机地址。如果当前查询类型不是主机地址，就应在 nslookup 程序提示符“>”下先使用命令“set type=a”设置查询的类型为主机地址，然后输入要测试的负载均衡完全规范域名，nslookup 会返回对应的所有 IP 地址，如图 5-34 所示。

```
> set type=a
> www.abc.edu.cn
Server:         192.168.1.1
Address:        192.168.1.1#53

Name:   www.abc.edu.cn
Address: 192.168.1.2
Name:   www.abc.edu.cn
Address: 192.168.1.8
> _
```

图 5-34　测试负载均衡

本章小结

本章较为详细地介绍了 DNS 服务器的基本原理、DNS 服务器的配置与管理技术。DNS 服务器是一项非常有实用价值的服务，在每个网络中心服务器上，几乎都需要配置 DNS 服务。所以，通过本章的学习，学员应该掌握 DNS 服务器的结构、域名的基本结构，以及在 Linux 环境下 DNS 服务器的基本配置方法，具备从事网络中心服务器管理工作的能力。

实训项目

一、试验环境

1）装有 RHEL Server 6.4 系统的计算机一台；server：192.168.1.1（IP 地址根据实际情况设置）。

2）客户端一台；pc：192.168.1.252（IP 地址根据实际情况设置）。

3）两台主机可以通信。

4）server 可与互联网通信。

二、实验目的

1）DNS 服务器软件包的安装。

2）正向区域和反向区域的建立。

3）正向和反向的测试。

4）辅助域名服务器的创建。

任务一：在 server 中安装 DNS 服务器 BIND 软件包

任务二：使用 BIND 创建一个 abc.com 域的主域名服务器

1）设置根区域并下载根服务器信息文件 named.ca，以便 DNS 服务器在本地区域文件不能进行查询的解析时能转到根 DNS 服务器查询。

2）建立以下 A（主机地址）资源记录：

```
dns. abc. com IN A 192. 168. 1. 1
www. abc. com. IN A 192. 168. 1. 9
mail. abc. com. IN A 192. 168. 1. 178
```

3）建立以下 CNAME（别名）资源记录：

```
bbs IN CNAME www
```

4）建立以下 MX（邮件交换器）资源记录：

```
abc. com. IN MX 10 mail. abc. com.
```

5）建立反向解析区域 1. 168. 192. in-addr. arpa，并为以上 A 资源记录建立对应的指针 PTR 资源记录。

任务三：使用 BIND 创建一个 abc. com 域的辅助域名服务器

1）建立 abc. com 的辅助域名服务器，该服务器的 IP 地址为 192. 168. 1. 10，设置主域名服务器的地址为 192. 168. 1. 1。

2）建立辅助域名服务器反向解析从区域 1. 168. 192. in-addr. arpa，设置主域名服务器的地址为 192. 168. 1. 1。

任务四：调试验证主域名服务器和辅助域名服务器

1）测试 A（主机地址）资源记录。

2）测试 PTR（反向解析指针）资源记录。

3）测试 MX（邮件交换器）资源记录。

4）测试 SOA（起始授权机构）资源记录。

5）测试 NS（名称服务器）资源记录。

6）测试负载均衡。

同步测试

一、填空题

1）DNS 是一个分层的分布式名称对应系统，类似计算机的目录树结构。在最顶端的是一个（　　）。

2）type 选项定义了 DNS 区域的类型，根区域．应该设置为（　　）类型。

3）BIND 的主配置文件是（　　）。

4）在 nslookup 程序提示符“>”下先使用命令（　　）设置查询的类型为邮件交换器，然后输入要测试的域名，nslookup 会返回对应的邮件交换器地址。

5）辅助域名服务器也可以向客户端提供域名解析功能，但它与主域名服务器不同的是，它的数据不是直接输入的，而是从其他服务器（主域名服务器或其他的辅助域名服务器）中（　　）过来的，只是一份副本，所以辅助域名服务器中的数据无法被（　　）。

二、选择题

1）DNS 的解析类别共有（　　）种。

A. 2　　B. 3　　C. 4　　D. 5

2）查询一个域名是否解析成功不可以使用（　　）命令。

A. dig　　B. nslookup　　C. traceroute　　D host

3）域名解析配置文件中，SOA 资源记录的起始字符是（　　）。

A. &　　B. $　　C. .　　D @

4）A 公司打算建立自己的网站，因此需要申请自己的域名。根据规则，域名管理机构分配给 A 公司的域名应该是（　　）。

A. a. com. cn　　B. a. net. cn

C. a. org. cn　　D. a. gov. cn

5）域名解析系统中，根域用（　　）表示。

A. /　　B. .　　C. @　　D. SOA

6）在配置 DNS 服务的时候，如果要设置正向解析，需要添加（　　）记录。

A. SOA　　B. A　　C. PTR　　D. CNAME

7）在 BIND 程序的配置文件中，如果某一个 zone 段出现了 type=hint 的字样，那么这个域名服务器属于（　　）。

A. 根服务器　　B. 主服务器　　C. 备份服务器　　D. 转发服务器

8）文件/etc/named. conf 是 Linux 系统下注明的 DNS 服务器 BIND 的主要配置文件。对于一个已经投入运营的 DNS 服务器，修改其 named. conf 文件中的配置后，可以通过(　　)方式对 DNS 的配置进行更新。(选择其中两项)

A. 使用命令 bind 重启服务器

B. 重新启动 named 服务器进程

C. 使用 rndc 命令刷新配置

D. 无需任何操作，对 named. conf 文件的配置将自动更新到服务器进程

9）在 Red Hat Linux 中，使用文件/etc/resolv. config 设置域名解析器的配置，对于该文件的设置内容，下列（　　）是错误的。(选择其中一项)

A. nameserver 192. 168. 1. 1

B. nameserver 202. 106. 0. 20

C. nameserver ns1. cnnic. com

D. nameserver 10. 0. 0. 1

10）Linux 环境中，如果要配置 DNS 客户端，应该修改（　　）配置文件。

A. /etc/resolv. conf

B. /etc/nsswitch. conf

C. /etc/named. conf

D. /etc/sysconfig/network-scripts/ifcfg-eth0

三、简答题

1）使用 BIND 软件可建立哪几种类型的 DNS 服务器？

2）简述正向区域文件和反向区域文件的作用。

第6章 DHCP服务器的配置与管理

本章目标

- 掌握DHCP的概念和作用
- 掌握DHCP服务器的工作原理
- 掌握DHCP服务器软件包的安装
- 掌握DHCP服务器的配置

在使用TCP/IP的网络上，每一台计算机都拥有唯一的计算机名和IP地址。IP地址及其子网掩码是用于鉴别主机及其所在子网的，当用户将计算机从一个子网移动到另一个子网的时候，一定要改变计算机的IP地址。如果有不同的计算机频繁加入到这个网络来，将增加网络管理员的负担。如何设置才能使新加入的计算机自动连接到某个网络中来呢？这就是DHCP服务器要解决的问题。

动态主机配置协议（Dynamic Host Configuration Protocol，DHCP）是一个简化主机IP地址分配管理的TCP/IP标准协议。DHCP可以让用户将其中IP地址数据库中的IP地址动态分配给局域网中的客户端，从而减轻网络管理员的负担。

6.1 DHCP服务器的工作原理

6.1.1 DHCP服务器简介

DHCP能自动地为网络中的客户端分配IP地址、子网掩码、默认网关、DNS服务器的IP地址等TCP/IP信息。它的目的是减轻TCP/IP网络的规划、管理和维护的负担，解决IP地址空间缺乏问题。DHCP基于客户端/服务器模式。当DHCP客户端启动时，它会自动与DHCP服务器通信，由DHCP服务器为DHCP客户端提供自动分配IP地址等信息的服务。安装了DHCP服务软件的服务器称为DHCP服务器，而启用了DHCP功能的客户端称为DHCP客户端。DHCP通过“租约”的概念，有效且动态地分配客户端的TCP/IP设定。

6.1.2 DHCP服务器的工作流程

1. 发现阶段

发现阶段是指DHCP客户端查找DHCP服务器的阶段。客户端以广播方式（因为DHCP服务器的IP地址对于客户端来说是未知的）发送DHCPDISCOVER信息来查找DHCP服务器，即向地址255.255.255.255发送特定的广播信息。网络上每一台安装了TCP/IP的主机都会接收到这种广播信息，但只有DHCP服务器才会作出响应。

2. 提供阶段

提供阶段是指 DHCP 服务器提供 IP 地址的阶段。在网络中接收到 DHCPDISCOVER 信息的 DHCP 服务器都会作出响应，它从尚未出租的 IP 地址中挑选一个分配给 DHCP 客户端，向其发送一个包含出租的 IP 地址和其他设置的 DHCPOFFER 信息。

3. 选择阶段

选择阶段是指 DHCP 客户端选择某台 DHCP 服务器提供的 IP 地址的阶段。如果有多台 DHCP 服务器向 DHCP 客户端发送 DHCPOFFER 信息，则 DHCP 客户端只接受第一个收到的 DHCPOFFER 信息。然后它就以广播方式回答一个 DHCPREQUEST 信息，该信息中包含向它所选定的 DHCP 服务器请求 IP 地址的内容。之所以要以广播方式回答，是为了通知所有 DHCP 服务器，它将选择某台 DHCP 服务器所提供的 IP 地址。

4. 确认阶段

确认阶段是指 DHCP 服务器确认所提供的 IP 地址的阶段。当 DHCP 服务器收到 DHCP 客户端回答的 DHCPREQUEST 信息之后，它向 DHCP 客户端发送一个包含其所提供的 IP 地址和其他设置的 DHCPACK 信息，告诉 DHCP 客户端可以使用该 IP 地址，然后 DHCP 客户端便将其 TCP/IP 与网卡绑定。另外，除 DHCP 客户端选中的服务器外，其他的 DHCP 服务器都将收回曾提供的 IP 地址。

DHCP 客户端向 DHCP 服务器申请 IP 地址的流程，如图 6-1 所示。

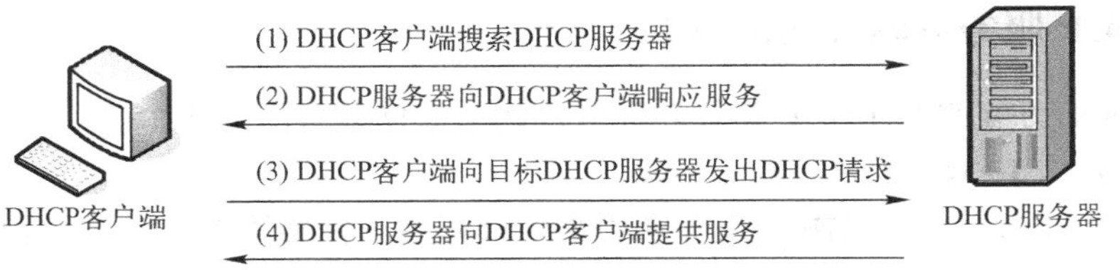

图 6-1　DHCP 客户端向 DHCP 服务器申请 IP 地址的流程

5. 重新登录

DHCP 客户端再次重新登录网络时，不需要发送 DHCPDISCOVER 信息，而是直接发送包含前一次所分配的 IP 地址的 DHCPREQUEST 信息。当 DHCP 服务器收到这一信息后，它会尝试让 DHCP 客户端继续使用原来的 IP 地址，并回答一个 DHCPACK 信息。如果此 IP 地址已无法再分配给原来的 DHCP 客户端使用（比如此 IP 地址已分配给其他 DHCP 客户端使用），则 DHCP 服务器给 DHCP 客户端回答一个 DHCPACK 信息。当原来的 DHCP 客户端收到此信息后，必须重新发送 DHCPDISCOVER 信息来请求新的 IP 地址。

6. 更新租约

DHCP 服务器向 DHCP 客户端出租的 IP 地址一般都有一个租借期限，期满后 DHCP 服务器便会收回该 IP 地址。如果 DHCP 客户端要延长其 IP 租约，则必须更新其 IP 租约。DHCP 客户端启动时和 IP 租约期限过一半时，DHCP 客户端都会自动向 DHCP 服务器发送更新其 IP 租约的信息。

6.1.3　DHCP 服务器的用途

DHCP 在快速发送客户端网络配置方面很有用，当配置客户端系统时，若管理员选择

DHCP，则不必输入 IP 地址、子网掩码、网关或 DNS 服务器，客户端从 DHCP 服务器中检索这些信息。DHCP 在网络管理员想改变大量系统的 IP 地址时也有用，与其重新配置所有系统，不如编辑服务器中的一个用于新 IP 地址集合的 DHCP 配置文件。如果某机构的 DNS 服务器改变，这种改变只须在 DHCP 服务器上而不必在 DHCP 客户端上进行。一旦客户端的网络被重新启动（或客户端重新引导系统），改变就会生效。除此之外，如果便携式计算机或任何类型的移动终端被配置使用 DHCP，只要每个办公室都有一个允许其联网的 DHCP 服务器，它就可以不必重新配置而在办公室间自由移动。

配置 DHCP 有以下优点：

- 减小管理员的工作量。
- 减小输入错误的可能。
- 避免 IP 冲突。
- 当网络更改 IP 地址段时，不需要重新配置每台计算机的 IP 地址。
- 计算机移动后不必要重新配置 IP 地址。
- 提高了 IP 地址的利用率。

6.2 DHCP 服务器软件包的安装

6.2.1 DHCP 服务器软件包的安装

RHEL Server 6.4 自带 DHCP 安装软件包，相关文件共有以下 3 个。

1. dhcp-4.1.1-34.P1.el6.i686.rpm

DHCP 主程序包，包括 DHCP 服务和中继代理程序，安装该软件包进行相应配置，即可以为客户机动态分配 IP 地址及其他 TCP/IP 信息。

2. dhclient-4.1.1-34.P1.el6.i686.rpm

客户端软件包（已安装）。

3. dhcp-common-4.1.1-34.P1.el6.i686.rpm

DHCP 服务器开发工具软件包，为 DHCP 开发提供库文件支持。

RHEL Server 6.4 默认没有安装 DHCP 服务，使用下面的命令可以检查系统是否已经安装了 DHCP 服务或查看安装了何种版本的 DHCP 软件包。

```
[root@localhost ~]# rpm -qa dhc*
```

命令执行结果如图 6-2 所示。

```
[root@localhost ~]# rpm -qa dhc*
dhclient-4.1.1-34.P1.el6.x86_64
dhcp-common-4.1.1-34.P1.el6.x86_64
[root@localhost ~]#
```

图 6-2　检查是否安装了 DHCP 软件包

从图 6-2 可以看到，系统当前还没有安装 DHCP 服务的主程序。要安装 DHCP 服务，可将 RHEL Server 6.4 安装光盘放入光驱，加载光驱，如图 6-3 所示。

[root@dns media]# mount /dev/cdrom /mnt

```
[root@dns media]# mount /dev/cdrom /mnt
mount: block device /dev/cdrom is write-protected, mounting read-only
```

图 6-3　挂载安装光盘

使用超级用户执行安装 DHCP 服务器软件包的 rpm 命令：

[root@dns ~] # rpm　-ivh dhcp-4. 1. 1-34. P1. el6. x86_64. rpm

这里是将 dhcp 软件包复制到/root 目录下安装，如图 6-4 所示。

```
[root@dns ~]# rpm -ivh dhcp-4.1.1-34.P1.el6.x86_64.rpm
warning: dhcp-4.1.1-34.P1.el6.x86_64.rpm: Header V3 RSA/SHA256 Signature, key ID
 fd431d51: NOKEY
Preparing...                ########################################### [100%]
   1:dhcp                   ########################################### [100%]
[root@dns ~]#
```

图 6-4　安装 DHCP 软件包

如图 6-4 所示，则表示 DHCP 服务安装成功。

6. 2. 2　DHCP 服务器的运行管理

（1）启动 | 重新启动 | 查询服务的启动状态 | 停止

service dhcpd start | restart | status | stop

（2）自动加载 DHCP 服务

chkconfig　--level 35 dhcpd　on | off

（3）检查 dhcpd 进程

ps　-ef | grep　dhcpd

（4）检查 dhcpd 运行的端口

netstat　-nutap | grep　dhcpd

6. 3　配置 DHCP 服务器实例

6. 3. 1　配置 DHCP 服务器实例一

【例 6-1】 要为某企业局域网安装并配置一台 DHCP 服务器，为 192. 168. 41. 0/24 网段的用户提供 IP 地址动态分配服务。动态分配的 IP 地址范围为 192. 168. 41. 20 ~ 192. 168. 41. 240，默认网关为 192. 168. 41. 1，域名服务器的 IP 地址为 202. 116. 0. 25，该网段的其余地址用于静态分配，另外，物理地址为 00：0C：D29：04：FB：E2 的网卡，固定分配的 IP 地址为 192. 168. 41. 100，物理地址为 00：0C：29：04：ED：35 的网卡，固定分配的 IP 地址为 192. 168. 41. 200。

1. 配置 DHCP 服务器端

DHCP 服务器的配置，是通过/etc/dhcp/dhcpd. conf 配置文件来实现的。当第一次配置该文件时，用 cat 命令查看文件内容，会看到如图 6-5 所示的提示。

```
[root@dns ~]# cat /etc/dhcp/dhcpd.conf
```

```
#
# DHCP Server Configuration file.
#   see /usr/share/doc/dhcp*/dhcpd.conf.sample
#You have new mail in /var/spool/mail/root
[root@dns ~]# _
```

图 6-5　查看配置文件

/etc/dhcp/dhcpd. conf 配置文件中没有配置语句而是给了一个样本文件/usr/share/doc/dhcp-4. 1. 1/dhcpd. conf. sample，可用如图 6-6 所示命令复制样本文件到/etc/dhcp/dhcpd. conf 中，然后根据需要对配置文件进行修改即可。

```
[root@dns ~]# cp /usr/share/doc/dhcp-4.1.1/dhcpd.conf.sample   /etc/dhcp/dhcpd.conf
```

过程及结果如图 6-6 所示。

```
[root@dns ~]# cp /usr/share/doc/dhcp-4.1.1/dhcpd.conf.sample   /etc/dhcp/dhcpd.c
onf
cp: overwrite `/etc/dhcp/dhcpd.conf'? y
[root@dns ~]# █
```

图 6-6　复制样本文件到/etc/dhcp/dhcpd. conf

DHCP 主配置文件/etc/dhcp/dhcpd. conf 的结构如下：

```
参数/选项；…                    //作用范围是整个 DHCP 服务器
声明 1{
        参数/选项；             //这些参数或选项局部有效
    }
声明 2{
    参数/选项；
……
}
```

主配置文件分为两个部分，即全局配置信息和子网配置信息，通常包括参数、选项、声明三种类型的配置项。当全局配置与子网配置发生冲突时，子网配置优先级更高，配置文件中用“#”表示注释。

（1）常用参数

- ddns-update-style（none | interim | ad-hoc）：定义所支持的 DNS 动态更新类型。该参数必选且必须放在第一行且只能在全局配置中使用。
- none：不支持。
- interim：DNS 互动更新模式。
- ad-hoc：特殊 DNS 更新模式。
- ignore-client-updates：忽略客户端更新，该参数只能在全局配配置中使用。

- default-lease-time：默认 IP 租约时间，单位为秒。该参数在全局配置和局部配置中均可使用。
- max-lesase-time：客户端 IP 最大租约时间，单位为秒。该参数在全局配置和局部配置中均可使用。

(2) 常用声明

- subnet 网络号 netmask 子网掩码{……}：定义作用域。
- range 起始 IP 地址 结束 IP 地址：动态 IP 地址范围。

(3) 常用选项

- option routers IP 地址：默认网关，该选项在全局配置和局部配置中均可使用。
- option subnet-mask 子网掩码：默认子网掩码，该选项在全局配置和局部配置中均可使用。
- option domain-name-servers：DNS 服务器地址，该选项在全局配置和局部配置中均可使用。
- option domain-name：DNS 后缀，该选项在全局配置和局部配置中均可使用。
- option time-offset：为客户端指定格林威治时间领衔时间，单位为秒，该选项在全局配置和局部配置中均可使用。

为了实现【例 6-1】的任务，需要修改配置文件如下：

```
[root@dns ~]# vi /etc/dhcpd.conf          #创建 DHCP 服务器配置文件
```

对于全局设置，要配置合适所有子网 IP 地址的参数，它为客户机声明一个默认租期、最长租期和网络配置值。

```
ddns-update-style interim;    #设置 DNS 的动态更新方式
deny client-updates;          #表示不允许更新,如果允许,则设置为 allow client-update
default-lease-time 21600;     #用于设置默认租约时间,默认租约时间表示 DHCP 客户端可以从
                              #dhcp 服务器租用某个 IP 地址的默认时间,当到达默认租约时间后,
                              #DHCP 客户端可以向 DHCP 服务器提出继续租用该 IP 地址的请求;
max-lease-time 43200;         #用于设置最大租约时间,当 DHCP 客户端到达最大租约时间后
                              #将不能继续租用该 IP 地址;
option subnet-mask 255.255.255.0;                  #设置默认的子网掩码
option domain-name-servers 202.116.0.25;           #设置默认的 DNS 服务器地址
```

定义 DHCP 的作用域：

```
subnet 192.168.41.0 netmask 255.255.255.0 {
    range 192.168.41.20 192.168.41.240;            #指定可分配的 IP 地址范围
    option broadcast-address 192.168.41.255;       #指定该网段的广播地址,也可以不设置
    option routers 192.168.41.1;                   #指定该网段的默认网关
}
```

特殊主机的 IP 地址绑定主要用于为客户端配置保留地址。其中，hardware 为主机的网卡物理地址（MAC 地址）；fixed-address 用于指定为单个主机分配的 IP 地址，当客户端 DHCP 获取 IP 地址时总会获取到一个固定的 IP 地址。

```
host staticiphost 1 {
```

```
        hardware ethernet 00:0C:29:04:FB:E2;        #指定网卡物理地址
        fixed-address 192.168.41.100;               #指定所固定分配的 IP 地址
    }
    host staticiphost 2 {
        hardware ethernet 00:0C:29:04:ED:35 ;
        fixed-address 192.168.41.200;
    }
```

编辑完后存盘并退出。

配置文件/etc/dhcp/dhcpd.conf 的内容如图 6-7 所示。

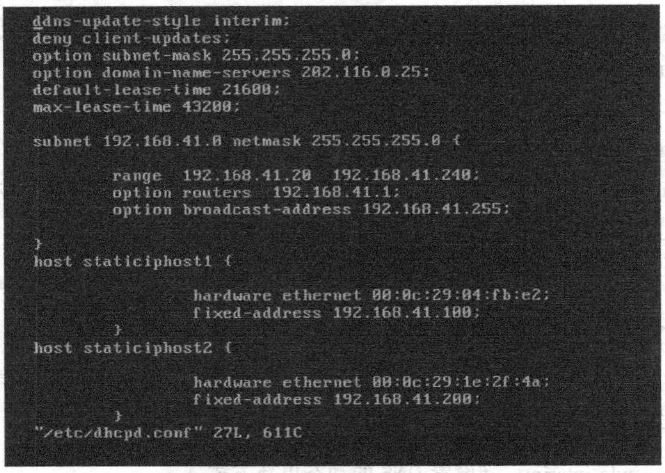

```
ddns-update-style interim;
deny client-updates;
option subnet-mask 255.255.255.0;
option domain-name-servers 202.116.0.25;
default-lease-time 21600;
max-lease-time 43200;

subnet 192.168.41.0 netmask 255.255.255.0 {

        range  192.168.41.20  192.168.41.240;
        option routers  192.168.41.1;
        option broadcast-address 192.168.41.255;

}
host staticiphost1 {

                hardware ethernet 00:0c:29:04:fb:e2;
                fixed-address 192.168.41.100;
        }
host staticiphost2 {

                hardware ethernet 00:0c:29:1e:2f:4a;
                fixed-address 192.168.41.200;
        }
"/etc/dhcpd.conf" 27L, 611C
```

图 6-7　配置文件/etc/dhcpd.conf 的内容

配置结束后，使用如下命令检查 DHCP 主配置文件是否有语法错误，如图 6-8 所示。

```
[root@dns ~]# service dhcpd configtest
Syntax: OK
```

图 6-8　检查 DHCP 主要配置文件的命令

系统显示 OK 表示没有语法错误，可以启动 DHCP 服务器。

2. 配置 DHCP 服务器启动和停止

当所有的配置完成后，需要启动 DHCP 服务。DHCP 服务的启动脚本位于/etc/init.d/中，使用 service 命令启动 DHCP 服务。

启动 DHCP 服务，使用如下命令（见图 6-9）：

```
[root@dns ~]# service dhcpd start
```

```
[root@dns ~]# service dhcpd start
Starting dhcpd:                                   [  OK  ]
```

图 6-9　启动 dhcp 服务

停止 DHCP 服务，使用如下命令：

```
[root@dns ~]# service dhcpd stop
```

重新启动服务，使用如下命令：

```
[root@dns ~]# service dhcpd restart
```

在 DHCP 服务器使用的主机拥有多个网络接口，而 DHCP 服务可能只需要在其中一个网络接口上提供服务时，可以在/etc/sysconfig/dhcpd 文件中指定需要提供 DHCP 服务的网络接口。

使用命令如下：

```
[root@dns ~]# vi /etc/sysconfig/dhcpd
```

按照如图 6-10 所示进行编辑。

这样 DHCP 将只在 eth0 网络接口上提供 DHCP 服务。

3. 配置 DHCP 客户端

客户端的配置很简单，装有 Linux 系统的计算机只需要配置网络接口配置文件，之后再重新启动网络接口即可，具体配置如下：

```
[root@dns ~]# vi /etc/sysconfig/network-scripts/ifcfg-eth0
```

编辑文件如图 6-11 所示。

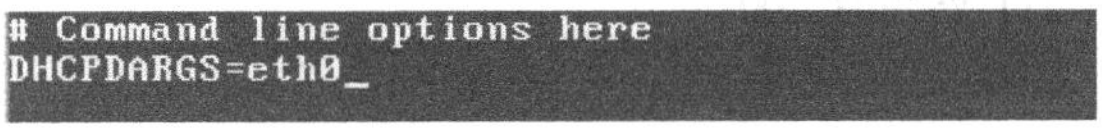

图 6-10　提供 DHCP 服务的网络接口

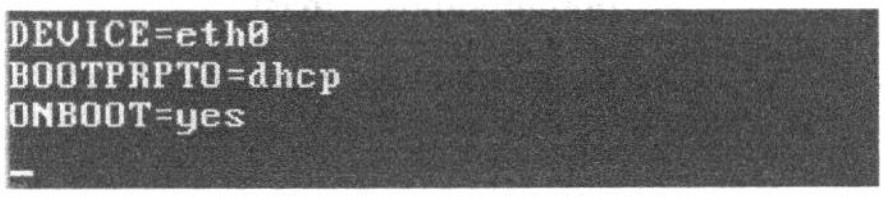

图 6-11　配置 DHCP 客户端

对网络接口配置文件进行设置后，需要重新启动网络接口，以便从 DHCP 服务器获取网络配置信息。使用 ifdown 和 ifup 命令可以使网络接口按照新的方式进行网络地址的配置。

```
[root@dns ~]# ifdown eth0
[root@dns ~]# ifup eth0
```

这样就可以让客户端使用 DHCP 自动获取 IP 地址了。

对于装有 Windows 操作系统的客户端只需将 TCP/IP 属性设置为自动获得 IP 地址即可，如图 6-12 所示。

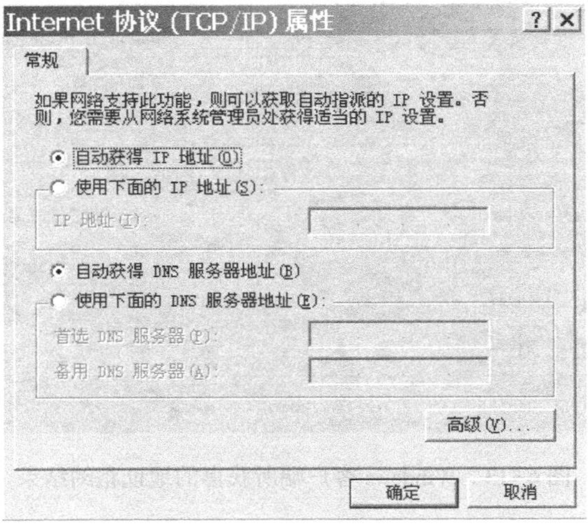

图 6-12　Windows 操作系统的客户端的设置

6.3.2 配置 DHCP 服务器实例二

【例 6-2】 要为某企业局域网安装并配置一台 DHCP 服务器，应用的具体要求如下：IP 地址的使用范围是 211.85.203.101～211.85.203.200、211.85.205.40～211.85.205.50；子网掩码是 255.255.255.0；默认网关是 211.85.203.254、211.85.205.254；DNS 域名服务器的地址是 211.85.203.22 。

为了实现例 6-2 的要求，配置/etc/dhcp/dhcpd.conf 文件的内容如下：

```
ddns-update-style interim;
ignore client-updates;
default-lease-time 21600;
max-lease-time 43200;
option domain-name-servers211.85.203.22;
option time-offset              -18000 ;
subnet 211.85.203.0 netmask 255.255.255.0 {
      option routers              211.85.203.254;
      option subnet-mask          255.255.255.0;
      range dynamic-bootp 211.85.203.101 211.85.203.200;
}
subnet 211.85.205.0 netmask 255.255.255.0 {
      option routers              211.85.205.254;
      option subnet-mask          255.255.255.0;
      range dynamic-bootp 211.85.205.40 211.85.205.50;
}
```

其 Windows 客户端所获得的地址租约结果如图 6-13 所示。

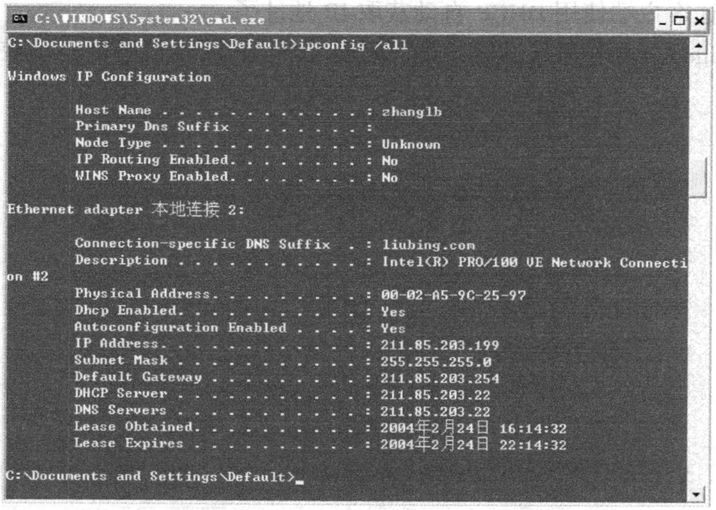

图 6-13 Windows 客户端所获得的地址租约结果

本章小结

动态主机配置协议（DHCP）是用来自动给客户端分配 TCP/IP 信息的网络协议。本章主要讲解 DHCP 服务器的作用以及在 Linux 环境下 DHCP 服务器管理中的细节：IP 地址范围、掩码、租约期限、排除地址、路由器等。

通过本章的学习，读者能够掌握 DHCP 的基本配置方法和配置技巧。

实训项目

一、试验环境

1）装有 RHEL Server 6.4 系统的计算机一台；Server：192.168.41.2（IP 地址根据实际情况设置）。

2）客户端两台，一台装 Linux 系统、一台装 Windows 系统。

3）3 台主机可以通信。

4）Server 可与互联网通信。

二、实验目的

1）熟悉 DHCP 服务器的基本配置

2）掌握 DHCP 常用参数的设置

实验要求：

为网络内各台服务器及客户端动态分配 IP 地址，内部网络号码是 192.168.41.0，子网掩码是 255.255.255.0。各个服务器要求绑定 IP 地址，可用地址范围：192.168.41.10 ~ 192.168.41.180 。

为各台机器指定以下 IP 参数：默认网关、DNS 服务器、子网掩码、DNS 后缀。默认租约时间为 6 h，最大租约时间为 14 h。

FTP 服务器：192.168.41.16ftp.mylinux.cn。

DNS 服务器：192.168.41.13dns.mylinux.cn。

Samba 服务器：192.168.41.17smb.myinux.cn。

Web 服务器：192.168.41.12www.mylinux.cn。

Sendmail 服务器：192.168.41.18 mail.mylinux.cn。

任务一：安装 DHCP 服务器软件包

1）检查该服务器上有无安装 DHCP 服务器软件包。

2）若没有安装，则进行安装。

任务二：配置 DHCP 服务器

查看 DHCP 配置文件是否存在，若存在，则修改配置；若不存在，则复制模板文件到系统配置目录，再进行配置。

任务三：测试 DHCP 服务器工作是否正常

测试 Linux 客户端和 Windows 客户端是否可以正常接收动态 IP 地址。

任务四：架设一台 DHCP 服务器，并按照下面的要求进行配置

1）为子网 192.168.202.0/24 建立一个 IP 作用域，并将在 192.168.202.20～192.168.202.100 范围之内的 IP 地址动态分配给客户端。

2）假设子网中的 DNS 服务器地址为 192.168.0.9，IP 路由器地址为 192.168.202.254，所在的网域名为 jw.com，将这些参数指定给客户端使用。

3）为某台主机保留 192.168.202.50 这个 IP 地址，具体 MAC 地址自己定义。

4）配置一个 DHCP 客户端，试测试 DHCP 服务器的功能。

同步测试

一、填空题

1）DHCP 是动态主机配置协议的简称，其作用是（　　）。

2）在 Linux 系统中，DHCP 服务使用（　　）文件记录地址租约。

3）在 dhcp.conf 文件中，使用（　　）选项为客户端指定 DNS 服务器。

4）DHCP 租约文件默认保存在（　　）目录中。

5）配置完 dhcpd.conf 文件，运行（　　）命令可以启动 DHCP 服务。

6）DHCP 服务器配置中，对于任意的一个子网（Subnet），必须有一个（　　）配置项指明属于该子网可以分配的 IP 地址。

二、选择题

1）当客户端请求 IP 地址时，将选用（　　）作为源地址，（　　）作为目的地址。

A. 192.168.0.1　　B. 10.0.0.1　　C. 0.0.0.0　　D. 255.255.255.255

2）（　　）命令用于显示 TCP/IP 的配置信息。

A. ping　　B. ifconfig　　C. netstat　　D. arp

3）设置默认网关地址，可在 DHCP 主配置文件中通过（　　）语句实现。

A. group　　B. host

C. option broadcast-addresss　　D. option routers

4）在 DHCP 主配置文件中，通过（　　）语句来定义 DHCP 作用域。

A. subnet　　B. range　　C. host　　D. option routers

5）在 DHCP 主配置文件的全局设置中，default-lease-time 用来（　　）。

A. 查询是否允许动态更新 DNS　　B. 设置默认的 IP 租用期

C. 设置默认的子网掩码　　D. 设置默认域名

6）要检查当前 Linux 系统是否安装有 DHCP 服务器，以下命令中正确的是（　　）。

A. rpm -q dhcp　　B. rpm -q dhcpd

C. ps -aux | grep bind　　D. ps -aux | grep dns

三、简答题

1）自动获得 IP 地址的客户端第一次登录网络时是如何取得 IP 地址的？

2）为什么要对某些 IP 地址做保留？

第 7 章　Web 服务器的配置与管理

本章目标

- 掌握 Apache 服务器的安装方法
- 熟悉 Apache 的基本配置
- 掌握虚拟主机的配置方法和技巧
- 掌握个人 Web 站点的配置方法

企业需要自己的网站，不仅仅是为了宣传，企业内部的办公系统、财务系统、销售系统等都是基于 Web 的，因此，企业必须构建自己的 Web 服务器。目前，Internet 中最热门的服务就是 Web 服务，也称为万维网（World Wide Web，WWW）服务。

7.1　Web 服务器简介

WWW 是一种建立在 Internet 上的全球性的，交互、动态、多平台、分布式的图形信息系统。同 Telnet、Gopher、FTP、WAIS、BBS 等相似，Web 服务器也是建立在 Internet 上的一种网络服务，它遵循 HTTP，默认端口是 80。

Web 服务器是基于客户端/服务器方式的信息发现技术和超文本技术的综合。Web 服务器负责 Web 站点的管理与发布，通常使用 Apache、Microsoft IIS 等服务器软件。Web 客户端利用 Internet Explorer、Netscape、Firefox 等网页浏览器查看网页。

Web 服务通常可以分为两种：静态 Web 服务和动态 Web 服务。在静态 Web 服务中，服务器只是负责把存储的文档发送给客户端浏览器，在此过程中传输的网页只有在网页编辑人员利用编辑工具对它们修改后才会发生变化。

而动态 Web 服务能够实现浏览器和服务器之间的数据交互。Web 服务器通过 CGI、ASP、PHP 和 JSP 等动态网站技术，可以向浏览器发送动态变化的内容。在此过程中，服务器根据客户端浏览器发出的不同请求，在服务器端执行程序组织好文档后再将结果发送至客户端。

7.2　安装 Apache 服务器

Linux 凭借其高稳定性成为架设 Web 服务器的首选，而基于 Linux 架设 Web 服务器时通常采用 Apache 软件，它是目前性能最优秀、最稳定的 Web 服务器之一。开放源代码的 Apache（阿帕奇）服务器起初由 Illinois 大学 Urbana-Champaign 的国家高级计算程序中心开发，后来 Apache 被开放源代码团体的成员不断地发展和加强。开始时，Apache 只是 Netscape 网页服务器（现在是 Sun ONE）之外的开放源代码选择。渐渐地，它开始在功能和速度上超越其他 Web 服务器。由于 Apache 服务器拥有牢靠可信的美誉，因此从 1995 年 1 月以来，Apache 一直是 Internet 上最流行的 Web 服务器。

为什么 Apache 能保持如此高增长速度并且得到如此广泛的应用呢？这与 Apache 自身的优点是分不开的。首先，Apache 能运行在 UNIX、Linux 和 Windows 等多种操作系统平台之上。其次，Apache 借助开放源代码开发模式的优势，得到全世界许多程序员的支持，程序员们为 Apache 编写了能完成许多有用功能的模块，借助这些功能模块，Apache 具有无限扩展功能的优点。最后，Apache 的工作性能和稳定性远远领先于其他同类产品。基于以上优点，使用Apache 作为 Web 服务器软件的优势不言而喻。

7.2.1 安装 Apache RPM 软件包

1. Apache 的相关软件

（1）httpd-2.2.15-26.el6.i686.rpm

主程序包，服务器端必须安装该软件包。

（2）httpd-devel-2.2.15-26.el6.i686.rpm

Apache 开发程序包。

（3）httpd-manual-2.2.15-26.el6.i686.rpm

Apache 的手册文档和说明指南。

Apache 版本的更新一般要快于 Linux 内核的更新，要下载新的 Apache 版本，可到网站下载：http://updates.redhat.com 和 http://www.apache.org。

因为 RHEL Server 6.4 自带 httpd-2.2.15 软件包，所以首先按下列命令查询是否安装了 Apache 软件包，如图 7-1 所示。

```
# rpm -qa | grep httpd
```

```
[root@dns ~]# rpm -qa|grep httpd
httpd-tools-2.2.15-26.el6.x86_64
httpd-2.2.15-26.el6.x86_64
[root@dns ~]#
```

图 7-1　查询是否安装了 Apache 软件包

2. Apache 服务的运行管理

（1）Apache 的启动|重启|重新装载|关闭

```
# service httpd start | restart | reload | stop
```

（2）设置自动启动

```
# chkconfig --level 35 httpd on
```

（3）检查是否运行了 httpd 进程

```
# ps ax | grep httpd
```

（4）检查 httpd 运行的端口

```
# netstat -nutap | grep httpd
```

7.2.2 Apache 软件包的安装位置

采用 RPM 软件包来安装 Apache 服务器，软件包会将 Apache 服务器的配置文件、日志文件和实用程序安装在固定的目录下，下面是与 Apache 服务器和 Web 站点相关的目录和文件。

- /etc/httpd/conf/httpd. conf：Apache 的配置文件。
- /etc/rc. d/init. d/：Apache 服务器的服务启动脚本安装在该目录下，其文件名为 httpd。
- /var/www/html：该目录为 Apache 服务器的默认的 Web 站点根目录。网站的网页文件及其相关文件可放在该目录下面。
- /var/log/httpd/access_log：Apache 的访问日志文件。
- /var/log/httpd/error_log：Apache 的错误日志文件。

7.3 Apache 服务器配置基础

Apache 的基本配置主要由/etc/httpd/conf/httpd. conf 文件来管理，修改 Apache 的相关设置是通过修改 httpd. conf 文件来实现的。下面来看看 httpd. conf 的内容，它主要分成以下三大部分。

第一部分（Section 1）：全局环境（Global Environment）作为一个整体来控制 Apache 服务器进程。

第二部分（Section 2）：主服务器配置（Main Server Configuration）用于定义主（默认）服务器参数，响应虚拟主机不能处理的请求，同时提供所有虚拟主机的设置值。

第三部分（Section 3）：虚拟主机配置（Virtual Hosts）用于设置和创建虚拟主机。

Apache 的配置命令由内核和模块共同提供，配置命令很多，其配置文件代码长达千行，本书仅介绍最常用的设置选项。

7.3.1 全局环境

/etc/http/conf/httpd. conf 文件的全局环境部分的默认配置基本能满足用户的需求，用户可能需要修改的全局参数有以下几项。

1. 设置相对根目录的路径

相对根目录是 Apache 存放配置文件和日志文件的目录，默认为/etc/httpd。此目录一般包含 conf 和 logs 子目录。

```
ServerRoot "/etc/httpd"
```

2. 设置进程文件目录

PidFile 指定的文件将记录 httpd 守护进程的进程号，由于 httpd 进程能自动复制其自身，因此系统中有多个 httpd 进程，但只有一个进程为最初启动的进程，它为其他进程的父进程，对这个进程发送信号将影响所有的 httpd 进程。PidFile 定义的文件中就记录 httpd 父进程的进程号。

```
PidFile run/httpd. pid
```

3. 设置超时间隔

Timeout 定义客户程序和服务器连接的超时间隔，超过这个时间间隔（秒）后服务器将断开与客户机的连接。默认为 120 s。

```
Timeout 120
```

4. 设置保持激活状态

在 HTTP 1.0 中，一次连接只能传输一次 HTTP 请求，而 KeepAlive 参数用于支持 HTTP 1.1 版本的一次连接、多次传输功能，这样就可以在一次连接中传递多个 HTTP 请求。默认是不连接的，通常将其修改为 on，即允许保持连接，以提高访问性能。

```
KeepAlive On
```

5. 设置最大请求数

MaxKeepAliveRequests 为一次连接可以进行的 HTTP 请求的最大请求次数。将其值设为 0 将支持在一次连接内进行无限次的传输请求。默认值为 100。

```
MaxKeepAliveRequests 100
```

6. 设置保持激活的响应时间

KeepAliveTimeout 测试一次连接中的多次请求传输之间的间隔时间，如果服务器已经完成了一次请求，但一直没有接收到客户程序的下一次请求，在间隔了超过这个参数设置的值之后，服务器就断开连接。

```
KeepAliveTimeout 15
```

7. 设置 Apache 监听的 IP 地址和端口号

Apache 默认会在本机所有可用 IP 地址上的 TCP 80 端口监听客户端的请求。可以使用多个 Listen 语句，以便在多个地址和端口上监听请求。

```
Listen 80
```

【例 7-1】 设置服务器只监听 IP 地址 192.168.16.177 的 80 端口和 192.168.16.178 的 8080 端口请求，可以使用以下配置语句。

```
Listen 192.168.16.177:80
Listen 192.168.16.178:8080
```

如果将 Apache 监听的 TCP 端口号改为 80 以外的端口，那么用户在 Web 浏览器中需要手动指定 TCP 端口号和 HTTP 才能访问该站点。例如，将一个域名为 www.example.com 的 Web 站点的 TCP 端口号改为 8080，则用户必须在浏览器的地址栏中输入“http://www.example.com:8080”。

8. 控制 Apache 进程

对于使用 prefork 多道处理模块的 Apache 服务器，对进程的控制可在 prefork.c 模块中进行设置或修改。配置文件的默认设置如图 7-2 所示。

在配置文件中，属于特定模块的指令要用<IfModule>指令包含起来，使之有条件地生效。<IfModule prefork.c>表示如果 profork.c 模块存在，则都在<IfModule prefork.c>与

```
<IfModule prefork.c>
StartServers       8
MinSpareServers    5
MaxSpareServers   20
ServerLimit      256
MaxClients       256
MaxRequestsPerChild  4000
</IfModule>
```

图 7-2　配置文件的默认设置

</IfModule>之间的配置指令将被执行，否则不会被执行。下面分别介绍各配置项的功能。

- StartServers 用于设置服务器启动时启动的子进程的个数。
- MinSpareServers 用于设置服务器中空闲子进程数目的下限。若空闲子进程数目小于该设置值，父进程就会以极快的速度生成子进程。
- MaxSpareServers 用于设置服务器中空闲子进程数目的上限。当空闲子进程超过该设置值，则父进程就会停止生成多余的子进程。一般只有站点非常繁忙的情况下，才有必要调大该设置值。
- ServerLimit 用于限制活动进程的数量。
- MaxClients 用于设置服务器允许连接的最大客户数。
- MaxRequestsPerChild 用于设置子进程所能处理请求的数目上限。当到达上限后，该子进程就会停止。若设置为 0，则不受限制，子进程将一直工作下去。

9. 设置运行服务器的用户和组

User 和 Group 配置是 Apache 的安全保证，Apache 在打开端口之后，就将其本身设置为这两个选项设置的用户和组权限进行运行，这样就降低了服务器的风险。默认用户为 Apache，默认组为 Apache。

```
User      Apache
Group     Apache
```

7.3.2　主服务器配置

1. 设置主目录的路径

Apache 服务器主目录的默认路径位于/var/www/html，可以将需要发布的网页放在这个目录下。不过也可以将主目录的路径修改为其他目录，以方便管理和使用。

```
DocumentRoot "/var/www/html"
```

【例 7-2】　将 Apache 服务器主目录路径设为/home/aa。

```
DocumentRoot "/home/aa"
```

2. 设置默认文档

默认文档是指在 Web 浏览器中输入 Web 站点的 IP 地址或域名即显示出来的 Web 页面（即在 URL 中没有指定要访问的页面），也就是通常所说的主页。在默认的情况下，Apache 的默认文档名为 index.html，默认文档名由 DirectoryIndex 语句进行定义，可以将 DirectoryIndex 语句中的默认文档名修改为其他文件。

```
DirectoryIndex index.html index.html.var
```

如果有多个文件名，各个文件名之间须用空格分隔。Apache 会根据文件名的先后顺序查找在“主目录”列表中指定的文件名，如能找到第一个，则调用第一个，否则再寻找并调用第二个，依此类推。

【例 7-3】 添加 index. htm 和 index. php 文件作为默认文档。

```
DirectoryIndex index. html index. htm index. php index. html. var
```

如果用户在浏览时没有指出所要浏览的网页文件名，所在目录既没有设置默认文档，也没有设置允许目录浏览，则会出现“403 Forbidden”的错误信息，如图 7-3 所示。

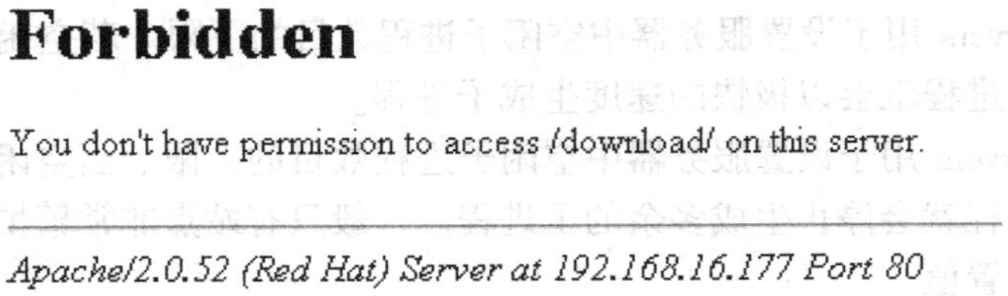

Forbidden
You don't have permission to access /download/ on this server.
Apache/2.0.52 (Red Hat) Server at 192.168.16.177 Port 80

图 7-3 错误信息

3. 设置日志文件

日志文件可以说是网络管理员最好的帮手，分析日志文件是每个网络管理员的必修课，通过日志文件可以监控 Apache 的运行情况、出错原因和安全等问题。

（1）错误日志

错误日志记录了 Apache 在启动或运行时发生的错误，所以当 Apache 出错时应该先检查日志。错误日志的文件名通常为 error_log，存放的位置和文件名可以通过 ErrorLog 参数设置。

```
ErrorLog logs/error_log
```

这里需要提醒的是，如果日志文件存放的路径不是以“/”开头的，则意味着该路径是相对于 ServerRoot 目录的相对路径。

（2）访问日志

访问日志记录了客户端所有的访问信息。通过分析访问日志可以知道客户端什么时间访问了网站的什么文件等信息。访问日志的文件名通常为 access_log，访问日志存放的位置和文件名可以通过 CustomLog 参数设置。

```
CustomLog logs/access_log combined
```

上面语句最后的 combined 指明日志使用的格式，除此之外，还可以使用 common 或 combined（也可以使用自定义的名称）。common 是指使用 Web 服务器普遍采用的“普通标准”格式（Common Log Format），这种格式可以被许多日志分析程序所识别。combined 是指使用“组合记录”格式（Combined Log Format）。

4. 设置服务器主机名称

为了方便 Apache 识别服务器自身的信息，可以使用 ServerName 语句来设置服务器的主机名称。在 ServerName 语句中，如果服务器有域名，则填入服务器的域名；如果没有域名，则填入服务器的 IP 地址。

```
ServerName www. abc. com:80
```

使用 ServerName 选项设置服务器的域名（IP 地址）和端口号后，Web 服务器在启动时就不会出现“httpd: Could not determine the server's fully qualified domain name, using 127.0.0.1 for ServerName”的错误信息了。

5. 设置默认字符集

AddDefaultCharset 选项定义了服务器返回给客户端的默认字符集。由于西欧（UTF-8）是 Apache 的默认字符集，因此当客户端访问服务器的中文网页时会出现乱码的现象如图 7-4 所示。解决的办法是将语句“AddDefaultCharset UTF-8”改为“AddDefaultCharset GB2312”，然后重新启动 Apache 服务，中文网页就能正常显示了，如图 7-5 所示。

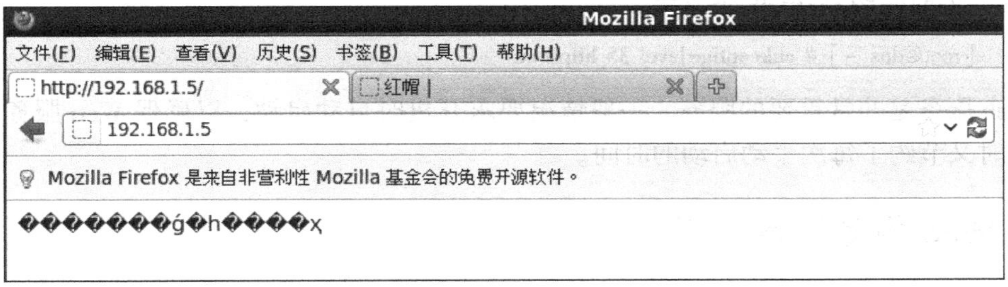

图 7-4　无法正确显示中文

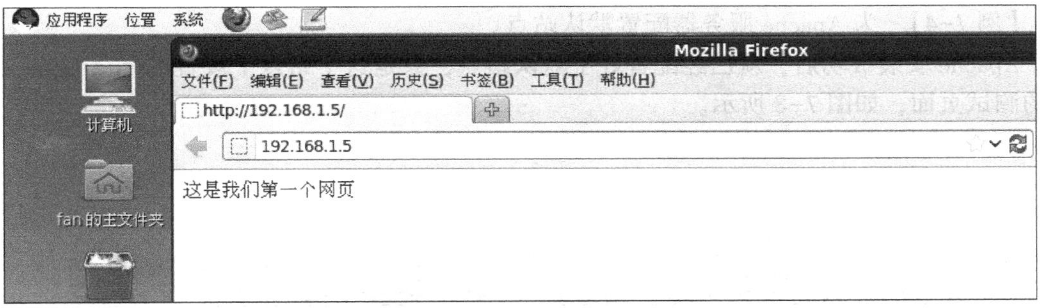

图 7-5　中文网页正常显示

修改完默认字符集后，应清空 Web 浏览器的缓存后再测试，否则会由于缓存的原因造成虽然修改了默认字符集，但 Web 浏览器还是显示乱码。

7.3.3　Apache 服务器的启动和停止

1. 启动 Apache 服务器

在安装和配置完成后，可以执行以下命令来启动 Apache 服务器，如图 7-6 所示。

```
[root@dns ~] # server httpd start
[root@dns ~] # service httpd start
```

图 7-6　启动 Apache 服务器

2. 重新启动 Apache 服务器

```
[root@dns ~] # service http restart
```

3. 停止 Apache 服务器

可以用以下命令停止 Apache 服务器，如图 7-7 所示。

```
[root@dns ~]# service httpd stop
Stopping httpd:                                            [  OK  ]
```

图 7-7　停止 Apache 服务器

4. 开机时启动 Apache 服务器

```
[root@dns ~] # chkconfig-level 35 httpd on
```

Web 服务是非常重要的服务，一般情况要求开机时自动启动，以确保 Web 服务器的启动，同时又节约了每次手动启动的时间。

7.4　Web 服务配置实例

7.4.1　配置默认站点

【例 7-4】　为 Apache 服务器配置默认站点。

Apache 安装成功后，就已经配置好了默认站点，只是这个站点下放置的是 Apache 服务器的测试页面，如图 7-8 所示。

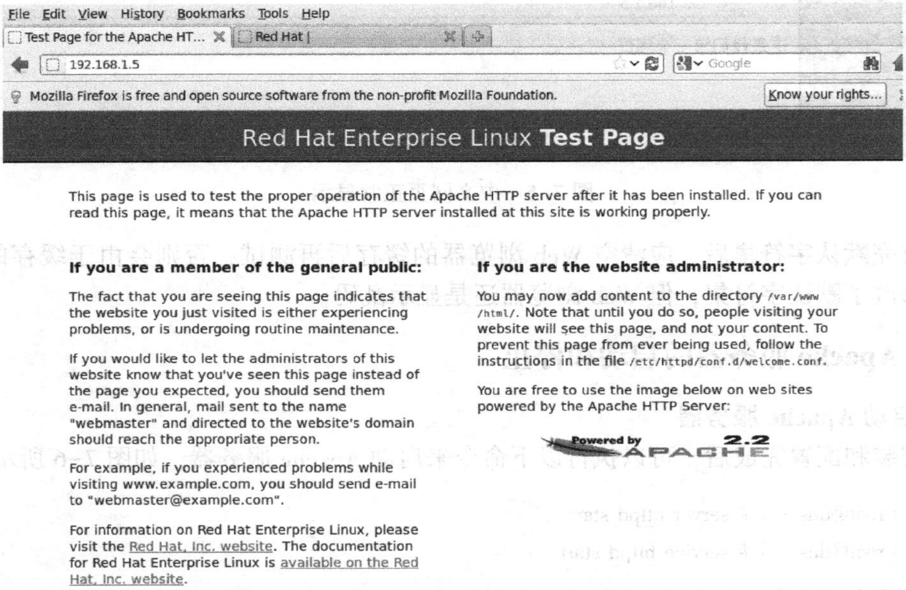

图 7-8　Apache 服务器测试页面

从配置文件可以看出，默认站点的目录为/var/www/html，服务器的端口号为 80，默认主页为 index. html，如图 7-9 和图 7-10 所示。

```
DocumentRoot "/var/www/html"
```

图 7-9　默认站点的目录位置

```
DirectoryIndex index.html index.html.var
```

图 7-10　默认主页

所以，可以执行以下基本配置步骤。

1）将制作好的网页（index. html）放在站点目录/var/www/html 中。

2）修改文件的权限，命令如图 7-11 所示。

```
[root@dns html]# chmod 755 -R /var/www/html/*
```

图 7-11　修改文件权限

3）修改配置使其支持中文，找到/etc/httpd/conf/httpd. conf 中的 AddDefaultCharset 命令行，将其修改为 GB2312，如图 7-12 所示。

```
AddDefaultCharset GB2312_
```

图 7-12　修改默认字符集

4）重新启动服务器，如图 7-13 所示。

```
[root@dns html]# service httpd restart
Stopping httpd:                                            [  OK  ]
Starting httpd: httpd: Could not reliably determine the server's fully qualified
 domain name, using 127.0.0.1 for ServerName
                                                           [  OK  ]
```

图 7-13　重新启动服务

5）测试默认站点，如图 7-14 所示。

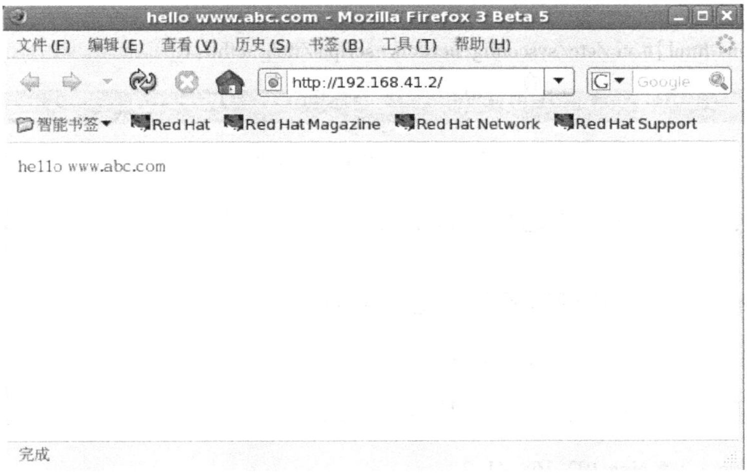

图 7-14　测试默认站点

7.4.2 配置虚拟主机

所谓虚拟主机服务就是将一台计算机虚拟成多台 Web 服务器，从而实现多用户对硬件资源和网络资源共享，大幅度降低了用户的建站成本。每一台虚拟主机都具有独立的域名或 IP 地址，具有完整的 Web 服务器功能。虚拟主机各用户之间是完全独立的，从外界来看，虚拟主机和独立主机的表现是完全一样的。Apache 提供了能够非常方便地建立虚拟主机的途径。如果每个 Web 站点拥有不同的 IP 地址，则称为基于 IP 地址的虚拟主机；如果每个站点的 IP 地址相同，但域名不同，则称为基于主机名的虚拟主机。使用这种技术，不同的虚拟主机可以共享同一个 IP 地址，以解决 IP 地址缺乏的问题。

要实现虚拟主机，首先必须用 Listen 指令告诉服务器需要监听的地址和端口，然后为特定的地址和端口建立一个<VirtualHost>段，并在该段中配置虚拟主机。

1. 基于 IP 地址的虚拟主机

基于 IP 地址的虚拟主机在服务器里绑定多个 IP 地址，然后配置 Apache，把多个网站绑定在不同的 IP 地址上，访问服务器上不同的 IP 地址，就看到不同的网站。

【例 7-5】 配置一台虚拟主机，其 IP 地址为 192. 168. 41. 2 和 192. 168. 41. 50，域名分别为 www. abc. com 和 www. abc2. com ，用 192. 168. 41. 2 这个 IP 地址的 Web 站点根目录为/var/www/example2，用 192. 168. 41. 50 这个 IP 地址的 Web 站点根目录为/var/www/example50。

根据例 7-5 的要求，服务器必须同时绑定多个 IP 地址。这可通过在服务器上安装多块网卡或通过虚拟 IP 接口来实现。

服务器配置的具体操作步骤如下。

1）给主机配置多个 IP 地址，命令如图 7-15 和图 7-16 所示。

```
[root@dns html]# cp /etc/sysconfig/network-scripts/ifcfg-eth0 /etc/sysconfig/network-scripts/ifcfg-eth0:1
```

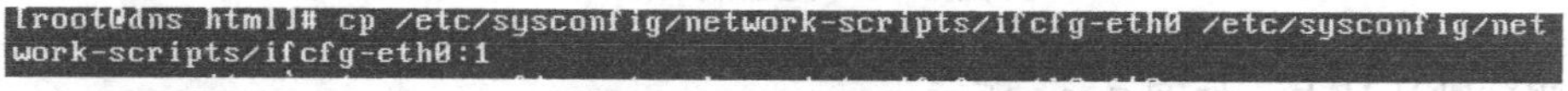
[root@dns html]# cp /etc/sysconfig/network-scripts/ifcfg-eth0 /etc/sysconfig/net
work-scripts/ifcfg-eth0:1

图 7-15 复制网卡配置文件

```
[root@dns html]# vi /etc/sysconfig/network-scripts/ifcfg-eth0:1
```

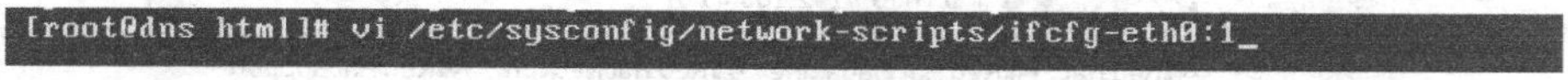
[root@dns html]# vi /etc/sysconfig/network-scripts/ifcfg-eth0:1_

图 7-16 打开网卡配置文件

2）打开后，将其中的 IP 地址修改为 192. 168. 41. 50，并将 eth0 修改为 eth0：1，如图 7-17 所示。

3）修改完成保存后，执行如下命令重启网络：

```
[root@dns ~] # service network restart
```

4）使用如下命令测试两个 IP 地址是否正常工作：

```
[root@dns ~] # ping 192. 168. 41. 2
[root@dns ~] # ping 192. 168. 41. 50
```

```
# Advanced Micro Devices [AMD] 79c970 [PCnet32 LANCE]
DEVICE=eth0:1
HWADDR=00:0C:29:3D:DB:C1
ONBOOT=yes
IPADDR=192.168.41.50_
NETMASK=255.255.255.0
NETWORK=192.168.41.0
GATEWAY=192.168.41.1
```

图 7-17　修改网卡配置文件

5）注册虚拟主机所要使用的域名。

在本书第 5 章已经学习过 DNS 服务器配置的知识，没有正确的 DNS 设置，虚拟服务器只能提供给少数人使用，所以必须在 DNS 服务器中对 Web 服务器所使用的所有 IP 地址和服务器的名字添加 A 资源记录，使访问者能够浏览到服务器。当然也可以编辑/etc/hosts 文件，在文件中添加如下两行内容：

```
192.168.41.2    www.abc.com
192.168.41.50   www.abc2.com
```

6）创建站点主目录/var/www/example50，并且将 www.abc2.com 的主页文件分别放入其中。修改权限和所有者以及所属组，命令如图 7-18 所示。

```
[root@dns ~]# mkdir /var/www/example50
[root@dns ~]# chmod 755 -R /var/www/*
[root@dns ~]# chown apache.apache /var/www/*
[root@dns ~]# _
```

图 7-18　修改权限和所有者

7）编辑/etc/httpd/conf/httpd.conf 文件，添加站点配置。

首先利用 Listen 指令设置要监听的 IP 地址和端口，然后在配置文件中直接利用<Virtual-Host>容器配置虚拟主机即可。在配置段中，ServerName 和 DocumentRoot 仍是必选项，可选配置项有 ServerAdmin、ErrorLog、TransferLog 和 CustomLog 等。

确保有以下 Listen 指令：

```
Listen 80
```

在/etc/httpd/conf/httpd.conf 文件末尾配置虚拟主机，如图 7-19 所示。

```
<VirtualHost 192.168.41.2:80>
    DocumentRoot /var/www/example2
    ServerName www.abc.com
</VirtualHost>
<VirtualHost 192.168.41.50:80>
    DocumentRoot /var/www/example50
    ServerName www.abc2.com
</VirtualHost>
```

图 7-19　配置虚拟主机

8）重启 Apache 服务器，如图 7-20 所示。

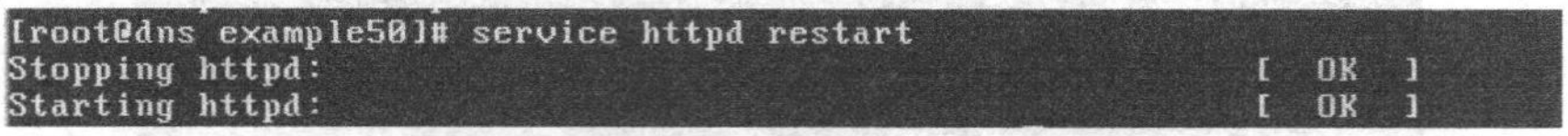

图 7-20　重启 Apache 服务器

9）测试站点，如图 7-21 和图 7-22 所示。

图 7-21　测试 abc 站点

图 7-22　测试 abc2 站点

2. 基于域名的虚拟主机

基于域名的虚拟主机只需服务器上有一个 IP 地址就可以创建多台虚拟主机，所有的虚拟主机共享一个 IP 地址，各虚拟主机之间通过域名来区分。它的优势在于不需要更多的 IP 地址，容易配置。

虚拟主机配置的具体操作步骤如下。

1）在 DNS 服务器中为每个虚拟主机所使用的域名进行注册，让其能解析域名对应的 IP 地址。

2）在配置文件中使用 Listen 指令，指定要监听的地址和端口。

3）使用 NameVirtualHost 指令，为一个基于域名的虚拟主机指定将使用哪个 IP 地址和端口来接受请求。如果对多个地址使用了多个基于域名的虚拟主机，则对每个地址均要使用此命令。例如，基于域名的虚拟主机使用 192.168.41.99 这个 IP 地址，则指定的方法：

```
NameVirtualHost 192.168.41.99
```

也可以使用 NameVirtualHost * 来通配任意的 IP 地址。但如果在一个 IP 地址上运行一个基于域名的虚拟主机，而在另一个地址上运行一个基于 IP 地址的虚拟主机或另一套基于域名的虚拟主机，此时就必须使用具体的 IP 地址，而不能使用“*”。

4）使用<VirtualHost>容器指令定义每一个虚拟主机。在配置段中，ServerName 和 DocumentRoot 仍是必选项，可选配置项有 ServerAdmin、ErrorLog 、TransferLog 和 CustomLog 等。

虚拟主机的工作方式：当一个请求到达时，服务器会首先检查它是否使用了一个能和 NameVirtualHost 相匹配的 IP 地址。如果匹配，就会查找每个与这个 IP 地址相对应的<VirtualHost>配置段，并尝试找出一个 ServerName 或 ServerAlias 配置项与请求的主机名相同的，若找到，则使用该虚拟主机的配置并响应其访问请求，否则将使用符合这个 IP 地址的第一个列出的虚拟主机。所以，排在最前面的虚拟主机称为默认虚拟主机。

当请求的 IP 地址与 NameVirtualHost 指令中的地址匹配时，主服务器配置（也就是配置文件的第二部分）中的 DocumentRoot 将永远不会被用到，因此，若要在现有的 Web 服务器上增加虚拟主机，必须也为主服务器提供的 Web 站点创建一个<VirtualHost>配置段。在该段中，ServerName 和 DocumentRoot 的内容应该与主服务器的 ServerName 和 DocumentRoot 保持一致，还要把这个虚拟主机放在所有<VirtualHost>的最前面，让它成为默认主机。

【例 7-6】 当前服务器的 IP 地址为 192.168.0.99，要求在该服务器上创建两个基于域名的虚拟主机，使用端口 80，其域名分别为 www.kaqi.com 和 www.wendy.com，站点的根目录分别为/var/www/kaqi 和/var/www/wendy，Apache 服务器原来的主站点采用 www.abc.com 进行访问。

配置的具体操作步骤如下。

1）注册虚拟主机所要用的域名。

为简化实验步骤，这里不编辑 DNS 服务器而是编辑/etc/hosts 文件，在文件中添加如下内容：

```
192.168.0.99   www.abc.com   www.kaqi.com   www.wendy.com
```

2）测试域名的解析：

```
[root@dns ~ ]# ping www.abc.com
[root@dns ~ ]# ping www.kaqi.com
[root@dns ~ ]# ping www.wendy.com
```

3）创建站点目录，编辑每个网站的网页 index.html 并放入其中：

```
[root@dns ~ ]# mkdir /var/www/kaqi
[root@dns ~ ]# mkdir /var/www/wendy
```

4）修改权限：

```
[root@dns ~ ]# chmod 755-R /var/www/kaqi
[root@dns ~ ]# chmod 755-R /var/www/wendy
```

5）在配置文件/etc/httpd/conf/httpd.conf 中指定要监听的地址和端口。

```
listen 80
```

6）在/etc/httpd/conf/httpd.conf 配置文件的第三部分，添加对虚拟主机的定义，添加的配置如图 7-23 所示。

```
NameVirtualHost 192.168.0.99:80

<VirtualHost 192.168.0.99:80>
    DocumentRoot /var/www/html
    ServerName www.abc.com
</VirtualHost>
<VirtualHost 192.168.0.99:80>
    DocumentRoot /var/www/wendy
    ServerName www.wendy.com
    ErrorLog logs/wendy.log
</VirtualHost>
rtualHost 192.168.0.99:80>
    DocumentRoot /var/www/kaqi
    ServerName www.kaqi.com
    ErrorLog logs/kaqi.log
</VirtualHost>
```

图 7-23　对虚拟主机的定义

第一对<VirtualHost>和</VirtualHost>之间的内容设置了 www.abc.com 的虚拟主机，第二对<VirtualHost>和</VirtualHost>之间的内容设置了 www.wendy.com 的虚拟主机，第三对<VirtualHost>和</VirtualHost>之间的内容设置了 www.kaqi.com 的虚拟主机。

7）将编辑好的每个虚拟主机的主页 index.html 放入各自的目录中，重启服务。

```
[root@dns ~]# service httpd restart
```

8）在浏览器上通过输入不同的域名，可以看到不同的网页，如图 7-24 所示。

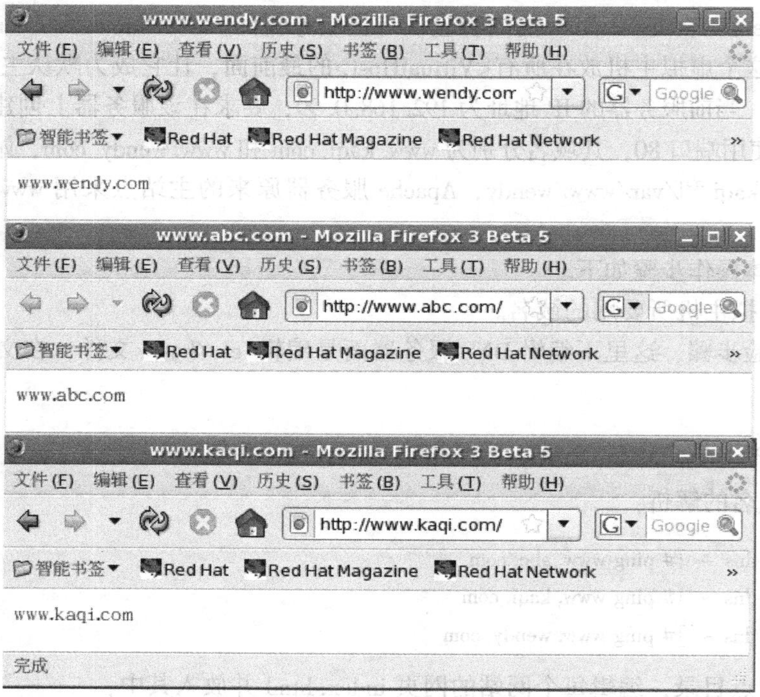

图 7-24　通过域名访问 3 个站点

【例 7-7】　要求实现例 7-6 中每个虚拟主机的 80 端口和 8080 端口分别服务一个 Web 站点，其中 www.kaqi.com:8080 对应的站点根目录为/var/www/kaiqi/8080，www.wendy.com:8080 对应的站点根目录为/var/www/wendy/8080。

配置的具体操作步骤如下。

1）在 DNS 服务器或者/etc/hosts 文件中注册主机所使用的域名。

2）创建目录。

[root@dns ~]# mkdir /var/www/kaqi/8080
[root@dns ~]# mkdir /var/www/wendy/8080
[root@dns ~]# chmod 755 -R /var/www/kaqi/8080
[root@dns ~]# chmod 755 -R /var/www/wendy/8080

3）编辑配置文件，设置 Linsten 监听端口为 80 和 8080，如图 7-25 所示。

4）配置/etc/httpd/conf/httpd. conf 文件，在第三部分添加对虚拟主机的定义，如图 7-26 所示。

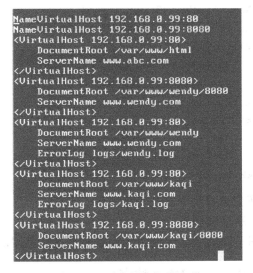

```
Listen 80
Listen 8080
```

图 7-25　设置监听端口

```
NameVirtualHost 192.168.0.99:80
NameVirtualHost 192.168.0.99:8080
<VirtualHost 192.168.0.99:80>
    DocumentRoot /var/www/html
    ServerName www.abc.com
</VirtualHost>
<VirtualHost 192.168.0.99:8080>
    DocumentRoot /var/www/wendy/8080
    ServerName www.wendy.com
</VirtualHost>
<VirtualHost 192.168.0.99:80>
    DocumentRoot /var/www/wendy
    ServerName www.wendy.com
    ErrorLog logs/wendy.log
</VirtualHost>
<VirtualHost 192.168.0.99:80>
    DocumentRoot /var/www/kaqi
    ServerName www.kaqi.com
    ErrorLog logs/kaqi.log
</VirtualHost>
<VirtualHost 192.168.0.99:8080>
    DocumentRoot /var/www/kaqi/8080
    ServerName www.kaqi.com
</VirtualHost>
```

图 7-26　对虚拟主机的定义

5）将编辑好的每个虚拟主机的主页 index. html 放入各自的目录中，重启服务。

6）测试不同的站点，结果如图 7-27 所示。

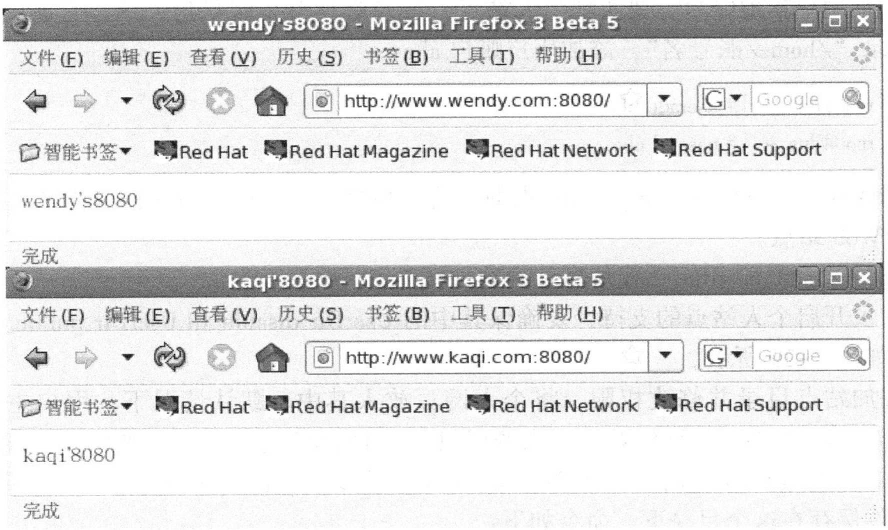

图 7-27　端口实现不同虚拟主机的结果

【例 7-8】 设置虚拟主机，其 IP 地址为 192.168.0.99，要求设置两个虚拟主机，其域名为 www.kaqi.com 和 www.wendy.com。

访问 www.kaqi.com 用 81 端口，访问 www.wendy.com 用 82 端口。www.kaqi.com 的站点根目录为/var/www/kaqi，www.wendy.com 的站点根目录为/var/www/wendy。

1）修改配置文件。

```
Listen 81
Listen 82
NameVirtualHost 192.168.0.99:81
NameVirtualHost 192.168.0.99:82
<VirtualHost *:81>
    DocumentRoot /var/www/kaqi
    ServerName www.kaqi.com
</VirtualHost>
<VirtualHost *:82>
    DocumentRoot /var/www/wendy
    ServerName www.wendy.com
</VirtualHost>
```

2）在主页目录下放置主页文件。

3）重新启动服务。

4）用不同的域名去登录，检查是否打开不同的网页。

7.4.3 配置个人 Web 站点

Apache 服务器允许每个用户架设个人 Web 站点，以 abc 账号为例，访问 abc 账户的个人 Web 站点的方法是输入“http://IP 地址|域名/~用户名”格式的 URL 地址。

1）添加用户本地账号。要实现个人站点，首先必须有系统账户，这样它就拥有了一个用户主目录“/home/账号名”，添加用户账户 abc：

```
[root@dns ~ ]# useradd abc
[root@dns ~ ]# passwd abc
```

2）修改/etc/httpd/conf/httpd.conf 配置文件，设置 mod_userdir.c 模块的内容，允许用户架设个人 Web 站点。

<IfModule mod_userdir.c>模块默认内容如图 7-28 所示。

3）为了开启个人站点的支持，要确保其中的 UserDir disable 和 UserDir public_html 的注释去掉，如图 7-29 所示。

4）添加站点目录并修改权限，将个人网页放入其中。默认情况下，用户主目录中的 public_html 子目录是用户个人 Web 站点的根目录。而 public_html 目录默认并不存在，所以凡是要建立个人 Web 站点的用户都必须在其用户主目录中建立 public_html 子目录，并将相关网页文件保存在这个目录下，命令如下：

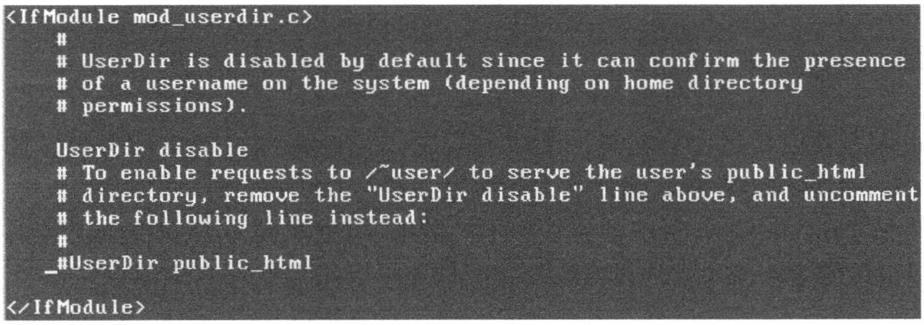
<IfModule mod_userdir.c>
#
UserDir is disabled by default since it can confirm the presence
of a username on the system (depending on home directory
permissions).
UserDir disable
To enable requests to /~user/ to serve the user's public_html
directory, remove the "UserDir disable" line above, and uncomment
the following line instead:
#
#UserDir public_html
</IfModule>

图 7-28　mod_userdir. c 模块的默认设置

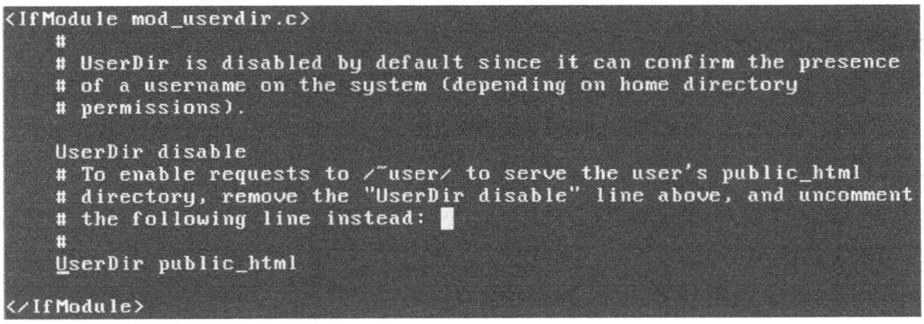
<IfModule mod_userdir.c>
#
UserDir is disabled by default since it can confirm the presence
of a username on the system (depending on home directory
permissions).
UserDir disable
To enable requests to /~user/ to serve the user's public_html
directory, remove the "UserDir disable" line above, and uncomment
the following line instead:
#
UserDir public_html
</IfModule>

图 7-29　修改后的 mod_userdir. c 模块

```
[root@dns ~ ]# logout                              //注销后切换到 abc 用户
[root@dns ~ ]# mkdir public_html                   //建立用户根目录
```

建立目录后，将个人网页（注意 DirectoryIndex 命令声明的首页文件名称）放入/home/abc/public_html 目录中。

```
[root@dns ~ ]# chmod 755 -R /home/abc/public_html  //修改权限
```

5）重启 Apache 服务器。

```
[root@dns ~ ]# service httpd restart
```

在浏览器中使用“http://www. abc. com/~abc”访问 abc 用户的个人 Web 站点，如图 7-30 所示。

abc.abc.abc - Mozilla Firefox 3 Beta 5
文件(F) 编辑(E) 查看(V) 历史(S) 书签(B) 工具(T) 帮助(H)
http://www.abc.com/~abc/
Google
智能书签
Red Hat
Red Hat Magazine
Red Hat Network
Red Hat Support
abc.abc.abc.abc.abc.abc
完成

图 7-30　访问 abc 用户的个人 Web 站点

本章小结

Apache 服务器以其强大的功能、灵活的配置成为最流行的 Web 服务器。RHEL Server 6.4 利用 Apache 软件配置 Web 服务器，其配置文件为/etc/httpd/conf/httpd.conf。默认站点的相关文件保存在/var/www 目录下。基于不同的 IP 地址及同一 IP 地址的不同端口、不同的域名都可以配置虚拟主机。通过修改配置文件还可以建立个人 Web 站点。

实训项目

一、试验环境

学生两个人一组，每人一台计算机，其中一台安装 RHEL Server 6.4，另一台安装 Windows 2008（2003、2000），整个实训室用交换机相连。

二、实验目的

1）Apache 服务器软件包的安装。

2）默认站点的建立。

3）基于不同 IP 地址的虚拟主机的架设。

4）基于 IP 地址不同端口的架设。

5）基于不同域名的虚拟主机的架设。

6）配置个人站点。

任务一：安装 Apache 服务器软件包

1）检查是否已经安装了 Apache 服务器软件包。

2）如果没有安装，则安装 postgresql-libs-8.1.11-1.el5_1.1.i386.rpm 软件包。

3）安装 Apache 服务器的运行类库 apr 软件包。

4）安装 Apache 软件包。

任务二：为 Apache 服务器配置默认站点

任务三：基于不同 IP 地址配置虚拟主机

其 IP 地址为 192.168.0.99 和 192.168.0.50，域名分别为 www.test.com 和 www.test1.com，其中 192.168.0.99 这个 IP 地址的 Web 站点根目录为/var/www/test，192.168.0.50 这个 IP 地址的 Web 站点根目录为/var/www/test1。

1）为 IP 地址为 192.168.0.99 的 eth0 网卡增加一个 IP 地址 192.168.0.50。

2）在 DNS 服务器中注册域名和 IP 地址的对应关系。

3）建立站点根目录。

4）修改配置文件/etc/httpd/conf/httpd.conf。

5）重新启动 Web 服务器。

6）测试虚拟主机。

任务四：基于不同域名配置虚拟主机

该虚拟主机的 IP 地址为 192.168.0.99，要求在该服务器上创建两个基于域名的虚拟主机，使用端口 80，其域名分别为 www.example.com 和 www.example2.com，站点的根目录分别为/var/www/example 和/var/www/example2，Apache 服务器原来的主站点采用 www. test. com 进行访问。

1）在 DNS 服务器中注册域名和 IP 地址的对应关系。

2）建立站点根目录。

3）指定监听端口。

4）修改配置文件/etc/httpd/conf/httpd. conf。

5）重新启动 Web 服务器。

6）测试虚拟主机。

任务五：基于不同端口设置虚拟主机

其 IP 地址为 192. 168. 0. 99，要求设置两个虚拟主机，其域名为 www. test. com 和 www. test1. com

访问 www. test. com 用 8000 端口，访问 www. test1. com 用 8080 端口。www. test. com 的站点根目录为/var/www/test，www. test1. com 的站点根目录为/var/www/test1。

1）修改配置文件。

2）在主页目录下放置主页文件。

3）重新启动 Web 服务器。

4）用不同的域名去登录，检查是否打开不同的网页。

任务六：建立系统用户 abc 的个人 Web 站点

1）添加用户本地账号。

2）修改/etc/httpd/conf/httpd. conf 配置文件，设置 mod_userdir. c 模块的内容，允许用户架设个人 Web 站点。

3）添加站点目录并修改权限，将个人网页放入其中。

4）重新启动 Web 服务器。

5）测试虚拟主机。

任务七：建立 Web 服务器，并根据以下要求配置 Web 服务器

1）设置主目录的路径为/var/www/web。

2）添加 index. hmtl 文件作为默认文档。

3）设置 Apache 监听的端口号为 8888。

4）配置 Web 服务器对/var/www/web 目录启用用户认证，只允许用户名为 abc 和 xyz 的用户访问。

5）使用两个 IP 地址（具体地址自己定义）创建基于 IP 地址的虚拟主机，其中 IP 地址对应的主目录分别为/usr/www/web1 和/usr/www/web2，默认文档名都为 index. html。

同步测试

一、填空题

1）Linux 凭借其高稳定性成为架设 Web 服务器的首选，而基于 Linux 架设 Web 服务器时通常采用（　　　　）软件，它是目前性能最优秀、最稳定的 Web 服务器之一。

2）Apache 的基本设置主要由（　　　　）文件来管理。

3）MaxClients 用于设置（　　）。

4）如果每个 Web 站点都拥有不同的 IP 地址，则称为基于（　　）的虚拟主机；如果每个站点的 IP 地址相同，但域名不同，则称为基于（　　）的虚拟主机。

二、选择题

1）网络管理员对 Web 服务器进行访问、控制存取和运行等控制，这些控制可在（　　）文件中体现。

A. httpd. conf　　B. lilo. conf　　C. inetd. conf　　D. resolv. conf

2）Apache 服务器可以为 Linux 系统中的用户提供个人主页服务，对于 Linux 系统中的用户 mike，其个人主页能够正常访问应具备（　　）条件。

A. httpd. conf 文件中包括 UserDir public_html 配置项

B. Apache 服务器对 mike 的宿主目录具有进入和读取权利

C. mike 的宿主目录中建立了名为 public_html 的子目录

D. mike 的宿主目录中建立了名为 index. html 的网页文件

3）Apache 服务器的主配置文件是（　　）

A. /etc/httpd. conf

B. /etc/httpd/conf/httpd. conf

C. /var/httpd. conf

D. /var/www/html

4）在 httpd. conf 文件中，设置网站默认首页的参数是（　　）

A. DocumentRoot

B. DirectoryIndex

C. DefaultDocument

D. DefaultIndex

5）Web 服务器默认使用端口（　　）

A. 8080

B. 80

C. 53

D. 21

三、简答题

1）什么是 Web 服务器？

2）什么是虚拟主机？虚拟主机有哪些类型？

第 8 章 FTP 服务器的配置与管理

📖 本章目标

- 了解 FTP 服务的基本原理
- 掌握通过 vsftpd 配置 FTP 服务器的一般方法
- 掌握利用 FTP 命令行工具访问 vsftpd 服务器的方法

FTP 是目前 Internet 上最流行的数据传送方法之一。利用 FTP，可以在服务器和客户端之间进行双向数据传输，而且可以一次传输一个或多个文件夹和文件。当一个网站在本地编辑完成后，一般都是通过 FTP 方式传送到服务器上的。

8.1 FTP 服务器简介

8.1.1 FTP 特色

文件传输协议（File Transfer Protocol，FTP）是在文件传输时使用的通信协议，它出现在 TCP/IP 网络和 Internet 上的时间很早，在 HTTP 尚未广为流行前，FTP 便是网络传输不可缺少的工具。

虽然目前 WWW 已取代了 FTP 的部分功能，但它至今仍具有独树一帜的特色。

1. 交互式访问

FTP 允许用户和服务器之间，利用交互的方式来访问服务器资源。例如，用户可要求 FTP 服务器列出某一目录中的文件列表，或是使用二进制文件的模式进行传输。

2. 指定下载的文件格式

FTP 允许客户端指定文件的保存格式，如用户在访问 FTP 服务器的数据时可以指定包含文本文件或二进制文件，同时也可以指定使用 ASCII 或 EBCDIC 的文本文件格式。

3. 稳定的传输机制

FTP 与其他通信协议最大的不同是，它使用两个连接端口来和客户端连接：TCP 20 和 TCP 21。其中，连接端口 TCP 20 用来传递数据，而 TCP 21 则负责传输过程的控制，这种设计可以支持多个客户端同时连接 FTP 服务器，并具有稳定的优点。

4. 身份验证控制

在用户访问服务器资源前，FTP 服务器会要求用户输入账户名称及口令以验证身份。如果允许匿名访问，则用户只需输入 “anonymous” 为账户名称，而口令将不进行验证。

5. 提供跨平台的数据交换

FTP 允许在不同的网络结构或操作系统间传递文件，例如 Linux 和 Windows 操作系统之间，因此是极好的跨平台解决方案。

8.1.2 服务器与客户端的数据交换过程

FTP 使用 TCP 为传输时的通信协议，因此它可提供可信度较高的面向连接的传输。图 8-1 所示为服务器和客户端数据交换过程。

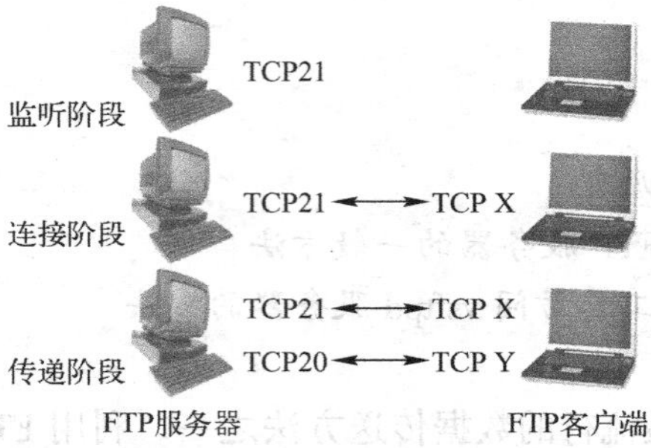

图 8-1 服务器和客户端数据交换过程

FTP 服务器和客户端计算机数据交换的过程如下。

1）FTP 客户端使用“三次握手”的方式来与 FTP 服务器建立 TCP 会话。

2）FTP 服务器利用 TCP 21 连接端口传送和接收 FTP 控制信息，它主要用来监听客户端的连接请求，在建立连接后，这个连接端口将在会话进行时全程打开。

3）FTP 服务器另外使用 TCP 20 连接端口传送和接收文件（可能是 ASCII 或二进制文件），但它会在文件传输后立即关闭。

4）FTP 客户端在向 FTP 服务器提出连接请求时会动态指定一个连接端口号，通常这些客户端指定的连接端口号为 1024～65535，因为 0～1023 已由 IANA（Internet Assigned Numbers Authority，互联网数字分配机构）预先指定给通信协议或其他的服务使用。

5）在 FTP 会话建立后，客户端会打开一个连接端口以连接到服务器上的 TCP 21 连接端口。

6）当文件开始传输时，客户端会打开另一个连接端口以连接到服务器上的 TCP 20 连接端口，而且每一次文件传输时，客户端都会打开另一个新的连接端口传送文件。

目前，Linux 系统中常用的 FTP 服务器软件有 3 种：vsftpd、proftpd 和 wu-ftpd。它们都是基于 GPL 协议开发的，功能相似。在此仅介绍 vsftpd，它是 Very Secure FTP Daemon（非常安全的 FTP 守护进程）的缩写，表示它强调的是其安全性控制。

8.2 vsftpd 的安装与启动

8.2.1 vsftpd 的安装

RHEL Server 6.4 默认不安装 FTP 服务器，也不提供图形化的 FTP 服务器配置工具。把 RHEL Server 6.4 的安装光盘放入光驱，加载光驱后使用超级用户身份执行安装 FTP 相关软件包的 rpm 命令。本例中 vsftpd 软件包在/root 下，所以进入目录直接安装。

过程与结果如图 8-2 所示。

```
[root@dns ~]# rpm -ivh vsftpd-2.2.2-11.el6.x86_64.rpm
warning: vsftpd-2.2.2-11.el6.x86_64.rpm: Header V3 RSA/SHA256 Signature, key ID
fd431d51: NOKEY
Preparing...                ########################################### [100%]
   1:vsftpd                 ########################################### [100%]
[root@dns ~]# 
```

图 8-2　安装 vsftpd 软件包

如图 8-2 所示，表示 FTP 服务安装成功。

8.2.2　vsftpd 的启动

安装完成后，通过以下命令可启动 vsftpd 并将其设置为自动启动。

```
[root@test1 ~] # service vsftpd  start
```

或

```
[root@test1 ~] # /etc/rc.d/init.d/vsftpd start
```

也可以使用 chkconfig 命令将 vsftpd 服务设置成在运行级别 3 和 5 时自动启动，命令如下：

```
[root@test1 ~] # chkconfig–level 35 vsftpd on
[root@test1 ~] # chkconfig–list vsftpd
```

过程与结果如图 8-3 所示，表示设置成功。

```
[root@test1 ~]# chkconfig --level 35 vsftpd on
[root@test1 ~]# chkconfig --list vsftpd
vsftpd          0:off   1:off   2:on    3:on    4:off   5:on    6:off
```

图 8-3　设置 vsftpd 为自启动

8.2.3　vsftpd 的用户

1. vsftpd 服务器的用户分类

vsftpd 服务器的用户主要可分为两类：本地用户和匿名用户。

匿名用户是在 vsftpd 服务器上没有账号的用户。vsftpd 在安装时就会自动创建 FTP 系统用户组和属于该组的 FTP 系统用户，该用户的主目录为/var/ftp，默认作为 FTP 服务器的匿名账户。vsftpd 服务器默认的匿名用户为 ftp，密码为 ftp。

vsftpd 服务器默认允许匿名用户登录，登录后所在的 FTP 站点根目录为/var/ftp 目录。

本地用户是在 vsftpd 服务器上拥有账号的用户。本地用户输入自己的用户名和口令后可登录 vsftpd 服务器，并且直接进入该用户的主目录。

2. 创建 FTP 账号

FTP 服务器一般不允许匿名访问，或给匿名用户很低的权限。大多数 FTP 服务器都应以本地账户来登录和访问 FTP 服务器，因此在使用和访问 FTP 之前，应根据需要创建所需的 FTP 账户。作为 FTP 登录使用的账户，应该只能登录 FTP 服务器，而不能用来登录 Linux 系统，所以该账户的 Shell 应该设置为/sbin/nologin。

在默认情况下，本地用户登录 FTP 服务器后，所在的 FTP 目录为该用户的主目录，因此，在创建用户时还应该指定该用户的主目录。若未指定，系统默认将主目录放在/home 目录下，目录名与账户名相同。

在第 7 章中学过 Web 服务器的搭建，当一个网站在本地编辑完成后，一般都是通过 FTP 方式传送到 Web 服务器上的。所以，利用不同账户登录 FTP 服务器后，其 FTP 站点根目录不同的特点，可将用户 Web 站点根目录与该用户的 FTP 站点根目录设置为相同，这样用户就可以利用 FTP 连接远程 Web 服务器站点下的目录和文件，实现对站点文件的删除、更名、上传和下载操作，以实现对 Web 服务器的远程管理。

【例 8-1】 创建 ftptest1 用户，要求该用户属于 ftp 组，不允许登录 Linux 系统，其主目录为/var/www/ftptest1。

根据第 2 章所学创建用户的方法，命令如下：

```
[root@dns root]# useradd ftptest1-r-m-g ftp-d /var/www/ftptest1-s /sbin/nologin
```

8.2.4 登录和访问 FTP 服务器

1. 登录和访问 FTP 服务器的 3 种方法

1）在文本方式下，通过 ftp 命令来连接和访问 FTP 服务器，命令格式为“ftp 服务器 IP 地址”。

例如，访问 FTP 服务器 ftp. abc. com，其 IP 地址为 192. 168. 0. 1。

```
[root@dns root]# ftp ftp. abc. com
```

或：

```
[root@dns root]# ftp 192. 168. 0. 1
```

2）在浏览器中，利用 ftp 协议来访问 ftp 服务器，访问格式为“ftp://用户名：用户密码@ 网站域名”或“ftp：//用户名@ 网站域名”。

3）使用图形化的 FTP 客户端软件来连接和访问 FTP 服务器，以简化操作。在 Windows 平台，推荐使用 CuteFTP Pro 软件；在 Linux 的图形界面，可使用 gftp 命令或 GFTP 开始菜单来启动 Linux 的图形化 FTP 客户端软件。

2. 测试 FTP 服务器

对于不需要太多功能的 FTP 服务器来说，默认的配置文件就可以工作得很好，只需要启动 vsftpd 服务器就可以了。

下面是用 ftp 命令登录启动后的 vsftpd 服务器，以检测服务器能否正常工作。命令如下：

```
[root@test1 ~]#service vsftpd restart
[root@test1 ~]#ftp 192. 168. 0. 50
```

使用用户名为 ftp，密码为 ftp 登录，过程与结果如图 8-4 所示。

成功登录 FTP 服务器后，将出现 ftp>提示符。在这里输入 FTP 命令后可实现相关操作。FTP 命令的具体用法将在后续章节中介绍。在连接到 vsftpd 服务器后，其默认目录为该用户的家目录，而 ftp 用户的家目录位于/var/ftp，所以图 8-4 所在目录就是/var/ftp。

```
[root@test1 ~]# service vsftpd restart
Shutting down vsftpd:
Starting vsftpd for vsftpd:
[root@test1 ~]# ftp 192.168.0.50
Connected to 192.168.0.50.
220 (vsFTPd 2.0.5)
530 Please login with USER and PASS.
530 Please login with USER and PASS.
KERBEROS_V4 rejected as an authentication type
Name (192.168.0.50:root): ftp
331 Please specify the password.
Password:
230 Login successful.
Remote system type is UNIX.
Using binary mode to transfer files.
ftp> _
```

图 8-4　登录 FTP 服务器

8.3　配置 vsftpd 服务器

8.3.1　主要配置文件

RHEL Server 6.4 中安装的 vsftpd 包含的主要配置文件见表 8-1。

表 8-1　配置文件表

配置文件	说　明
/etc/vsftpd/vsftpd.conf	主配置文件
/etc/vsftpd/ftpusers	禁止访问 vsftpd 的用户列表文件（黑名单文件）
/etc/vsftpd/user_list	禁止或允许访问 vsftpd 的用户列表文件。默认是禁止登录 vsftpd 服务（黑名单），只有在此文件里的用户才能访问 vsftpd 服务，这样新加入的用户就不会自动拥有 vsftpd 的访问权，从而使服务器更安全
/etc/pam.d/vsftpd	PAM 认证文件（此文件中 file=/etc/vsftpd/ftpusers 字段指明阻止访问的用户来自/etc/vsftpd/ftpusers 文件）
/var/ftp/、/var/ftp/pub/	匿名用户的主目录、下载目录

vsftpd 文件中可定义多个配置参数，表 8-2 列出 vsftpd 文件的主要参数。

表 8-2　vsftpd 文件的主要参数

参　数	说　明
listen_address=ip address	指定监听 IP
listen_port=port_value	指定监听端口，默认为 21
anonymous_enable=YES	是否允许使用匿名账户
local_enable=YES	是否允许本地用户登录
nopriv_user=ftp	指定 vsftpd 服务器的运行账户，不指定时使用 ftp
write_enable=YES	是否允许写入
anon_upload_enable=YES	匿名用户是否可上传文件
anon_mkdir_write_enable=YES	匿名用户是否建立目录

（续）

参　　数	说　　明
dirmessage_enable = YES	进入每个目录时显示欢迎信息
xferlog_enable = YES	上传/下载文件时记录日志
connect_from_port_20 = YES	是否使用 20 端口传输数据(是否使用主动模式)
chown_uploads = YES chown_username = whoever	修改匿名用户上传文件的拥有者
xferlog_file = /var/log/vsftpd. log	日志文件
xferlog_std_format = YES	使用标准文件日志
idle_session_timeout = 600	会话超时,客户端连接到 FTP 但未操作
data_connection_timeout = 120	数据传输超时
chroot_local_user = YES	限制所有的本地用户在自家目录
chroot_list_enable = YES chroot_list_file = /etc/vsftpd/chroot_list	指定不能离开家目录的用户,将用户名一个一行写在/etc/vsftpd/chroot_list 文件里,使用此方法时必须 chroot_local_user = NO
listen = YES	FTP 服务器处于独立启动模式(相对于受 xinnetd 管理的启动模式)
pam_service_name = vsftpd	使用 pam 模块控制,vsftpd 文件在/etc/pam. d 目录下
userlist_enable = YES	此选项被激活后,vsftpd 将读取 userlist_file 参数所指定的文件中的用户列表。当列表中的用户登录 FTP 服务器时,该用户在提示输入密码之前就被禁止了。即输入该用户名后,vsftpd 查到该用户名在列表中,vsftpd 就直接禁止该用户,不会再进行询问密码等后续步聚
userlist_deny = YES	决定禁止还是只允许由 userlist_file 指定文件中的用户登录 FTP 服务器。此选项在 userlist_enable 选项启动后才生效。默认值为 YES,即禁止文件中的用户登录,同时也不向这些用户发出输入密码的提示。NO 表示只允许在文件中的用户登录 FTP 服务器
tcp_wrappers = YES	是否允许 tcp_wrappers 管理
anon_max_rate	匿名用户的最大传输速度,单位是 B/s
local_root = /home/ftp	所有用户的根目录,对匿名用户无效
local_max_rate	本地用户的最大传输速度,单位是 B/s
download_enable = YES	是否允许下载

8.3.2　配置实例

【例 8-2】　配置 vsftpd 服务器，要求只允许匿名用户登录，并用匿名用户账号以文本方式登录 FTP 服务器，查看所在目录的路径和当前目录下的文件列表，接着在/var/ftp/pub 下新建一个名为 test 的目录，然后将本地/root 目录下文件名为 moon. txt 的文件上传到 pub 目录中，并查看上传结果。再将 pub 中的文件 sun. txt 下载到本地/root 中。

默认情况下，匿名用户可下载/var/ftp 目录中的所有文件，但是不能上传文件。要想匿名用户可以上传，则必须保证 write_enable = YES、anon_upload_enable = YES 和 anon_mkdir_write_enable = YES 这 3 个配置项起作用。

除此之外，还必须修改上传目录的权限，增加其他用户的写权限，否则仍然无法上传和创建目录。

1）首先编辑 vsftpd. conf 文件，使其包括以下命令行。

```
anonymous_enable=YES
local_enable=NO
write_enable=YES
anon_upload_enable=YES
anon_mkdir_write_enable=YES
connect_from_port_20=YES
listen=YES
tcp_wrappers=YES
```

2）修改/var/ftp/pub 的权限，允许其他用户写入文件。

```
[root@dns root]# cd /var/ftp
[root@dns root]# chmod 777 pub
[root@dns root]# ll  /var/ftp/pub
drwxrwxrwx  2 root  root  4096  Jul 15 21:29 pub
```

在 Linux 系统中，用户必须有对目录的执行权限，这样才能进入和访问该目录下的文件和子目录。

3）重新启动 vsftpd 服务器。

```
[root@test1 ~]#service vsftpd restart
```

过程结果如图 8-5 所示。

```
[root@test1 ~]# service vsftpd restart
Shutting down vsftpd:                                      [  OK  ]
Starting vsftpd for vsftpd:                                [  OK  ]
```

图 8-5　重新启动 vsftpd 服务器

4）登录 vsftpd 服务器，执行要求的操作，登录 vsftpd 服务器，创建 test 文件夹，如图 8-6 所示。

```
[root@test1 ftp]# ftp 192.168.0.50
Connected to 192.168.0.50.
220 (vsFTPd 2.0.5)
530 Please login with USER and PASS.
530 Please login with USER and PASS.
KERBEROS_V4 rejected as an authentication type
Name (192.168.0.50:root): ftp
331 Please specify the password.
Password:
230 Login successful.
Remote system type is UNIX.
Using binary mode to transfer files.
ftp> ls
227 Entering Passive Mode (192,168,0,50,106,164)
150 Here comes the directory listing.
drwxrwxrwx    2 0        0            4096 Jul 29 16:48 pub
226 Directory send OK.
ftp> cd pub
250 Directory successfully changed.
ftp> mkdir test
257 "/pub/test" created
```

图 8-6　登录 vsftpd 服务器，创建 test 文件夹

上传文件/root 目录中的 moon. txt 文件到/var/ftp/pub 中，过程和结果如图 8-7 所示。

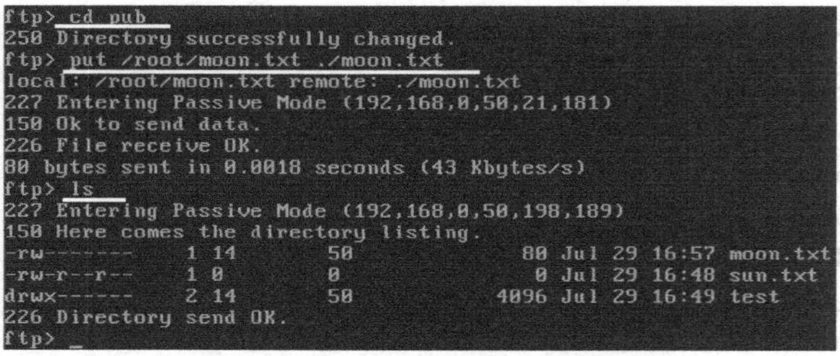

图 8-7　上传文件/root 目录中的 moon. txt 文件到/var/ftp/pub

下载/var/ftp/pub 中的文件 sun. txt 到/root 目录中，过程和结果如图 8-8 所示。

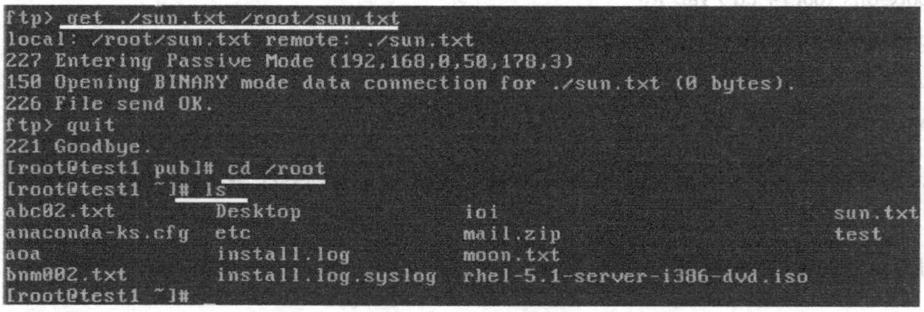

图 8-8　下载/var/ftp/pub 中的文件 sun. txt 到/root 目录

【例 8-3】　配置 vsftpd 服务器，要求允许匿名用户登录但匿名用户没有上传和建立目录的权限。允许本地用户登录，本地用户具有上传的权限，禁锢用户在宿主目录中，限制客户端的最大连接数为 100，同一 IP 与 FTP 服务器连接的最大连接数为 5，本地用户传输最大为 500 KB/s，匿名用户传输最大为 200 KB/s。

1）修改配置文件/etc/vsftpd/vsftpd. conf，添加如下面命令行：

```
[root@linux01 Server]# vi  /etc/vsftpd/vsftpd. conf
anonymous_enable=YES            # 允许匿名登录
local_enable=YES                # 允许本地账户登录
. write_enable=YES              # 开放对本地用户的写权限
local_umask=022                 # 本地用户的文件生成掩码
# anon_upload_enable=YES        # 匿名用户是否可以上传文件注释
# anon_mkdir_write_enable=YES   # 匿名用户是否创建目录和注释
dirmessage_enable=YES           # 显示目录下的 . message
xferlog_enable=YES              # 启用上传和下载日志
connect_from_port_20=YES        # 启用 FTP 数据端口
xferlog_std_format=YES          # 使用标准的 ftpd xferlog 日志格式
listen=YES                      # FTP 服务器处于独立启动模式(相对于受 xinnetd 管理的启动模式)
pam_service_name=vsftpd         # PAM 认证服务的配置文件名称,/etc/pam. d/vsftpd
userlist_enable=YES             /＊FTP 将检查 userlist_file(/etc/vsftpd/user_list)中用户是否可以
                                   访问 FTP 服务器＊/
```

```
tcp_wrappers=YES             /* 使用 tcp_wrappers 作为主机访问控制方式,/etc/host. allow 和/
                                etc/hosts. deny */
chroot_list_enable=YES       # 禁锢用户在宿主目录中
max_clients=100              # 限制客户端的最大连接数
max_per_ip=5                 # 同一 IP 与 FTP 服务器连接的最大连接数
local_max_rate=500000        # 本地用户传输最大为 500 KB/s
anon_max_rate=200000         # 匿名用户传输最大为 200 KB/s
```

2）重新启动 vsftpd 服务器。

```
[root@dns root]# service vsftpd restart
```

3）使用系统用户测试 FTP 服务。

方法同例 8-2，这里不再详述。

【例 8-4】 某公司一台服务器的 IP 地址为 192. 168. 0. 50，这台服务器提供了基于域名的虚拟主机服务和 FTP 服务，所有用户的 Web 站点根目录统一放置在/var/www 目录中，目录名为域名的名字，比如 www. kaqi. com 公司的 Web 站点根目录放在/var/www/kaqi，www. wendy. com 的 Web 站点根目录放在/var/www/wendy 中。每个网站的管理员有一个 FTP 账户，利用该账户登录 FTP 服务器后，可对 Web 站点的根目录的文件进行上传、下载、创建子目录、更名、删除等操作。用户只能对自己的 Web 站点的根目录及其下面的目录进行操作，不允许切换到上级目录，不允许匿名用户登录或访问。

例题中要求不允许切换到上级目录，这正是使用了 Linux 的 chroot 技术。chroot，即 change root directory（更改 root 目录）。在 Linux 系统中，系统默认的目录结构都是以“/”，即是从根（root）开始的。而在使用 chroot 之后，系统的目录结构将以指定的位置作为“/”位置。在经过 chroot 之后，系统读取到的目录和文件将不再是旧系统根下的而是新根（即被指定的新的位置）下的目录结构和文件。

在 vsftpd. conf 配置文件中，若设置了 write_enable=YES，如果没有采用 chroot 技术，则用户还可以对根目录下的文件进行改写操作，这样非常危险，因此要采用该技术防止这种情况。相关的配置项如下：

```
Chroot_list_enable=YES
Chroot_list_file=/etc/vsftpd. chroot_list
Chroot_local_user=YES
```

当 Chroot_list_enable=YES，Chroot_local_user=YES 时，在/etc/vsftpd. chroot_list 文件中列出的用户可以切换到上级目录，没有列出的用户则不能切换到上级目录。

当 Chroot_list_enable=YES，Chroot_local_user=NO 时，在/etc/vsftpd. chroot_list 文件中列出的用户不能切换到上级目录，没有列出的用户则可以切换到上级目录。

当 Chroot_list_enable=NO，Chroot_local_user=YES 时，所有用户都不能切换到上级目录。

当 Chroot_list_enable=NO，Chroot_local_user=NO 时，所有用户都能切换到上级。

根据例题要求不允许切换到上级目录，配置文件应该选择 Chroot_list_enable=NO，Chroot_local_user=YES。

配置的具体操作步骤如下。

1）创建新用户账户。

```
[root@dns root]# useradd kaqi-r-m-g ftp-d /var/www/kaqi-s /sbin/nologin
[root@dns root]# passwd kaqi
[root@dns root]# useradd wendy-r-m-g ftp-d /var/www/wendy-s /sbin/nologin
[root@dns root]# passwd kaqi
```

2）修改目录权限和所有者。

```
[root@dns root]# ll /var/www | grep kaqi
[root@dns root]# chown kaqi /var/www/kaqi
[root@dns root]# chmod 755 /var/www/kaqi
[root@dns root]# ll /var/www | grep wendy
[root@dns root]# chown wendy /var/www/wendy
[root@dns root]# chmod 755 /var/www/wendy
```

3）编辑/etc/vsftpd/vsftpd. conf 配置文件。

```
anonymous_enable=YES
local_enable=YES
write_enable=YES
local_umask=022
# anon_upload_enable=YES
# anon_mkdir_write_enable=YES
dirmessage_enable=YES
xferlog_enable=YES
connect_from_port_20=YES
xferlog_std_format=YES
pam_service_name=vsftpd
userlist_enable=YES
chroot_list_enable=NO
chroot_local_user=YES
tcp_wrappers=YES
listen=YES
保存退出。
```

4）重新启动服务，用 kaqi 和 wendy 账户进行登录校验。

8.4 基于本地用户和主机的访问控制

8.4.1 配置基于本地用户的访问控制

要配置基于本地用户的访问控制，可以通过修改 vsftpd 的主配置文件/etc/vsftpd. conf 来进行，有以下两种限制方法。

1. 限制指定的本地用户不能访问，而其他本地用户可访问

例如，下面的设置：

```
userlist_enable= YES
userlist_deny=YES
userlist_file= /etc/vsftpd. user_list
```

在文件/etc/vsftpd. user_list 中指定的本地用户不能访问 FTP 服务器，而其他本地用户可访问 FTP 服务器。

2. 限制指定的本地用户可以访问，而其他本地用户不可访问

例如，下面的设置：

```
userlist_enable= YES
userlist_deny= NO
userlist_file= /etc/vsftpd. user_list
```

在文件/etc/vsftpd. user_list 中指定的本地用户可以访问 FTP 服务器，而其他本地用户不可以访问 FTP 服务器。

注意：对于 userlist_enable 可以这样理解，如果 userlist_enable = YES，表示 vsftpd 将从 userlist_file 选项给出的文件名中装载一个含有用户名的清单，然后再读取 userlist_deny 的值来确定 vsftpd. user_list 中的用户是否允许访问 FTP 服务器。如果用户不能访问，将在输入用户口令前被拒绝。

【例 8-5】 配置 vsftpd 服务器，要求只允许除 abc 以外的本地用户登录。

配置的具体操作步骤如下。

1）编辑 vsftpd. conf 文件。

```
anonymous_enable=NO
local_enable=YES
write_enable=YES
local_umask=022
dirmessage_enable=YES
connect_from_port_20=YES
userlist_enable= YES
userlist_deny=YES
userlist_file= /etc/vsftpd/vsftpd. user_list
tcp_wrappers=YES
listen=YES
```

2）编辑/etc/vsftpd/vsftpd. user_list，将 abc 写入，如图 8-9 所示。

3）重新启动 vsftpd 服务器。

4）用 abc 用户及其他本地用户身份测试。

```
# vsftpd userlist
# If userlist_deny=NO, only allow users in this file
# If userlist_deny=YES (default), never allow users in this file, and
# do not even prompt for a password.
# Note that the default vsftpd pam config also checks /etc/vsftpd/ftpusers
# for users that are denied.
root
bin
daemon
adm
lp
sync
shutdown
halt
mail
news
uucp
operator
games
nobody
abc
```

图 8-9　编辑/etc/vsftpd/vsftpd. user_list

8. 4. 2　配置基于主机的访问控制

由于 vsftpd 服务器有两种运行方式，即由 xinetd 启动和独立启动。这两种运行方式的主机访问控制配置是不同的。

1. 由 xinetd 启动的 vsftpd 服务器的主机访问控制的配置

要配置这种主机访问控制，需要修改配置文件/etc/xinetd. d/vsftpd。

（1）只允许指定的主机访问

在配置文件/etc/xinetd. d/vsftpd 的 {} 中添加如下的配置语句：

```
only_from <主机表>
```

例如，only_from 192. 168. 1. 0 表示只允许 192. 168. 1. 0 网段内的主机访问。

（2）指定不能访问的主机

在配置文件/etc/xinetd. d/vsftpd 的 {} 中添加如下的配置语句：

```
no_access <主机表>
```

例如，no_access 192. 168. 1. 0 表示只有 192. 168. 1. 0 网段内的主机不能访问。

2. 独立运行的 vsftpd 服务器的访问控制

RHEL Server 6. 4 内置了 tcp-wrappers 的支持，为独立运行的 vsftpd 服务器提供了基于主机访问控制的管理，可以根据需要对不同主机进行访问控制。

tcp_wrappers 使用/etc/hosts. allow 和/etc/hosts. deny 实现访问控制。在/etc/hosts. allow 中列出了允许访问的主机，在/etc/host. deny 中列出了拒绝访问的主机，当两者均列出时，允许有限。由于 hosts. allow 中允许使用 DENY 关键字，因此常常只配置 hosts. allow 文件。

例如，仅允许 192. 168. 0. 1 ~ 192. 168. 0. 254 的用户连接 vsftpd 服务器，则可在/etc/hosts. allow 文件中添加以下内容：

```
vsftpd:192. 168. 0. :allow
all:all:deny
```

8.5 使用 FTP 客户端

用户在客户端可以使用多种 FTP 客户端软件访问 FTP 服务器，包括命令行工具和图形化工具。

8.5.1 使用命令行工具

FTP 命令行工具是连接 FTP 服务器最直接、最简单的方法，尽管它的界面不如图形化工具直观。大部分操作系统都带有 ftp 命令。使用该命令连接 FTP 服务器之后，可以通过一系列子命令完成文件传输。

FTP 的命令比较多，这里仅介绍一些常用的。

1）FTP> cd 更改远程计算机上的工作目录。

格式：cd remote-directory

说明：remote-directory 指定要更改的远程计算机上的目录。

2）FTP> close 结束与远程服务器的 FTP 会话并返回命令解释程序。

FTP> debug 切换调试。当调试打开时，发送到远程计算机的每个命令都打印，前面是字符串“>”。默认情况下，调试是关闭的。

3）FTP> delete 删除远程计算机上的文件。

格式：delete remote-file

说明：remote-file 指定要删除的文件。

4）FTP> dir 显示远程目录文件和子目录列表。

格式：dir [remote-directory] [local-file]

说明：remote-directory 指定要查看其列表的目录。如果没有指定目录，将使用远程计算机中的当前工作目录。local-file 指定要存储列表的本地文件。如果没有指定，输出将显示在屏幕上。

5）FTP> disconnect 从远程计算机断开，保留 ftp 提示。

6）FTP> get 使用当前文件转换类型将远程文件复制到本地计算机。

格式：get remote-file [local-file]

说明：remote-file 指定要复制的远程文件。

local-file 指定要在本地计算机上使用的名称。如果没有指定，文件将命名为 remote-file。

7）FTP>help 显示 ftp 命令说明。

格式：help [command]

说明：command 指定需要有关说明的命令的名称。如果没有指定 command，ftp 将显示全部命令的列表。

8）FTP>lcd 更改本地计算机上的工作目录。默认情况下，工作目录是启动 ftp 的目录。

格式：lcd [directory]

说明：directory 指定要更改的本地计算机上的目录。如果没有指定 directory，将显示本地计算机中当前的工作目录。

9）FTP>ls 显示远程目录文件和子目录的缩写列表。

格式：ls [remote-directory] [local-file]

说明：remote-directory 指定要查看其列表的目录。如果没有指定目录，将使用远程计算机中的当前工作目录。local-file 指定要存储列表的本地文件。如果没有指定，输出将显示在屏幕上。

10) FTP>mdelete 删除远程计算机上的文件。

格式：mdelete remote-files [...]

说明：remote-files 指定要删除的远程文件。

11) FTP>mdir 显示远程目录文件和子目录列表。用户可以使用 mdir 指定多个文件。

格式：mdir remote-files [...] local-file

说明：remote-files 指定要查看其列表的目录。用户必须指定 remote-files。输入"-"时使用远程计算机上的当前工作目录。local-file 指定要还原列表的本地文件。输入"-"时在屏幕上显示列表。

12) FTP>mget 使用当前文件传送类型将远程文件复制到本地计算机。

格式：mget remote-files [...]

说明：remote-files 指定要复制到本地计算机的远程文件。

13) FTP>mkdir 创建远程目录。

格式：mkdir directory

说明：directory 指定新的远程目录的名称。

14) FTP>mls 显示远程目录文件和子目录的缩写列表。

格式：mls remote-files [...] local-file

说明：remote-files 指定要查看其列表的文件。必须指定 remote-files。输入"-"时使用远程计算机上的当前工作目录。local-file 指定要存储列表的本地文件。输入"-"时以在屏幕上显示列表。

15) FTP>mput 使用当前文件传送类型将本地文件复制到远程计算机上。

格式：mput local-files [...]

说明：local-files 指定要复制到远程计算机上的本地文件。

16) FTP>open 与指定的 FTP 服务器连接。

格式：open computer [port]

说明：computer 指定要连接的远程计算机。可以通过 IP 地址或计算机名称指定计算机（DNS 或主机文件必须可用）。如果自动登录打开（默认），FTP 还将尝试自动将用户登录到 FTP 服务器 port 指定的用来联系 FTP 服务器的端口号。

8.5.2 使用图形化工具

通常情况下，Web 浏览器可以提供 FTP 客户端的功能，如 Windows 平台的 IE 浏览器以及 Linux 平台的 Mozilla 浏览器。在 Web 浏览器的地址栏中输入 FTP 服务器的 URL 就可以连接 FTP 服务器。

还有一些专业的 FTP 客户端软件，如 GFTP。GFTP 是 X-Windows 下的一个用 GTK 开发的多线程 FTP 客户端工具。它与 Microsoft Windows 下运行的 CuteFTP 等 FTP 工具极为类似。

本章小结

FTP 是一种通过网络从另一个系统上下载文件以及将文件上传到另一个系统的协议。FTP 是客户端/服务器协议的名称，同时也是调用该协议的客户端工具的名称。因为 FTP 不是一种安全的协议，所以它应该只用于下载公开信息。可在 chroot 监牢的受限环境中运行 FTP 服务器 vsftpd，从而显著地降低恶意用户威胁整个系统的可能性。

本章从 FTP 服务的工作原理开始，详细介绍了 vsftpd 服务器的配置过程。通过学习本章内容，读者可以掌握 FTP 的基本概念、vsftpd 服务器的配置过程、访问 FTP 服务器的各种方法。逐项设置 vsftpd 的各个功能参数，然后通过客户端的访问验证功能的实现，是学习本章内容的一个好方法。

实训项目

一、试验环境

一人一台装有 RHEL Server 6.4 系统的计算机，两人一组。

二、实验目的

1）掌握 vsftpd 软件包的安装。

2）掌握 vsftpd 软件包的管理。

3）掌握 vsftpd.conf 配置文件的配置。

4）掌握基于用户的权限限制。

任务一：根据以下要求配置服务器

1）配制 FTP 匿名用户的主目录为/var/ftp，该账户只能下载，不能上传。

2）建立一个名为 abc、口令为 xyz 的 FTP 账户，设置该账户具有上传、下载权限。

3）在 FTP 客户端连接并测试 FTP 服务器。

任务二：按照要求配置 FTP 服务器

1）FTP 服务器采用 PASV 工作方式，允许以 ASCⅡ模式来上传和下载数据。

2）允许最多同时联机 350 用户，每个客户 IP 允许同时与服务器建立 5 个连接。

3）每个用户的访问速度限制在 512 KB。FTP 日志文件存放在/var/vhlogs/vsftpd.log 文件中。

4）开设两个用户 wl0607 和 wl0608，它们都属于 ftp 组，不允许登录 Linux 系统，只能登录 FTP 服务器。

5）限制用户在自家目录可读可写。

任务三：通过配置文件修改服务器参数

1）简易设定 vsftpd 服务器，取消匿名用户登录本系统。

2）定制欢迎信息为“ welcome to ftp.mylinux.com”。

3）系统账号不可登录主机。

4）一般用户可以进行上传、下载、创建目录及修改档案等动作。

5）重启 vsftpd 服务器。

任务四：掌握 chroot 功能

1）用 chroot 限制用户 test1。

2）重启 vsftpd 服务器。

3）验证结果。

任务五：配置 FTP 服务器，要求只允许除 kaqi 以外的本地用户登录

1）编辑 vsftpd. conf 文件。

2）编辑 user_list 文件，使其包含 kaqi 用户。

3）重新启动服务。

同步测试

一、填空题

1）利用 FTP，可以在服务器和客户端之间进行（　　　　），而且可以一次传输一个或多个文件夹和文件。

2）RHEL Server 6. 4 中安装的 vsftpd 包含 3 个主要的配置文件，分别是（　　　　）、（　　　　）和（　　　　）。

3）要配置基于本地用户的访问控制，可以通过修改 vsftpd 的主配置文件/etc/vsftpd. conf 来进行，有两种限制方法，分别为（　　　　）和（　　　　）。

二、选择题

1）FTP 服务器使用的端口是（　　）。

A. 21

B. 23

C. 25

D. 53

2）一次下载多个文件使用（　　）命令。

A. mget

B. get

C. put

D. send

3）下列属于 vsftpd 服务器默认的配置文件的有（　　）。

A. /etc/vsftpd/vsftpd. conf

B. /etc/ftpaccess

C. /etc/ftpusers

D. /etc/vsftpd. ftpusers

4）从 Internet 上获得软件最常采用（　　）。

A. WWW

B. Telnet

C. FTP

D. DNS

5）更改本地计算机上的工作目录的命令是（　　）。

A. cd

B. lcd

C. ls

D. get

6）安装 vsftpd 服务器后，若要启动该服务，则正确的命令是（　　）。

A. server vsftpd start

B. service vsftd restart

C. service vsftd start

D. /etc/rc. d/init. d/vsftpd restart

7）在 vsftpd. conf 配置文件中，用于设置不允许匿名用户登录 FTP 服务器的配置命令是（　　）。

A. anonymous_enable=NO

B. no_anonymous_login=YES

C. local_enable=NO

D. anonymous_enable=YES

8）若要允许所有 FTP 用户登录 FTP 服务器后切换到 FTP 站点根目录的上级目录，相关配置应为（　　）。

A. chroot_local_user=NO，chroot_list_enable=NO

B. chroot_local_user=YES，chroot_list_enable=NO

C. chroot_local_user=YES，chroot_list_enable=YES

D. chroot_local_user=NO，chroot_list_enable=YES

三、简答题

1）简述 FTP 服务器和客户端计算机数据交换的过程。

2）简述登录和访问 FTP 服务器的 3 种方法。

3）写出安装 FTP 服务器的操作步骤。

4）解释 vsftpd. conf 文件中以下几条语句的含义：

① anonymous_enable=YES

② write_enable=YES

③ local_enable=YES

④ anon_upload_enable=YES

5）Linux 系统常见的 FTP 服务器软件有哪些？

6）简要说明 FTP 的基本原理。

7）简述登录和访问 FTP 服务器的 3 种方法。

8）请写出将/root 目录中的 abc. txt 文件上传到/var/ftp/pub 中的命令。

第 9 章　跨平台资源共享服务的配置与管理

本章目标

- 掌握 Samba 的概念、工作原理
- 了解 Samba 提供文件服务的相关原理
- 掌握 Linux 下配置 Samba 服务器的方法

虽然 Linux 的出现带来了一场操作系统的革命，但是，不管我们身在何处，还是能到处看到 Windows 的身影。在一个局域网中，Linux 与 Windows 共存是常有的情况，那么如何实现它们之间的互联呢？除了用 FTP、Telnet 和 NFS 之外，在 Linux 上构架 Samba 服务器恐怕是最佳的选择了。

9.1　SMB 协议与 Samba 简介

SMB（Server Message Block，服务信息块）是实现网络上不同类型计算机之间文件和打印机共享服务的协议。Samba 是一组使 Linux 支持 SMB 协议的软件。使用 Samba 可以实现 Linux 系统之间或 Linux 系统和异构系统（如 Windows 系统）之间的资源共享。

Samba 服务器既可以用于 Windows 和 Linux 之间的文件共享，也可以用于 Linux 和 Linux 之间的文件共享。不过，对于 Linux 和 Linux 之间的文件共享，有更好的 NFS（Network File System，网络文件系统）。NFS 也是需要架设服务器的。

在 Windows 系统网络中的每台机器既可以是文件共享的服务器，也可以同是客户端。Samba 也一样，比如一台 Linux 的机器，如果架设了 Samba 服务器，它能充当共享服务器，同时也能作为客户端来访问其他网络中的 Windows 共享文件系统或其他 Linux 的 Samba 服务器。在 Windows 系统网络中，可以把共享文件夹当作本地硬盘来使用。在 Linux 系统中，就是通过 Samba 服务器向网络中的机器提供共享文件系统，也可以把网络中其他机器的共享挂载在本地机上使用，这在一定意义上说和 FTP 是不一样的。

9.2　安装 Samba 服务器

RHEL Server 6.4 默认不安装 Samba 服务器，执行如下命令可查询是否安装了 Samba 服务器：

```
[root@dns ~]# rpm -qa|grep samba
```

如果命令执行结果如图 9-1 所示，则表示尚未安装 Samba 服务器。

安装 Samba 服务器相关软件包的 rpm 命令，如图 9-2 所示。

```
[root@dns ~]# rpm -qa|grep samba
samba-winbind-clients-3.6.9-151.el6.x86_64
samba-winbind-3.6.9-151.el6.x86_64
samba-common-3.6.9-151.el6.x86_64
```

图 9-1　查询是否安装了 Samba 服务器

```
[root@dns ~]# rpm -ivh samba-3.6.9-151.el6.x86_64.rpm
warning: samba-3.6.9-151.el6.x86_64.rpm: Header V3 RSA/SHA256 Signature, key ID
fd431d51: NOKEY
Preparing...                ########################################### [100%]
   1:samba                  ########################################### [100%]
[root@dns ~]# rpm -ivh samba-client-3.6.9-151.el6.x86_64.rpm
warning: samba-client-3.6.9-151.el6.x86_64.rpm: Header V3 RSA/SHA256 Signature,
key ID fd431d51: NOKEY
Preparing...                ########################################### [100%]
   1:samba-client           ########################################### [100%]
[root@dns ~]# 
```

图 9-2　安装 Samba 服务器软件包

9.3　配置 Samba 服务器

9.3.1　Samba 服务器的配置文件

Samba 服务器的配置文件在/etc/samba 目录中，包括 lmhosts、smb. conf 和 smbusers 这 3 个文件，如图 9-3 所示。/etc/samba/lmhosts 提供了局域网内主机的网络基本输入输出系统（Network Basic Input Output System，NetBIOS）名称与 IP 地址的对应关系；而 smbusers 则提供了远程用户与本地用户名的映射关系；/etc/samba/smb. conf 是 Samba 服务器的主要配置文件，它定义了服务器提供服务的各种行为。

```
[root@dns ~]# cd /etc/samba
[root@dns samba]# ls
lmhosts  smb.conf  smbusers
```

图 9-3　/etc/samba 目录中的配置文件

1. /etc/samba/lmhosts

这个文件中每一行对应一个主机记录，前面是主机的 IP 地址，后面用空格隔开，记录了这个 IP 地址对应主机的 NetBIOS 名称。而 NetBIOS 则是由 Windows 系统用来在局域网中进行通信连接的一种协议，主机之间通过 NetBIOS 名称来进行识别。为了能够识别这种主机名，需要用户将局域网中 Windows 主机名与 IP 地址的对应关系列入文件中，并一定要包括作为 Samba 服务器的 Linux 主机本身。默认情况下，文件如图 9-4 所示。

```
[root@dns samba]# more /etc/samba/lmhosts
127.0.0.1 localhost
```

图 9-4　/etc/samba/lmhosts 文件默认设置

2. /etc/samba/smbusers

smbusers 文件定义了远程用户与本地用户之间的映射关系。也就是说，当用户在远程的

Windows 机器中有一个账户，想要登录到 Samba 服务器时，就必须在 Samba 服务器上有一个同样的账户，或以一个 Samba 服务器上已有的账号登录。这样就会很麻烦，需要在 Samba 服务器上重新设置更多的账号，或者用户登录时更改登录的账号。而/etc/samba/smbusers 配置文件则解决了这样的问题，它在文件中记录远程账号与 Samba 服务器账号之间的对应关系。

如图 9-5 所示，以 administrator、admin 用户登录 Samba 服务器时，将其转换为 root 用户身份登录，因而不需要在 Samba 服务器中建立 administrator 和 admin 账号。用户可以修改/etc/samba/smbusers 文件来设置自己的用户映射关系。

```
[root@dns samba]# more /etc/samba/smbusers
# Unix_name = SMB_name1 SMB_name2 ...
root = administrator admin
nobody = guest pcguest smbguest
```

图 9-5　/etc/samba/ smbusers 文件默认设置

3. /etc/samba/smb. conf

smb. conf 文件是 Samba 服务器的主要配置文件，它通过分段设置来管理不同的共享资源。它的默认设置如图 9-6 所示。

```
[global]
        workgroup = MYGROUP
        server string = Samba Server Version %v
        security = user
        passdb backend = tdbsam
        load printers = yes
        cups options = raw
[homes]
        comment = Home Directories
        browseable = no
        writable = yes
[printers]
        comment = All Printers
        path = /var/spool/samba
        browseable = no
        guest ok = no
        writable = no
        printable = yes
```

图 9-6　smb. conf 文件默认设置

smb. conf 文件一般由 3 个标准段和若干个用户自定义段的共享段组成。每个段由段名开始，一直到下个段名，每个段名都放在方括号中间。参数的格式：

名称=值

- [global] 段：定义 Samba 服务器的全局参数，也就是说，这个段的参数是全局有效的，与 Samba 服务整体运行环境紧密相关。
- [homes] 段：定义共享用户主目录。
- [printers] 段：定义打印机共享。
- [自定义目录名] 段：定义用户自定义的共享目录。

在没有讲解每段中各项参数的设置之前，先看一个简单的例子来说明编辑 smb. conf 文件配置 Samba 服务器的方法。

【例 9-1】 架设共享级别的 Samba 服务器，所有用户都可以访问/test 目录，当前工作组为 testgroup。

1）编辑/etc/samba/smb. conf 文件，如图 9-7 所示。

2）利用 testparm 命令测试配置文件是否正确，如图 9-8 所示。

```
[global]
        workgroup=testgroup
        security=share
[test]
        path=/test
        writable=yes
        guest ok=yes
```

图 9-7　编辑/etc/samba/smb. conf 文件

```
[root@dns samba]# testparm
Load smb config files from /etc/samba/smb.conf
Processing section "[test]"
Loaded services file OK.
Server role: ROLE_STANDALONE
Press enter to see a dump of your service definitions

[global]
        workgroup = TESTGROUP
        security = SHARE

[test]
        path = /test
        read only = No
        guest ok = Yes
```

图 9-8　测试结果

结果显示“Loaded services file OK”信息，说明 Samba 服务器的配置文件完全正确，并且显示详细的配置内容。

注意： testparm 命令显示的配置语句跟 smb. conf 文件不一定完全相同，但是功能一定相同。例如，“writable=yes”语句等同于“read only=no”语句。

3）启动 Samba 服务器，如图 9-9 所示。

```
[root@dns samba]# service smb start
Starting SMB services:                                     [  OK  ]
Starting NMB services:                                     [  OK  ]
```

图 9-9　启动 Samba 服务器

4）建立共享的目录/test，并放置文本文件 hello. txt，如图 9-10 所示。

```
[root@dns /]# mkdir test
[root@dns /]# cd test
[root@dns test]# echo "hello i am test" >> hello.txt
```

图 9-10　建立共享目录

5）测试 Samba 服务器。按〈Win+R〉组合键，在“运行”对话框中输入正确的 UNC 路径“\\IP 地址\共享文件名称”后，单击“确定”按钮，如图 9-11 所示。

由于 Samba 服务器上的安全级别是共享（Share），因此直接显示出共享目录，如图 9-12 所示。

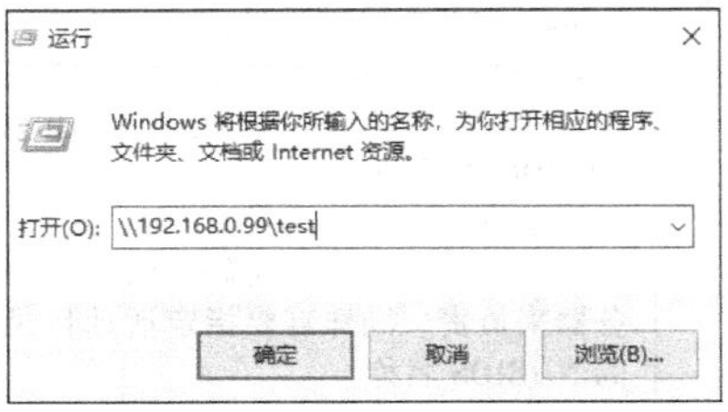

图 9-11　调用共享文件夹

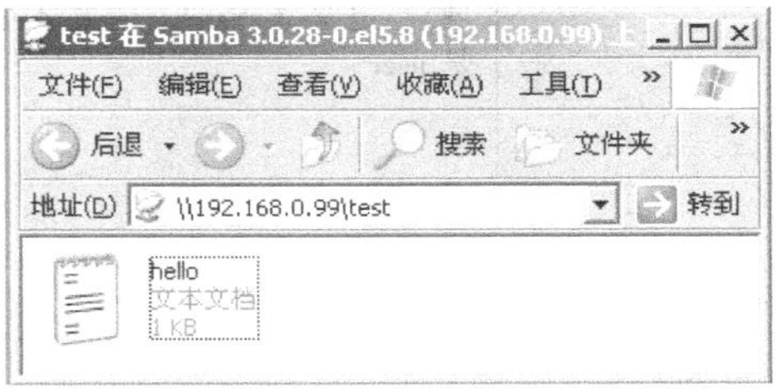

图 9-12　共享目录

例 9-1 非常简单，只有两个段，[global] 段和 [test] 段，要共享的是/test 里面的内容，并且访问时不需要验证用户身份。从例 9-1 可以看到，虽然配置文件/etc/samba/smb. conf 内容很多，但需要改动的并不多，一般按需要进行配置即可。

在文件中的一行里只能写一个段名（或参数或注释），如果一行写不下，或不想把一行写得过长，可以在行尾用“\”来表示续行。段名和参数名不分大小写。注释以“;”或“#”开始。

9.3.2 全局参数

除 [global] 段以外，所有的段都可以看作一个共享资源。段名是该共享资源的名字，而段里的参数即为共享资源的属性。[global]、[home]、[printers] 这 3 个段是比较特殊的，[global] 段定义多个全局参数，部分最重要的全局参数及其含义见表 9-1。

表 9-1 全局参数

全局参数	说明	实例
workgroup	这个参数用来指定 Samba 服务器所要加入的工作组。另外，如果设置了 security = domain，则 workgroup 可以指定域名	workgroup = wgp1 指明工作组为 wgp1
server string	这个参数用来指定在浏览列表里的机器描述，和 Windows 里配置网络时的描述是一样的。可以是任何字符串。也可以不填，Samba 会用默认的 Samba %v，即 Samba 尾随它的版本号	server string = Master File Server
netbios name	这个参数用于指定 Samba 服务器的 NetBIOS 名，可以不设置，Samba 将会使用机器的 DNS 名的第一部分，如果机器的 DNS 名是 host1. domain，就用 host1	netbios name = public 指定 NetBIOS 名为 public
security	这是个重要的安全配置参数，有 5 个值，分别是 share（共享）、user（用户）、server（服务器）、domain（域）和 ADS（活动目录域），定义了 Samba 的基本安全级，通常是 user	security = user 是 Samba 的默认配置，这种情况下要求用户在访问共享资源之前资源必须先提供用户名和密码进行验证； securtiy = share 是几乎没有安全性的级别，任何用户都可以不要用户名和口令访问服务器上的资源； security = server 和 user 安全级类似，但用户名和密码是递交到另外一个 Samba 服务器去验证，比如递交给一台 NT 服务器。如果递交失败，就退到 user 安全级，从用户端看来，server 和 user 这两个级别是没什么分别的； security = domain 这种安全级别要求网络上存在一台 NT PDC，Samba 把用户名和密码递交给 NT PDC 去验证； security = domain 这种安全级别下，Samba 服务器不验证用户名和密码，而由活动目录域服务器来负责。同样需要指定活动目录域服务器的 NetBIOS 名称

（续）

全局参数	说明	实例
host allow	这个参数用于指定哪些机器可以访问 Samba	host allow = 192. 168. 1. 指定 192. 168. 1. 0 子网里的所有机器都可以访问。 如果不允许子网中的一台机器访问，设置如下： host allow = 192. 168. 1. EXCEPT 192. 168. 1. 33 这表示允许 192. 168. 1. 0 子网里除了 192. 168. 1. 33 机器以外的其他机器访问
guest account	这个参数指定 guest 级账户的用户名，可以是 nobody、ftp，guest 级别的用户可以不要密码就访问给定的 guest 服务	
log file	指定日志文件的保存路径	

9.3.3 共享资源参数

常用的共享资源参数可出现在［homes］段、［printers］段，以及用户自定义的共享目录段，用以说明共享资源的属性，见表 9-2。

表 9-2 共享资源参数

参数	说明	实例
comment	对共享的描述，可以是任意的字符串	comment = Share Stuff
path	path 是提供共享服务的路径	
writeable	指定共享路径是否可以写，值是 yes 或 no，默认为 no（与 read only 参数有冲突时，以后出现的为准。即如果 read only 为 NO，writeabe 为 NO，共享路径不可写）	
browseable	指定共享资源是否可以浏览，默认是 yes	
available	指定共享资源是否可用，默认是 yes，设为 no 则关闭该资源的共享服务，用户无法连接到该资源上	
public	这个参数指明是否允许 guest 账户访问，值为 yes 或 no，另一个和 public 相同意义的参数是 guest ok	
only guest	指定是否只允许 guest 账号访问	
printable	指定是否允许打印	
write list	指定允许写的用户组	
valid user	指定允许访问共享目录的用户	

9.3.4 添加 Samba 用户

当要访问的 Samba 服务器安全级别为用户（user）时，必须以 Samba 的用户身份登录，由于 Samba 用户需要访问系统文件，因而 Samba 用户又必须是系统用户。添加 Samba 用户有两种方法：一种是单独添加；另一种是批量添加。

1. 单独添加

利用 smbpasswd 命令可以添加 Samba 用户并设置其口令。

格式：smbpasswd [选项] [用户名]

主要选项说明如下。

- -a 用户名：增加 Samba 用户。
- -d 用户名：暂时锁定指定的 Samba 用户。
- -e 用户名：解锁指定的 Samba 用户。
- -n 用户名：设置指定的 Samba 用户无密码。
- -x 用户名：删除 Samba 用户。

无选项时可修改已有 Samba 用户的口令。

【例 9-2】 添加一个名为 xiaoli 的 Samba 用户。

命令如图 9-13 所示。

```
[root@dns test]# useradd xiaoli
[root@dns test]# passwd xiaoli
Changing password for user xiaoli.
New UNIX password:
BAD PASSWORD: it is too simplistic/systematic
Retype new UNIX password:
passwd: all authentication tokens updated successfully.
[root@dns test]# smbpasswd -a xiaoli
New SMB password:
Retype new SMB password:
Added user xiaoli.
```

图 9-13 添加 Samba 用户

注意：为了安全起见，系统用户口令最好和 Samba 用户口令不一样。

2. 批量添加

使用 mksmbpasswd. sh 脚本程序，可以从/etc/passwd 文件里生成 Samba 账户文件，用法如下：

```
[root@dns test]# cat /etc/passwd | mksmbpasswd. sh > /etc/samba/smbpasswd
```

把系统账户都加入到 Samba 账户中，为安全起见，smbpasswd 这个文件的存取权限最好设为 600。

```
[root@dns test]# chmod 600 /etc/samba/smbpasswd
```

以上操作只有具有超级用户权限的用户才能执行，普通用户只能使用 smbpasswd 命令修改自己的密码。

9.3.5 启动与停止 Samba 服务器

启动 Samba 服务器：

```
[root@dns test] # service smb start
```

或

```
[root@dns test]# /etc/rc. d/init. d/smb start
```

停止 Samba 服务器：

```
[root@dns test]# service smb stop
```

或

```
[root@dns test]# /etc/rc.d/init.d/smb stop
```

如果需要在系统启动时自动启动 Samba 服务器，使用下面的命令：

```
[root@dns test]# chkconfig –level 35 smb on
```

9.3.6 配置用户级的 Samba 服务器实例

【例 9-3】 配置用户级的 Samba 服务器，要求用户 xiaoli 和 xiaowang 可利用 Samba 服务器访问其主目录中的文件，当前工作组是 testgroup。

1）xiaoli 已经被设置成为 Samba 用户（参看例 9-2），用同样的方法将 xiaowang 也设置成为 Samba 用户。

2）编辑 Samba 服务器配置文件/etc/samba/smb.conf，如图 9-14 所示。

3）利用 testparm 命令验证配置文件是否正确，如图 9-15 所示。

```
[global]
        workgroup=testgroup
        security=user
[homes]
        comment=home
        browseable=no
        writable=yes
```

图 9-14 配置文件的内容

```
[root@dns test]# testparm
Load smb config files from /etc/samba/smb.conf
Processing section "[homes]"
Loaded services file OK.
Server role: ROLE_STANDALONE
Press enter to see a dump of your service definitions

[global]
        workgroup = TESTGROUP

[homes]
        comment = home
        read only = No
        browseable = No
```

图 9-15 验证配置文件

4）重新启动 Samba 服务器。

```
[root@dns test]# service smb restart
```

5）测试结果，如图 9-16 所示。

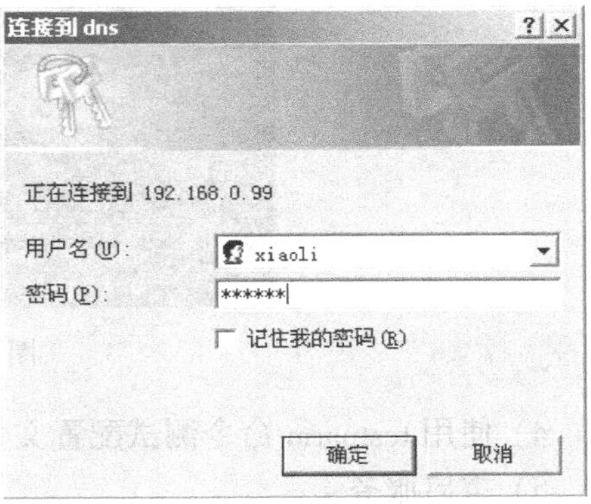

图 9-16 测试结果

可以看到，只有 Samba 用户通过验证才能访问其用户主目录，并对其用户主目录具有完全的控制权。

在 smb.conf 配置文件中，[homes] 共享目录是 Samba 服务器默认提供配置的，也是比较特殊的共享设置。[homes] 共享目录并不特指某个目录，而是表示 Samba 用户的宿主目录，即 Samba 用户登录后可以访问同名系统用户的宿主目录中的内容。

在宿主目录中，默认情况下会存在一些隐藏的用户配置文件，而在使用 UNC 路径访问时会出现这些隐藏的配置文件，如图 9-17 所示。

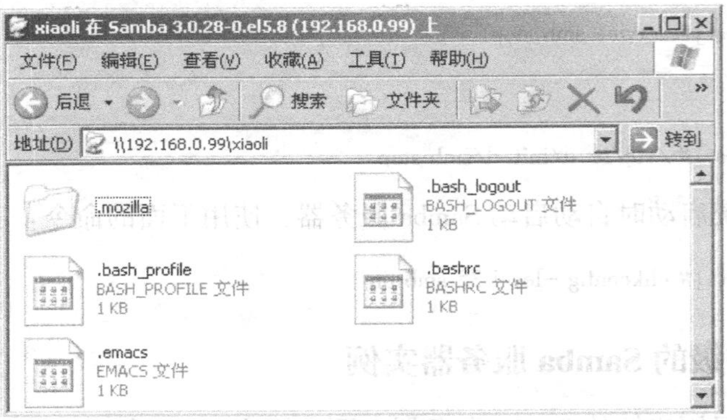

图 9-17　隐藏的配置文件

【例 9-4】 配置用户级别的 Samba 服务器，要求只有 192.168.0.20 网段（除 192.168.0.20）的计算机才可以访问 Samba 服务器，所有用户都可以访问其个人主目录，只有用户 aaa 和 bbb 可以访问目录/var/samba/aabb，工作组为 testgroup。

1）建立/var/samba/huanle 共享文件夹，设置访问权限：

```
[root@dns test]# mkdir -p /var/samba/aabb
[root@dns test]# chmod 707 /var/samba/aabb
```

2）建立组和用户：

```
[root@dns test]# useradd aaa
[root@dns test]# passwd aaa
[root@dns test]# useradd bbb
[root@dns test]# passwd bbb
[root@dns test]# smbpasswd -a aaa
[root@dns test]# smbpasswd -a bbb
```

3）修改配置文件，如图 9-18 所示。

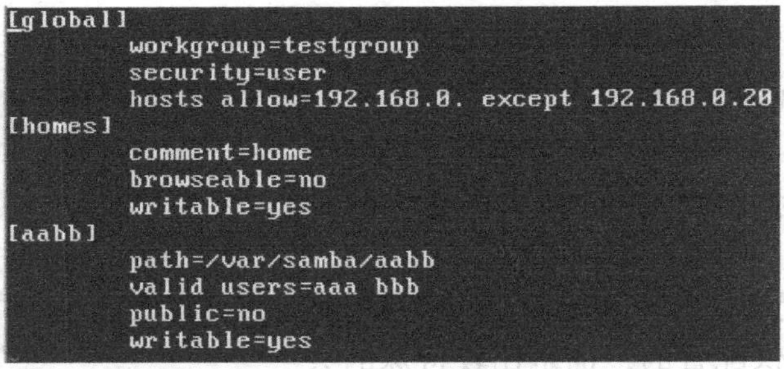

```
[global]
        workgroup=testgroup
        security=user
        hosts allow=192.168.0. except 192.168.0.20
[homes]
        comment=home
        browseable=no
        writable=yes
[aabb]
        path=/var/samba/aabb
        valid users=aaa bbb
        public=no
        writable=yes
```

图 9-18　配置文件内容

4）使用 testparm 命令测试配置文件，如图 9-19 所示。

5）重启服务：

```
[root@dns test]# service smb restart
```

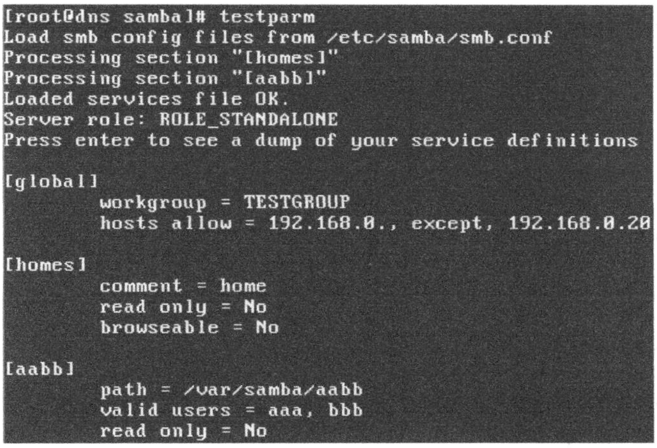
[root@dns samba]# testparm
Load smb config files from /etc/samba/smb.conf
Processing section "[homes]"
Processing section "[aabb]"
Loaded services file OK.
Server role: ROLE_STANDALONE
Press enter to see a dump of your service definitions
[global]
workgroup = TESTGROUP
hosts allow = 192.168.0., except, 192.168.0.20
[homes]
comment = home
read only = No
browseable = No
[aabb]
path = /var/samba/aabb
valid users = aaa, bbb
read only = No

图 9-19　测试配置文件内容

6）使用 Windows 客户端测试结果，如图 9-20 和图 9-21 所示。

图 9-20　使用 UNC 路径访问 Samba 服务器

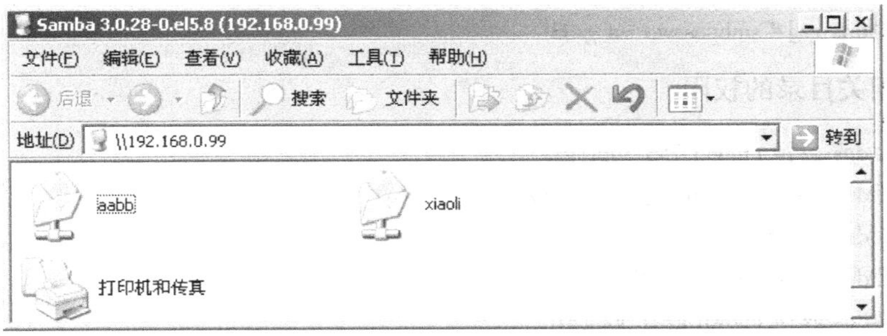

图 9-21　可访问资源

【例 9-5】　搭建 Samba 共享服务器配置要求：

1）高中有 3 个年级，高一（gz01）、高二（gz02）、高三（gz03）分别有自己独立的访问目录或空间。

2）有一个管理员（gz）可以管理高一、高二、高三。

3）有一个高一、高二、高三都可以读写（匿名不能读写）的目录（gzrw）。

4）有一个对所有用户（除管理员外）都只读的目录（gzshare）。

5）有一个对所有用户都可以读写的目录（gzallrw）。

具体操作步骤如下：

1）建立管理员目录 gz：

```
[root@dns test]# mkdir -p /opt/gz
```

2）进入管理员目录：

```
[root@dns test]# cd /opt/gz/
```

3）创建其他目录 gz01、gz02、gz03、gzrw、gzshare、gzallrw：

```
[root@dns gz]# mkdir gz01 gz02 gz03 gzrw gzshare gzallrw
```

4）添加用户组 gz、gz01、gz02、gz03、gzrw：

```
[root@dns gz]# groupadd gz
[root@dns gz]# groupadd gz01
[root@dns gz]# groupadd gz02
[root@dns gz]# groupadd gz03
[root@dns gz]# groupadd gzrw
```

5）添加用户（添加 4 个用户，分别为 gz01，gz02，gz03，gz）：

```
[root@dns gz]# adduser -g gz01 -G gzrw -d /opt/gz/gz01 -s /sbin/nologin
[root@dns gz]# adduser -g gz02 -G gzrw -d /opt/gz/gz02 -s /sbin/nologin
[root@dns gz]# adduser -g gz03 -G gzrw -d /opt/gz/gz03 -s /sbin/nologin
[root@dns gz]# adduser -g gz -G gz,gz01,gz02,gz03,gzrw -d /opt/gz -s /sbin/nologin
[root@dns gz]# smbpasswd -a gz
[root@dns gz]# smbpasswd -a gz01
[root@dns gz]# smbpasswd -a gz02
[root@dns gz]# smbpasswd -a gz03
```

6）配置相关目录的权限：

```
[root@dns gz]# chmod 755 /opt/gz/
[root@dns opt]# chown gz:gz /opt/gz/
[root@dns opt]# cd gz/
[root@dns gz]# chmod 2770 gz0 *
[root@dns gz]# chown gz01. gz gz01
[root@dns gz]# chown gz02:gz gz02
[root@dns gz]# chown gz03. gz gz03
[root@dns gz]# chown gz:gzrw gzrw
[root@dns gz]# chown gz:gz gzshare
[root@dns gz]# chmod 755 gzshare
[root@dns gz]# chown gz:gz gzallrw
[root@dns gz]# chmod 3777 gzallrw
```

7）修改 smb. conf 配置文件：

```
[global]
workgroup = workgroup
```

```
netbios name = Linux
server string = Linux Samba Test Server
security = share
[gz]
    comment = gzadmin
    path = /opt/gz
    create mask = 0664
    directory mask = 0775
    writeable = yes
    valid users = gz
    browseable = yes
[gzshare]
    path = /opt/gz/gzshare
    writeable = yes
    browseable = yes
    guest ok = yes
[gzallrw]
    path = /opt/gz/gzallrw
    writeable = yes
    browseable = yes
    guest ok = yes
[gzrw]
    comment = gzrw
    path = /opt/gz/gzrw
    create mask = 0664
    directory mask = 0775
    writeable = yes
    valid users = gz, @ gzrw
    browseable = yes
[gz01]
    comment = gz01
    path = /opt/gz/gz01
    create mask = 0664
    directory mask = 0775
    writeable = yes
    valid users = gz01, @ gz
    browseable = yes
[gz02]
    comment = gz02
    path = /opt/gz/gz02
    create mask = 0664
    directory mask = 0775
    writeable = yes
```

```
valid users=gz02,@gz
browseable=yes
[gz03]
comment=gz03
path=/opt/gz/gz03
create mask=0664
writeable=yes
valid users=gz03,@gz
browseable=yes
```

8）启动 smb 服务：

```
[root@dns samba]# service smb start
```

或者

```
[root@dns samba]# /etc/init.d/smb start
```

9）查看 smb 服务状态：

```
[root@dns samba]# service smb status
```

10）测试。

【例 9-6】 搭建 Samba 服务器共享打印机。

1）在配置文件中添加用于共享打印机的共享段：

```
[global]
workgroup=testgroup
server string=abc
security=share
load printers=yes
printcap name=/etc/printcap                #配置文件路径
[printers]                                 #共享名
comment=All Printers
path=/var/spool/samba
browseable=no
guest ok=no
writable=no
printable=yes
printer admin=root
[print $]                                  #添加 print 驱动设置
comment=All Printers
path=/etc/samba/drivers                    #驱动位置
browseable=yes
read only=yes
write list=root
```

2）创建 drivers 文件夹：

```
[root@dns samba]# mkdir -p /etc/samba/drivers
```

3）给用户准备打印机驱动，并启动打印共享：

```
[root@dns samba]# cupsaddsmb -a -U root
```

9.4 从 Windows 客户端访问 Samba 服务器

为了能够从 Windows 客户端访问 Samba 服务器的共享目录和共享打印机，首先应该保证 Windows 客户端上已经安装了“Microsoft 网络客户端”。如果没有安装可以在图 9-22 所示“本地连接 属性”对话框中单击“安装”按钮进行安装。

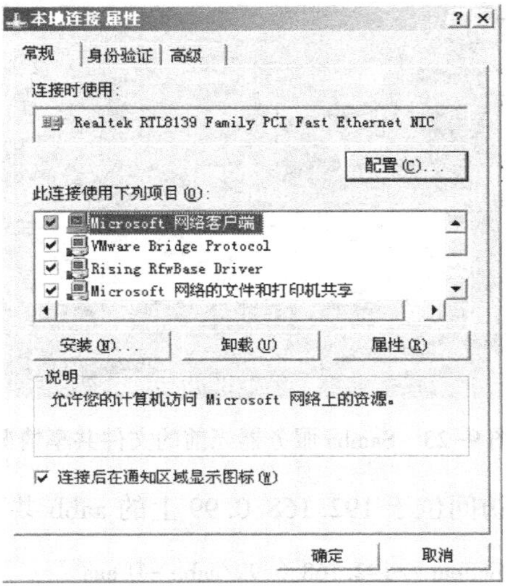

图 9-22 Microsoft 网络客户端

从 Windows 客户端访问 Samba 服务器的方法很多这里以 Windows 10 操作系统为例介绍具体操作方法。

右击“开始”按钮，在弹出的快捷菜单中选择“文件资源管理器”命令，然后在左侧窗格中右击“此电脑”，在弹出的快捷菜单中选择“添加一个网络位置”命令，弹出“添加网络位置”对话框。单击“下一步”按钮，在“您想在哪儿创建这个网络位置?”界面中单击“选择自定义网络位置”（这是唯一选项），然后单击“下一步”按钮。

接下来以//SERVER_IP/SHARE（其中 SERVER_IP 是 Samba 服务器的 IP 地址，SHARE 是要添加的共享网络位置的名称）的形式输入 Samba 服务器的 IP 地址，单击“下一步”按钮继续。在新界面中输入网络位置的名称（可以使用 Samba 服务器提供的默认名称，也可以输入一个自定义名称）。单击“下一步”按钮，再单击“完成”按钮，就可以访问 Samba 的共享文件了。

9.5 从 Linux 客户端访问 Samba 服务器

Samba 软件中用于访问网络上其他 SMB 资源的软件为 smbclient，它是一个类似于 FTP

的操作方式，通过远程操作的方式进行文件传递的软件。该命令的用法：

smbclient 命令配合-L 选项显示指定 Samba 服务器中的共享资源列表，-U 选项可以指定用户。

【例 9-7】 列出 Samba 服务器当前的文件共享情况。

```
[root@dns samba]# smbclient -L 192.168.0.99 -U aaa
Password:
```

结果如图 9-23 所示。

```
[root@dns samba]# smbclient -L 192.168.0.99 -U aaa
Password:
Domain=[DNS] OS=[Unix] Server=[Samba 3.0.28-0.el5.8]

        Sharename       Type      Comment
        ---------       ----      -------
        IPC$            IPC       IPC Service (Samba 3.0.28-0.el5.8)
        aabb            Disk
        aaa             Disk      home
Domain=[DNS] OS=[Unix] Server=[Samba 3.0.28-0.el5.8]

        Server               Comment
        ---------            -------

        Workgroup            Master
        ---------            -------
        TESTGROUP            DNS
        WORKGROUP            ETLY-PHW9QF5W5I
```

图 9-23　Samba 服务器当前的文件共享情况

【例 9-8】 以用户 aaa 访问位于 192.168.0.99 上的 aabb 共享目录。

```
[root@dns samba]# smbclient //192.168.0.99/aabb -U aaa
Password:
```

结果如图 9-24 所示。

```
[root@dns samba]# smbclient //192.168.0.99/aabb -U aaa
Password:
Domain=[DNS] OS=[Unix] Server=[Samba 3.0.28-0.el5.8]
smb: \>
```

图 9-24　访问 aabb 共享目录

要退出使用 quit 命令。

指定用户身份登录到指定服务器的指定的共享目录中。进入共享目录后，可以使用 put 命令把执行 smbclient 命令所在主机中的文件上传到 Samba 服务器的共享目录中；使用 get 命令可以将服务器共享目录中的指定文件下载到执行 smbclient 命令的主机中。

常用的命令如下。

- ls：列目录。
- get：从服务器端下载单个文件。
- put：向服务器上传单个文件。
- mget：支持通配符，从服务器端下载多个文件。
- mput：支持通配符，向服务器端上传多个文件。
- mkdir：建立目录。

- rm：删除文件。
- lcd：查看或者修改本地工作目录。
- q：退出 smbclient。

使用 smbstatus 命令显示当前主机中的 Samba 服务器的连接状态信息。

```
[root@dns samba]# smbstatus
```

使用 smbmount 命令可以将 Samba 共享目录挂载到 Linux 系统中，可以使用“--help”查看详细参数：

```
[root@dns samba]# smbmount --help
[root@dns samba]# smbmount //192.168.0.99/public /mnt
```

其中，192.168.0.99 为 Samba 服务器的 IP 地址，public 为共享目录，/mnt 为本地挂载点。

卸载时直接使用 umount 即可。

```
[root@dns samba]# umount /mnt
```

9.6 从 Linux 桌面环境下访问 Windows 共享文件

9.6.1 Linux 计算机访问 Windows 计算机上共享的文件

Linux 计算机要访问 Windows 计算机上共享的文件，执行以下两个步骤。

1）在 Windows 计算机上设置共享文件。

首先，要确保选中“Microsoft 网络的文件和打印机共享”复选框，如图 9-25 所示。

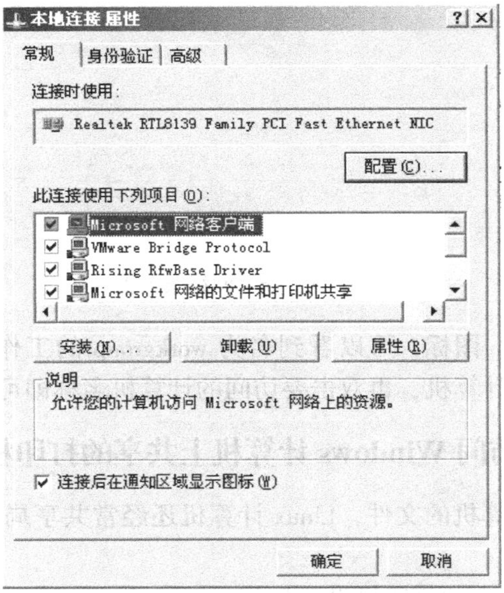

图 9-25　选中“Microsoft 网络的文件和打印机共享”复选框

其次，编辑文件夹的属性，选中需要共享的文件夹，右击并从快捷菜单选择“属性”菜单命令，在“共享”选项卡中设置其为共享的文件夹，如图 9-26 所示。

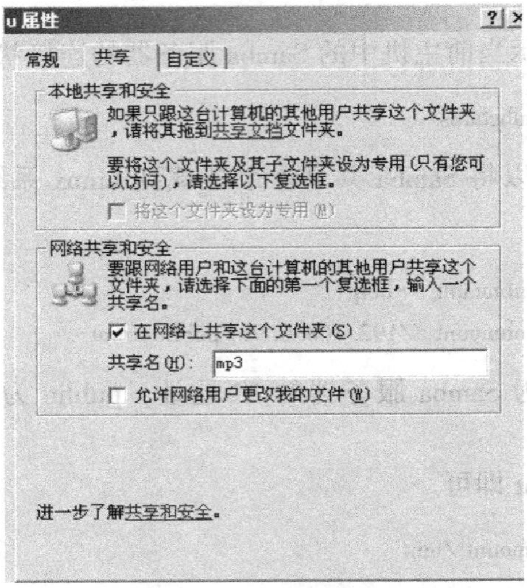

图 9-26　设置共享文件夹

2）在 RHEL Server 6.4 桌面环境下单击“位置”菜单，选择“网络服务”菜单命令，将显示 Linux 计算机所处局域网中所有网络服务器，如图 9-27 所示。

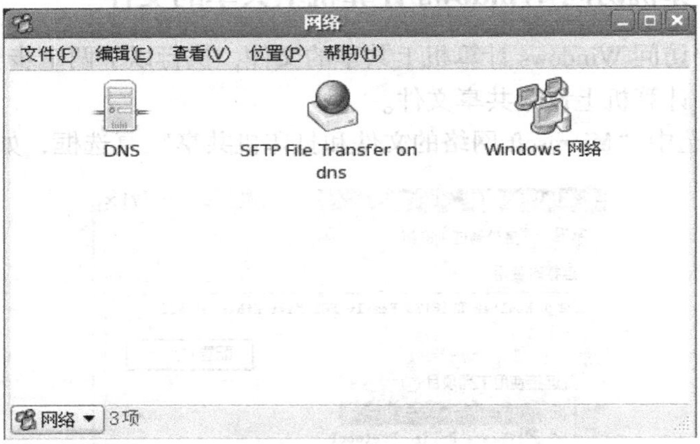

图 9-27　查看网络服务器

双击“Windows 网络”图标，可以看到名为 workgroup 的工作组。双击此工作组图标，可查看此工作组中的所有计算机，再双击要访问的计算机名称即可看到共享的目录。

9.6.2　Linux 计算机访问 Windows 计算机上共享的打印机

除了共享 Windows 计算机的文件，Linux 计算机还经常共享局域网中 Windows 计算机上的打印机。

1）将 Windows 计算机上的打印机设置为共享打印机，如图 9-28 所示。

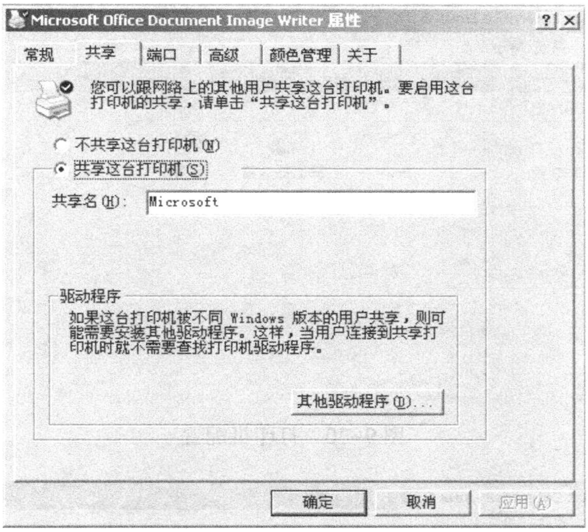

图 9-28　设置共享打印机

2）在 Linux 桌面环境下以超级用户单击“系统”菜单，并选择“管理”→“正在打印”菜单命令，如图 9-29 所示。

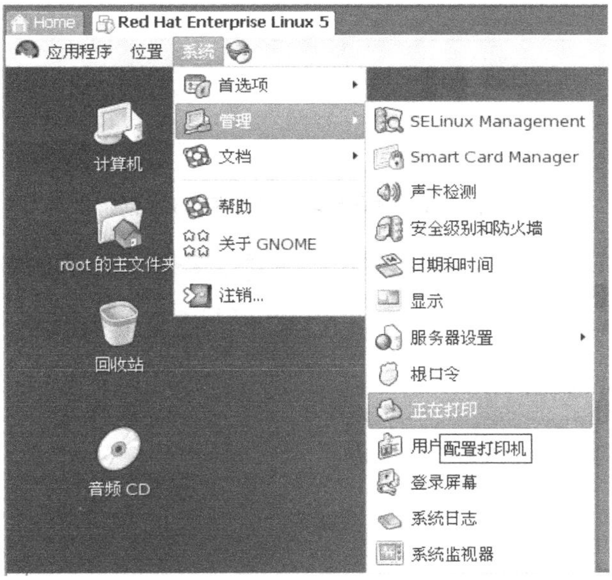

图 9-29　选择“正在打印”命令

系统出现“打印机配置-localhost”窗口，如图 9-30 所示。

单击“新打印机”按钮，出现“新打印机”配置窗口，设置打印机名和描述信息，如图 9-31 所示，单击“前进”按钮。

选择打印机的连接方式，从列表中选择“Windows Printer Via SAMBA”选项，窗口右侧出现了“WORKGROUP”，如图 9-32 所示。这时输入用户名和密码后进入共享打印机型号选择界面，如图 9-33 所示。

图 9-30 打印机配置

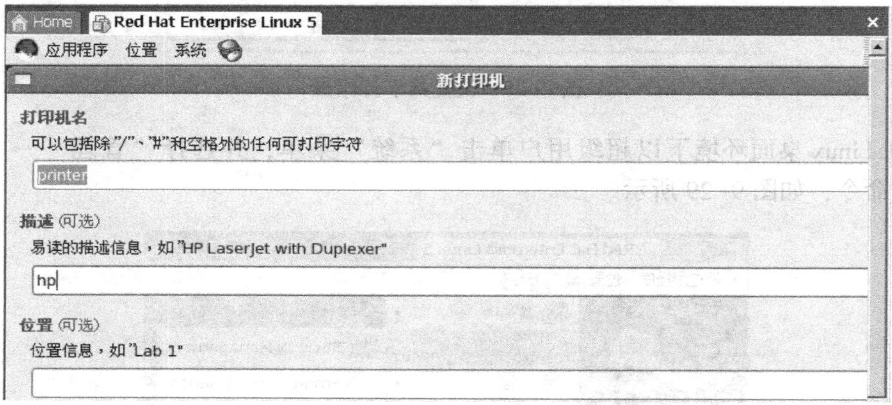

图 9-31 设置打印机名称和描述信息

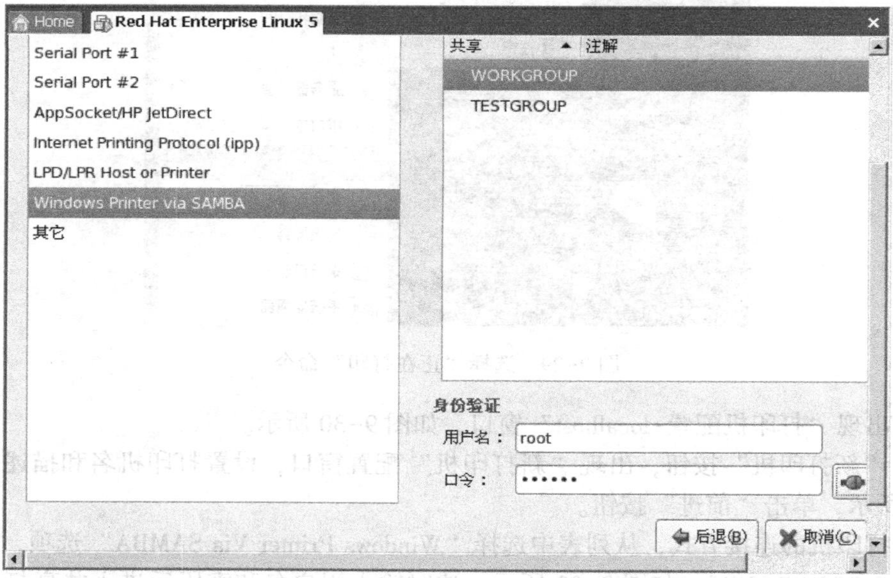

图 9-32 选择打印机连接方式

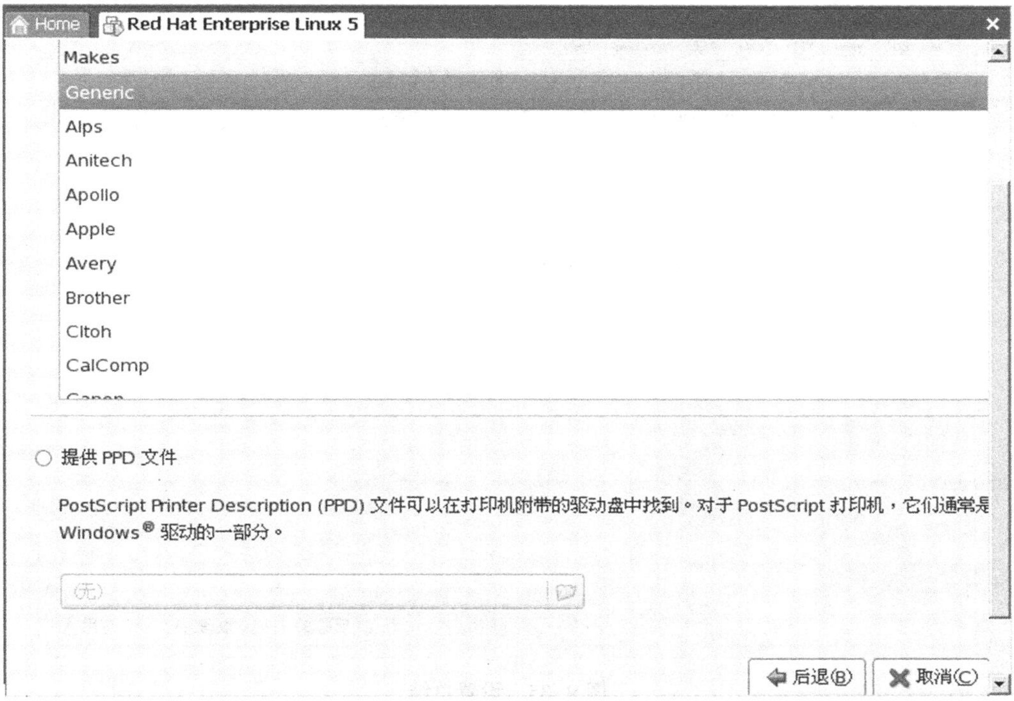

图 9-33　选择打印机型号

单击“前进”按钮，选择型号和驱动程序，如图 9-34 所示。

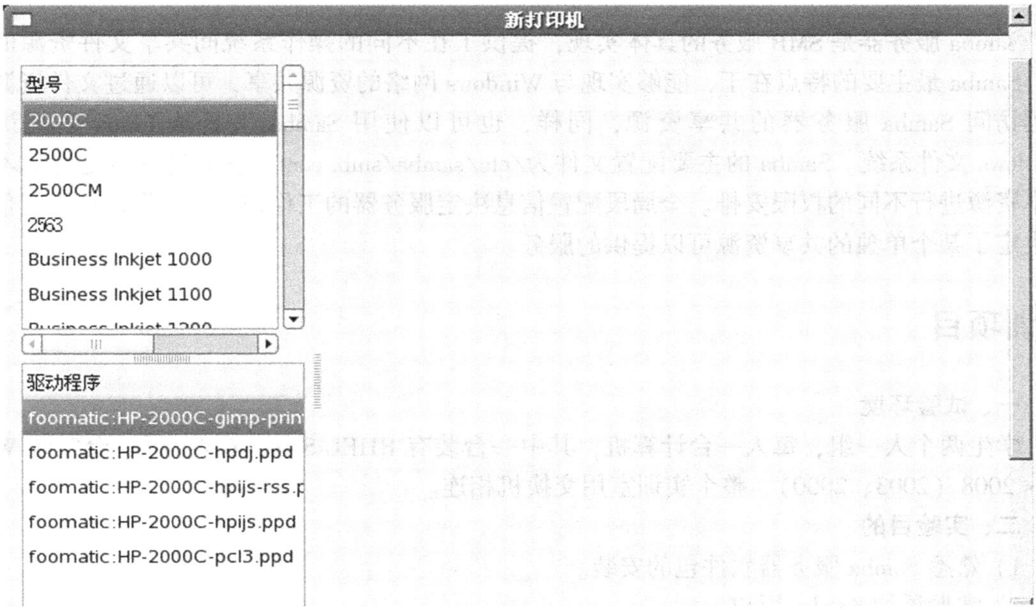

图 9-34　选择型号和驱动程序

最后出现设置总结信息，如图 9-35 所示。

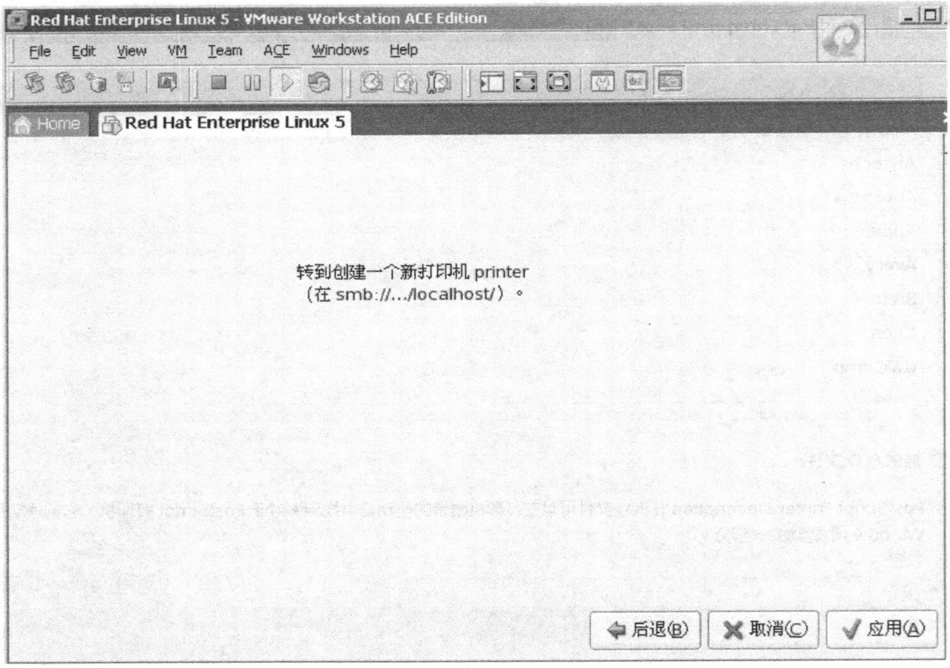

图 9-35　设置总结

本章小结

Samba 服务器是 SMB 服务的具体实现，提供了在不同的操作系统间共享文件资源的功能。Samba 最主要的特点在于，能够实现与 Windows 网络的资源共享，可以通过文件资源管理器访问 Samba 服务器的共享资源，同样，也可以使用 Samba 工具从 Linux 系统访问 Windows 文件系统。Samba 的主要配置文件为/etc/samba/smb. conf，它通过分段配置对不同共享资源进行不同的权限安排。全局段配置信息决定服务器的工作访问，而资源段配置信息则决定了某个单独的共享资源可以提供的服务。

实训项目

一、试验环境

学生两个人一组，每人一台计算机，其中一台装有 RHEL Server 6. 4，另一台安装 Windows 2008（2003、2000），整个实训室用交换机相连。

二、实验目的

1）熟悉 Samba 服务器软件包的安装。

2）掌握添加 Samba 用户。

3）掌握配置共享级 Samba 服务器。

4）掌握配置用户级 Samba 服务器。

5）掌握 Windows 计算机和 Linux 计算机之间文件共享的设置。

任务一：安装 Samba 服务器软件包

1）检查是否已经安装了 Samba 服务器软件包。

2）如果没有安装，则安装 Samba 服务器软件包。

任务二：配置共享级 Samba 服务器

1）将 Linux 计算机中的/TMP 目录设置为共享目录。

2）使用 testparm 命令测试配置文件是否正确。

3）在 Windows 计算机上访问 Linux 共享目录。

任务三：添加 Samba 用户

1）创建 judy 和 marry 系统用户。

2）将 judy 和 marry 设置成 Samba 用户。

3）从/etc/passwd 文件里生成 Samba 账户文件。

任务四：配置共享级 Samba 服务器

令 judy 和 marry 可访问 Linux 计算机中其个人主目录和/judyandmarry 目录，而其他用户只能访问其个人主目录。

1）建立共享文件夹/judyandmarry。

2）设置访问权限。

3）修改配置文件。

任务五：在 Linux 计算机上访问 Windows 计算机上共享的打印机

1）在 Windows 计算机上设置打印机共享。

2）在 Linux 计算机上配置新打印机参数。

3）打印测试页。

任务六：建立 Samba 服务器

1）建立一个工作组 smbgrp。

2）在机器上创建一个/root/tmp 目录，为所有用户提供共享。允许用户不用账号和密码访问，且可以读写。

3）在机器上创建一个私人目录/root/zspri，只有 zs 用户有共享访问权限，其他用户不可以访问共享资源。

4）在机器上创建一个 wl0708 组，成员有 zs 和 ls。创建一个/root/wl0708 目录，允许 wl0708 组用户向目录中写入，其他用户只能访问，但不可以写入。

任务七：建立并配置 Samba 服务器

1）设置工作组名为"workgroup"。

2）设置只有本机和 192.168.202.0 网段的主机可以访问 Samba 服务器。

3）设置用户安全认证方式为 user 模式。

4）激活 Samba 加密功能，Samba 用户的密码文件为/etc/smbpasswd。

5）设置/samba/score 为共享资源，共享名为 score，只允许 user1 用户在 192.168.202.100 上读写该共享资源，且新建文件的权限为 0747，新建目录的权限为 0757；允许用户 user2 在所用客户端上只读该共享资源。

任务八：在 Windows 计算机上访问 Samba 服务器共享文件，在 Linux 计算机上访问 Windows 计算机共享的文件

同步测试

一、填空题

1）服务信息块（Server Message Block，SMB）是实现（　　）的协议。

2）Samba 服务器的配置文件在（　　）目录中，包括（　　）这 3 个文件。

3）/etc/samba/smbusers 文件定义了（　　）之间的映射关系。

4）当要访问的 Samba 服务器安全级别为用户 user 时，必须以 Samba 的用户身份登录，由于 Samba 用户需要访问系统文件，因而，Samba 用户又必须是（　　）用户。

二、选择题

1）Samba 服务器的配置文件是（　　）。

A. httpd. conf　　B. inetd. conf　　C. rc. samba　　D. smb. conf

2）Samba 服务器的进程由（　）两部分组成。

A. named 和 sendmail　　B. smbd 和 nmbd

C. bootp 和 dhcpd　　D. httpd 和 squid

3）添加 Samba 用户的命令是（　　）。

A. useradd　　B. adduser　　C. smbadduser　　D. addsmbuser

4）Samba 默认的安全级别是（　　）。

A. share　　B. user　　C. server　　D. domain

三、简答题

1）smbd 守护进程的作用是什么？

2）nmbd 守护进程的作用是什么？

3）smb. conf 文件包含哪几个段？功能分别是什么？

第 10 章　邮件服务器的配置与管理

本章目标

- 掌握邮件服务器的作用
- 掌握电子邮件的转发过程和相关协议
- 掌握邮件服务器的工作原理
- POP3/SMTP 邮件服务器的安装
- POP3/SMTP 邮件服务器的配置

企业需要构建自己的邮件服务器供员工使用，比如某企业已经申请了域名 wendy. com，要求企业内部员工的邮件地址为 username@ wendy. com。员工可以通过浏览器或者专门的客户端软件收发邮件，这样就要求网络管理员能够构建 POP3 和 SMTP 服务器，邮件要能发送到 Internet 上，同时 Internet 上的用户也能把邮件发到企业内部用户的邮箱。

10. 1　邮件服务器基本原理

与其他 Internet 服务相同，电子邮件服务是基于客户端/服务器模式的。对于一个完整的电子邮件系统而言，它主要由以下 3 部分构件组成。

1. 邮件用户代理

邮件用户代理（Mail User Agent，MUA）就是用户与电子邮件系统的接口。在大多数情况下，它就是在邮件客户端上运行的程序，主要负责将邮件发送到邮件服务器和从邮件服务器上接收邮件。目前，主流的邮件用户代理主要有 Microsoft 公司的 Outlook 和我国的 Foxmail 等。

2. 邮件服务器

邮件服务器是电子邮件系统的核心构件，它的主要功能是发送和接收邮件，同时向发件人报告邮件的传送情况。根据用途的不同，可以将邮件服务器分为发送邮件服务器（SMTP 服务器）和接收邮件服务器（POP3 服务器或 IMAP4 服务器）。

3. 电子邮件的使用协议

要实现电子邮件服务，还必须借助于专用的协议。目前，应用于电子邮件服务的协议主要有 SMTP、MIME、POP3 和 IMAP4。

（1）SMTP

SMTP（Simple Message Transfer Protocol，简单邮件传输协议）是一组用于由源地址到目的地址传送邮件的规则，由它来控制信件的中转方式。SMTP 属于 TCP/IP 协议簇，它帮助每台计算机在发送或中转信件时找到下一个目的地。通过 SMTP 所指定的服务器，就可以把 E-mail 寄到收件人的服务器上了。SMTP 服务器则是遵循 SMTP 的发送邮件服务器，用来发送或中转发出的电子邮件。

（2）MIME 协议

作为 SMTP 的扩展，MIME（Multipurpose Internet Mail Extensions，多用途互联网邮件扩展）协议规定了通过 SMTP 传输非文本电子邮件附件的标准。

（3）POP3

POP3（Post Office Protocol-Version 3，邮局协议版本 3），是规定怎样将个人计算机连接到 Internet 的邮件服务器和下载电子邮件的协议。它是 Internet 电子邮件的第一个离线协议标准，POP3 允许从服务器上把邮件存储到本地主机（即自己的计算机）上，同时删除保存在邮件服务器上的邮件。遵循 POP3 来接收电子邮件的服务器是 POP3 服务器。

（4）IMAP4

IMAP4（Internet Message Access Protocol 4，第四版因特网信息存取协议），是用于从本地服务器访问电子邮件的协议。它是一个客户端/服务器模型协议，用户的电子邮件由服务器负责接收和保存，用户可以通过浏览信件头来决定是否要下载此信。用户也可以在服务器上创建或更改文件夹或邮箱，删除信件或检索信件的特定部分。

当用户撰写一封电子邮件信息时，往往使用一种称为邮件用户代理（MUA）的应用程序，或者电子邮件客户端程序。通过 MUA 程序，可以发送邮件，也可以把接收到的邮件保存在客户端的邮箱中。这两种操作属于不同的两个进程，如图 10-1 所示。

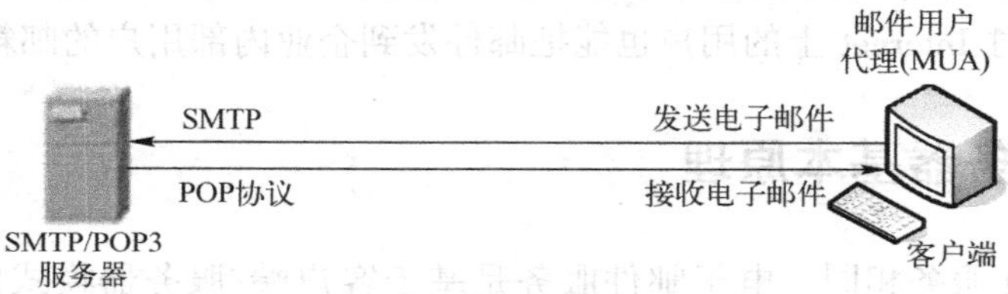

图 10-1　电子邮件客户端（MUA）

电子邮件客户端可以使用 POP 协议从电子邮件服务器接收电子邮件消息。从客户端或者从服务器中发送的电子邮件消息格式以及命令字符串必须符合 SMTP 的要求。通常，电子邮件客户端程序可同时支持上述两种协议。

电子邮件服务器运行两个独立的进程：

1）邮件传送代理（MTA）进程。

2）邮件分发代理（MDA）进程。

邮件传送代理进程用于发送电子邮件。MTA 从 MUA 处或者另一台电子邮件服务器上的 MTA 处接收信息。根据消息标题的内容，MTA 决定如何将该消息发送到目的地。如果邮件的目的地址位于本地服务器上，则将该邮件转给 MDA。MDA 还可以解决最终发送问题，如病毒扫描、垃圾邮件过滤以及送达回执处理。如果邮件的目的地址不在本地服务器上，则 MTA 将电子邮件发送到相应服务器上的 MTA 上。

在 Linux 平台中，有许多邮件服务器可供选择，但目前使用较多的是 sendmail 服务器、postfix 服务器和 qmail 服务器。sendmail 服务器是 Red Hat Linux 自带和默认安装的邮件服务器。

10.2　安装与启动 sendmail 服务器

在第 5 章讲述了如何安装和配置 DNS 服务。sendmail 中的邮件交换记录 MX 是在 DNS

服务器的区域文件中添加的，所以如果没有安装和配置好 DNS 服务器，要先安装和配置 DNS 服务。

1）首先查看系统是否安装了 sendmail 服务。

```
[root@dns /]# rpm -qa|grep sendmail
```

结果如图 10-2 所示。

```
[root@dns /]# rpm -qa|grep sendmail
[root@dns /]# █
```

图 10-2　查询结果

2）从图 10-2 可以看到系统没有安装 sendmail 服务，由于安装 sendmail 主程序包时需要用 procmail-3. 22-25. 1. e16. x86_64. rpm 包先关联，否则 sendmail 主程序包不能安装。

```
[root@dns ~]# rpm-ivh procmail-3. 22-25. 1. el6. x86_64. rpm
```

过程和结果如图 10-3 所示。

```
[root@dns ~]# rpm -ivh procmail-3.22-25.1.el6.x86_64.rpm
warning: procmail-3.22-25.1.el6.x86_64.rpm: Header V3 RSA/SHA256 Signature, key
ID fd431d51: NOKEY
Preparing...                ########################################### [100%]
   1:procmail               ########################################### [100%]
[root@dns ~]# █
```

图 10-3　安装 procmail 软件

安装 sendmail 软件包时会出现如下情况（最好的方式是使用 yum 命令安装，这样就能避免 rpm 安装过程中因缺少依赖导致安装需要反复中断的问题）：

```
[root@dns ~]# rpm -ivh sendmail-8.14.4-8.el6.x86_64.rpm
warning: sendmail-8.14.4-8.el6.x86_64.rpm: Header V3 RSA/SHA256 Signature, key I
D fd431d51: NOKEY
error: Failed dependencies:
        libhesiod.so.0()(64bit) is needed by sendmail-8.14.4-8.el6.x86 64
```

3）安装失败，因为 sendmail-8. 14. 4-8. el6. x86_64. rpm 需要依赖 libhesiod. so. 0( )(64bit)，这时需要先安装包 hesiod-3. 1. 0-19. el6. x86_64. rpm，如图 10-4 所示。

```
[root@dns ~]# rpm -ivh hesiod-3.1.0-19.el6.x86_64.rpm
warning: hesiod-3.1.0-19.el6.x86_64.rpm: Header V3 RSA/SHA256 Signature, key ID
fd431d51: NOKEY
Preparing...                ########################################### [100%]
   1:hesiod                 ########################################### [100%]
[root@dns ~]# rpm -ivh sendmail-8.14.4-8.el6.x86_64.rpm
warning: sendmail-8.14.4-8.el6.x86_64.rpm: Header V3 RSA/SHA256 Signature, key I
D fd431d51: NOKEY
Preparing...                ########################################### [100%]
   1:sendmail               ########################################### [100%]
[root@dns ~]# █
```

图 10-4　解决依赖关系

4）安装 Sendmail-cf 软件，如图 10-5 所示。

```
[root@dns ~]# rpm -ivh sendmail-cf-8.14.4-8.el6.noarch.rpm
warning: sendmail-cf-8.14.4-8.el6.noarch.rpm: Header V3 RSA/SHA256 Signature, ke
y ID fd431d51: NOKEY
Preparing...                ########################################### [100%]
   1:sendmail-cf            ########################################### [100%]
```

图 10-5　安装 sendmail-cf 软件包

5）安装生成配置文件的 m4 工具包，如图 10-6 所示。

[root@bogon Packages]# rpm -ivh m4-1. 4. 13-5. el6. x86_64. rpm

如果系统已经安装，无需再安装。

```
[root@dns ~]# rpm -ivh m4-1.4.13-5.el6.x86_64.rpm
warning: m4-1.4.13-5.el6.x86_64.rpm: Header V3 RSA/SHA256 Signature, key ID fd43
1d51: NOKEY
Preparing...                ########################################### [100%]
        package m4-1.4.13-5.el6.x86_64 is already installed
[root@dns ~]# rpm -qa|grep m4
m4-1.4.13-5.el6.x86_64
```

图 10-6　安装 m4 软件包

6）在启动服务之前，需要配置 sendmail. mc，然后用 m4 生成 sendmail. cf 配置文件（其实不用配置也可启动服务，当然如果要能成功发送邮件，那是必须的），如图 10-7 所示。首先要进入/etc/mail 目录：

[root@dns mail]# m4 sendmail. mc > sendmail. cf

```
[root@dns ~]# cd /etc/mail
[root@dns mail]#  m4 sendmail.mc > sendmail.cf
[root@dns mail]# █
```

图 10-7　m4 生成

7）启动服务，如图 10-8 所示。

[root@dns ~]# service sendmail start

```
[root@dns mail]# service sendmail start
Starting sendmail:                                         [  OK  ]
Starting sm-client:                                        [  OK  ]
[root@dns mail]# █
```

图 10-8　启动 sendmail 服务

8）sendmail 服务器的启动和停止命令：

[root@mail1 ~]# /etc/init. d/sendmail start

[root@mail1 ~]# /etc/init. d/sendmail stop

或者

[root@mail1 ~]# service sendmail stop

[root@mail1 ~]# service sendmail start

10.3 sendmail 的 DNS 设置

当 sendmail 程序得到一封待发送的邮件时，它需要根据目标地址确定将信件投递给哪一台服务器，这是通过 DNS 服务实现的。例如，有一封邮件的目标地址是 aaa@ abc. com，那么，sendmail 首先确定这个地址是用户名(aaa)+机器名(abc. com)的格式。然后，通过查询 DNS 来确定需要把信件投递给某台服务器。在第 5 章学习 DNS 内容时曾经讲述过 MX 资源记录，MX 资源记录也称为邮件路由，它是有优先级别的，MX 后面跟的数字越小，优先级越高。当发送一封邮件的时候，邮件主机会先去 DNS 系统寻找主机名 server. name 对应的 IP 地址和 MX 标志。若有 MX 标志，那么邮件就先送到该 MX 主机，然后再由 MX 主机将邮件送达目的地。而如果有多个 MX 标志，那么这封信会送到优先级最高的 MX 主机，然后交给该主机处理。

所以，在配置 sendmail 之前应该先配置 DNS 服务器。假设企业的域名是 abc. com，邮件服务器的主机名是 mail，邮件服务器的 IP 地址为 192. 168. 0. 50，DNS 服务器的 IP 地址为 192. 168. 0. 254。

1）配置 DNS 服务器的 IP 地址，在网卡配置文件/etc/sysconfig/network-scripts/ifcfg-etho 中设置 DNS1 = 192. 168. 0. 254。

2）确认/etc/hosts 文件。

```
[root@mail1 ~]# vi /etc/hosts


# Do not remove the following line,or various programs
# that require network functionality will fail.
192. 168. 0. 50 mail. abc. com
```

3）在 DNS 主配置文件/etc/named. conf 中需要修改如下两条语句，语句“listen-on port 53 { any; };”表示将原配置文件中的“127. 0. 0. 1”改为“any”，表示监听所有 IPv4 地址；语句“listen-on-v6 port 53 {any; };”表示将原配置文件中的“:: 1”改为“any”，表示监听所有 Ipv6 地址。

4）根据实例的要求，要建立一个名为 abc. com 的域，编辑/etc/named. rfc1912. zones，在文件末尾增加本机解析的正向区域和反向区域语句，如下所示。

```
zone "abc. com" IN {
        type master;
        file "abc. com. zone";
allow-transfer { none; };
};
zone "0. 168. 192. in-addr. arpa " IN {
        type master;
        file "192. 168. 0. arpa";
allow-transfer { none; };
};
```

5）复制实例文件。

```
[root@mail1 ~]# cp -p /var/named/named. localhost  /var/named/abc. com. zone
[root@mail1 ~]# cp -p /var/named/named. loopback  /var/named/192. 168. 0. arpa
```

编辑正向区域文件。

```
[root@mail1 ~]# Vi /var/named/abc. com. zone
 $ TTL    86400
 @ IN SOAabc. com.  root. abc. com. (
                                    2009062700 ; Serial
                                    28800 ; Refresh
                                    14400 ; Retry
                                    3600000 ; Expire
                                    86400 ) ; Minimum
  IN        NSdns. abc. com.
  IN        MX    10mail. abc. com.
dns   IN      A      192. 168. 0. 254
mail  IN      A      192. 168. 0. 50
```

编辑反向区域文件。

```
[root@mail1 ~]# Vi   /var/named/abc. com. zone
 $ TTL      86400
@  IN SOA abc. com.  root. abc. com.  (
                                    2009062700 ; Serial
                                    28800 ; Refresh
                                    14400 ; Retry
                                    3600000 ; Expire
                                    86400 ) ; Minimum
    IN      NS      dns. abc. com.
    IN      MX    10      mail. abc. com.
254   IN      PTR      dns. abc. com.
50   IN      PTR      mail. abc. com.
```

6）重启 DNS。

```
[root@mail1 ~]# service named restart
```

7）测试 DNS 的配置是否正确。

```
[root@mail1 ~]# nslookup
  >mail. abc. com
  Server:              192. 168. 0. 254
  Address:              192. 168. 0. 254#53
  Name:mail. abc. com
  Address: 192. 168. 0. 50
```

```
> set q=mx
>abc. com
Server:            192. 168. 0. 254
Address:            192. 168. 0. 254#53
abc. com          mail exchanger = 10 mail. abc. com
```

10.4 配置 sendmail 服务器

sendmail 不像其他服务软件，软件包安装完成并不意味着可以马上使用它，还需要在使用前对它进行一系列配置。大多数 sendmail 的配置文件都放置在/etc/mail 目录下。常用的有以下几个。

- /etc/mail/sendmail. cf：sendmail 服务器的主配置文件。
- /etc/mail/accesss：访问数据库文件。
- /etc/mail/aliases：邮箱别名。
- /etc/mail/local-host-names：sendmail 服务器的别名。
- /etc/mail/mailer. conf：邮寄配置程序。
- /etc/mail/mailertable：邮件分发列表。
- /etc/mail/virtusertable：虚拟用户和域列表。

sendmail 的主配置文件/etc/mail/sendmail. cf 语法复杂，内容繁多，它的配置信息和选项用于控制 sendmail 守护进程的运行。由于内容太多，本书不再一一分析该文件中的配置项。由于 sendmail. cf 文件使用了大量的宏代码进行配置，用户很难直接修改这个文件。为了降低配置 sendmail. cf 文件的难度，sendmail 系统提供了一个更容易阅读和理解的宏文件 sendmail. mc。用户可以对 sendmail. mc 文件进行修改，然后使用 m4 命令编译生成所需的 sendmail. cf 文件。

通过 mc 文件配置 sendmail 的一般步骤如下。

1）修改 sendmail. mc 文件中的内容。

2）使用 m4 命令生成新的 sendmail. fc 文件（m4 命令要在/etc/mail 目录下执行）。

3）重启 sendmail 服务器，使新配置生效。

为了避免不必要的损失，最好备份原有的 sendmail. mc 文件和 sendmail. cf 文件。下面通过实例来学习如何搭建和配置 sendmail 服务器。

10.4.1 配置 sendmail 实例

【例 10-1】 配置 sendmail 服务器，该服务器所在的域是 abc. edu. cn（网卡及 DNS 配置参考第 4 章和第 5 章）。要求允许邮件发送和接收。

1）修改 SMTP 进程的监听地址为本机所有 IP 地址。

默认情况下，sendmail 服务器只对 lo 网络接口（127. 0. 0. 1）提供服务，为使服务器对主机的所有接口（0. 0. 0. 0）提供服务，需要在 sendmail. mc 文件中进行配置的修改。

```
[root@mail ~]# vi /etc/mail/sendmail. mc
```

在 Vi 编辑器命令行模式下使用命令。“:set number” 为文件增加行号。

在 116 行找到如下配置语句，把 smtp 的侦听网段范围从 127.0.0.1 改成 0.0.0.0，如图 10-9 所示。

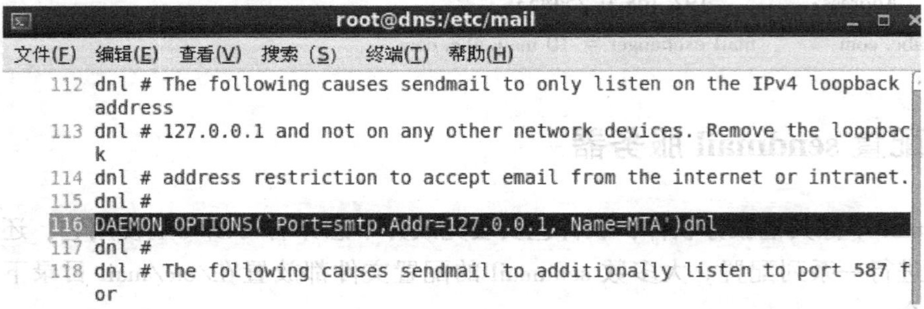

图 10-9 修改 sendmail.mc 文件

修改后的配置语句为：

DAEMON_OPTIONS('Port=smtp,Addr=0.0.0.0, Name=MTA')dnl

找到 155 行，设置本地邮箱域名，在括号内填写本地域名 abc.edu.cn，如图 10-10 所示。

图 10-10 修改本地邮箱域名

保存并退出。

重新制作文件：

```
[root@mail ~]# m4 sendmail.mc > redhat.cf
[root@mail ~]# mv sendmail.cf sendmail.cf.old
[root@mail ~]# cp redhat.cf sendmail.cf
```

当然，可以直接使用 [root@mail ~] # m4 sendmail.mc > sendmail.cf 命令，本例中为了防止初学者配置错误，所以将源文件备份一份。

2）编辑 local-host-names 文件。

配置/etc/mail/local-host-names 文件，加入本地主机名和域名信息，使服务器能够接收送往本地的邮件。

/etc/mail/local-host-names 文件是 Sendmail 接受为本地主机名的主机名列表，其中可以放入任何 sendmail 从其收发邮件的域名或主机。本例题的邮件服务器从域 abc.edu.com 和主机 mail.abc.edu.com 接收邮件，应该在文件中添加如下配置项：

```
abc.edu.cn
mail.abc.edu.cn
```

当这个文件被修改后，sendmail 必须重启。

3）编辑/etc/mail/access 文件。

加入允许通过本机转发邮件的客户 IP 地址或域名信息。

/etc/mail/access 文件定义了什么主机或 IP 地址可以访问本地邮件服务器及对应的访问类型。主机可能会列出 OK、REJECT、RELAY。OK 表示允许传送邮件；列出 REJECT 表示拒绝所有的邮件连接；列出 RELAY，表示将允许通过这个邮件服务器发送邮件到任何地方。当这个文件被修改的时候，必须在/etc/mail/运行 makemap 命令升级数据库。

这里首先添加本机（127.0.0.1）和本地网络的转发允许，如图 10-11 所示。

```
Connect:localhost.localdomain          RELAY
Connect:localhost                      RELAY
Connect:127.0.0.1                      RELAY
192.168.1                              RELAY
```

图 10-11　编辑/etc/mail/access 文件

4）使用 makemap 命令生成 access 可访问数据库。

```
[root@mail ~]# makemap hash /etc/mail/access.db </etc/mail/accesss
```

5）配置完毕后，启动 sendmail 服务器，如图 10-12 所示。

```
[root@test1 ~]# service sendmail start
Starting sendmail:                                         [  OK  ]
Starting sm-client:                                        [  OK  ]
```

图 10-12　启动 sendmail 服务器

6）使用 ps 命令查看 sendmail 的启动进程，如图 10-13 所示。

```
[root@mail ~]# ps -e |grep sendmail
```

```
[root@test1 ~]# ps -e |grep sendmail
 2963 ?        00:00:00 sendmail
 2973 ?        00:00:00 sendmail
```

图 10-13　查看 sendmail 进程

7）使用 mail 命令给用户 bbb@abc.edu.cn 发送信件。

首先使用如图 10-14 所示的命令建立一个新的用户 bbb。

```
[root@dns mail]# useradd bbb
[root@dns mail]# passwd bbb
更改用户 bbb 的密码 。
新的 密码：
无效的密码： 过于简单化/系统化
无效的密码： 过于简单
重新输入新的 密码：
passwd： 所有的身份验证令牌已经成功更新。
```

图 10-14　建立用户

接着使用 mail 命令给 bbb@abc.edu.cn 发邮件以测试 sendmail 服务器，如图 10-15 所示。

```
[root@mail ~]# mail bbb@abc.edu.cn
```

```
[root@dns mail]# mail bbb@abc.edu.cn
Subject: hello
i am root
how are you
.
EOT
```

图 10-15 测试 sendmail 服务器

10.4.2 配置 sendmail 服务器邮件别名、邮件列表和邮件转发

/etc/mail/aliases 的别名数据库包含一个扩展到用户的程序或者其他别名的虚拟邮箱列表。这个文件需要新建，语法格式为“别名：系统用户名”。需要注意的是，别名不能是任何一个系统用户名。

【例 10-2】 继续上一个实验中建立的 sendmail 服务器基本环境，分别为系统用户 root 和 bbb 添加别名，并使用别名收发邮件。

1）新建/etc/mail/aliases 文件，添加如下内容：

```
admin：root
nomal：bbb
```

2）进入到/etc/mail 目录，使用 newaliases 命令生成邮件别名用户数据库，如图 10-16 所示。

```
[root@dns mail]# newaliases
```

```
[root@dns mail]# newaliases
/etc/aliases: 76 aliases, longest 10 bytes, 765 bytes total
```

图 10-16 使用 newaliases 命令更新数据库

3）使用 mail 命令向 admin 发送邮件。

```
[root@dns mail]# mail admin@ abc. edu. cn
```

4）进入/var/spool/mail 查看 root 接收到的文件。

```
[root@dns mail]# tail /var/spool/mail/root
```

结果如图 10-17 所示。

```
[root@dns mail]# mail admin@abc.edu.cn
Subject: this is a litter for root
hello
.
EOT
[root@dns mail]# tail /var/spool/mail/root
Subject: this is a litter for root
User-Agent: Heirloom mailx 12.4 7/29/08
MIME-Version: 1.0
Content-Type: text/plain; charset=us-ascii
Content-Transfer-Encoding: 7bit

hello

--v95AWYYV005367.1507199554/dns.abc.edu.cn-
```

图 10-17 查看发给 admin 用户的邮件

从图 10-17 可以看到发给 admin 用户的邮件实际上是发给 root 用户的。

5）使用 mail 命令向 nomal 发送邮件。

[root@mail ~]# mail nomal@ abc. com

6）进入/var/spool/mail 查看 bbb 接收到的文件，如图 10-18 所示。

[root@mail /]# tail /var/spool/mail/bbb

```
[root@mail /]# tail /var/spool/mail/bbb
        by mail (8.13.8/8.13.8/Submit) id n6UMRVhD003004
        for nomal@abc.com; Fri, 31 Jul 2009 06:27:31 +0800
Date: Fri, 31 Jul 2009 06:27:31 +0800
From: root <root@mail>
Message-Id: <200907302227.n6UMRVhD003004@mail>
To: nomal@abc.com
Subject: nomal is bbb

haha
```

图 10-18　查看发给 nomal 用户的邮件

【例 10-3】　通过/etc/aliases 文件实现邮件列表。

1）使用 Vi 编辑器修改/etc/aliases 文件，增加一个 group1 的别名，后面跟 aaa、bbb 和 huanhuan 这 3 个邮件用户名。这样将建立一个名为 group1 的邮件列表，如图 10-19 所示。

2）编辑完成后，使用 newaliases 命令生成邮件别名用户数据库。

3）使用 mail 命令给 group1 发送邮件。

结果如图 10-20 所示。

```
admin:root
nomal:bbb
group1:aaa,bbb,huanhuan_
```

图 10-19　建立 group1 邮件列表

```
[root@mail mail]# mail group1@abc.com
Subject: hello this is aaa,bbb,huanhuan
hello this is aaa,bbb,huanhuan
.
Cc:
```

图 10-20　发送邮件

4）验证结果。

[root@mail mail]# tail /var/spool/mail/aaa

结果如图 10-21 所示。

```
[root@mail mail]# tail /var/spool/mail/aaa
        by mail (8.13.8/8.13.8/Submit) id n6UMcnhP003033
        for group1@abc.com; Fri, 31 Jul 2009 06:38:49 +0800
Date: Fri, 31 Jul 2009 06:38:49 +0800
From: root <root@mail>
Message-Id: <200907302238.n6UMcnhP003033@mail>
To: group1@abc.com
Subject: hello this is aaa,bbb,huanhuan

hello this is aaa,bbb,huanhuan
```

图 10-21　接收发给 aaa 用户的邮件

[root@mail mail]# tail /var/spool/mail/bbb

[root@mail mail]# tail /var/spool/mail/huanhuan

可以看到发给 group1 的邮件被 aaa、bbb 和 huanhuan 用户接收了。

【例 10-4】 通过/etc/aliases 文件实现邮件转发。

1）使用 Vi 编辑器修改/etc/aliases 文件。

```
[root@mail mail]# vi /etc/aliases
```

添加 lele 的邮件转发给 hghb@ sina. com。

```
lele: hghb@ sina. com
```

结果如图 10-22 所示。

2）编辑完成后，使用 newaliases 命令生成邮件别名用户数据库。

3）使用 mail 命令给 lele 发送邮件。

结果如图 10-23 所示。

图 10-22 增加转发

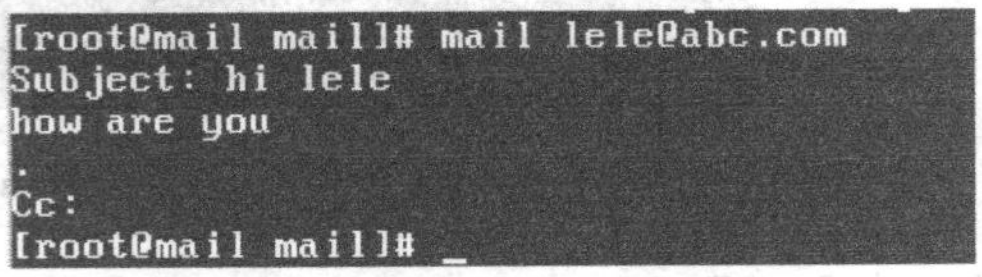

[root@mail mail]# mail lele@abc.com
Subject: hi lele
how are you
.
Cc:
[root@mail mail]# _

图 10-23 发邮件给 lele

4）验证结果。

```
[root@mail ~]# tail /var/spool/mail/lele
```

从图 10-24 可以看出，发给 lele 的邮件并没有被 lele 用户接收到。

[root@mail ~]# tail /var/spool/mail/lele
Date: Fri, 31 Jul 2009 04:15:46 +0800
From: root <root@test1>
Message-Id: <200907302015.n6UKFkq7003915@test1>
To: lele@test1
Subject: hello,i am root
q
x

图 10-24 查看发给 lele 用户的邮件

如果网络接入 Internet，则进入 hghb@ sina. com 后可以看到刚才发送的邮件。

10.4.3 设置 SMTP 的用户认证

如果任何人都可以通过一台邮件服务器来转发邮件，会有什么后果呢？很可能这台邮件服务器就成为各类广告与垃圾信件的集结地或中转站，网络带宽也会很快被耗尽。为了避免这种情况的出现，需要在发送邮件的时候提供账户和密码让 Mail 主机认证，这样做的目的是可以通过账号密码机制来限制用户的使用。目前，最常用的认证机制为 SMTP 邮件认证机制，主要通过 cyrus-sasl 包实现邮件认证目的。

【例 10-5】 配置 sendmail，实现发信认证。

Red Hat 的 sendmail 默认已经包含 SASL 函数库功能，只是默认的参数配置文件没有启动这个功能而已。

1）首先使用 rpm 查看系统是否安装了 cyrus-sasl 软件包。

```
[root@dns ~]# rpm -qa|grep cyrus-sasl
```

结果如图 10-25 所示。

```
[root@dns ~]# rpm -qa |grep cyrus-sasl
cyrus-sasl-plain-2.1.23-13.el6_3.1.x86_64
cyrus-sasl-lib-2.1.23-13.el6_3.1.x86_64
cyrus-sasl-2.1.23-13.el6_3.1.x86_64
[root@dns ~]#
```

图 10-25 查看系统是否安装了 cyrus-sasl 软件包

2）如果没有安装，则需要使用命令来安装，如图 10-26 所示。

```
[root@dns ~]# rpm -ivh cyrus-sasl-devel-2.1.23-13.el6_3.1.x86_64.rpm
warning: cyrus-sasl-devel-2.1.23-13.el6_3.1.x86_64.rpm: Header V3 RSA/SHA256 Sig
nature, key ID fd431d51: NOKEY
Preparing...                ########################################### [100%]
   1:cyrus-sasl-devel       ########################################### [100%]
[root@dns ~]#
```

图 10-26 安装 cyrus-sasl 软件包

3）使用 Vi 命令编辑/etc/mail/sendmail. mc 文件。

找到下面 3 行：

```
dnl TRUST_AUTH_MECH('DIGEST-MD5 CRAM-MD5 LOGIN PLAIN')dnl
dnl define('confAUTH_MECHANISMS','DIGEST-MD5 CRAM-MD5 LOGIN PLAIN')dnl
dnl DAEMON_OPTIONS('Port=submission,Name=MSA,M=Ea')
```

去掉这 3 行前头的 dnl 字段，修改成：

```
TRUST_AUTH_MECH('DIGEST-MD5 CRAM-MD5 LOGIN PLAIN')dnl
define('confAUTH_MECHANISMS','DIGEST-MD5 CRAM-MD5 LOGIN PLAIN')dnl
```

将 DAEMON_ OPTIONS（'Port=smtp，Addr=127. 0. 0. 1，Name=MTA'）中 127. 0. 0. 1 换成 0. 0. 0. 0。

```
DAEMON_OPTIONS('Port=smtp,Addr=0.0.0.0,Name=MTA')
```

4）使用 m4 命令生产新的 sendmail. cf 配置文件。

```
[root@dns ~]# m4 sendmail.mc >redhat.cf
[root@dns ~]# mv /etc/mail/sendmail.cf /etc/mail/sendmail.cf.bak
[root@dns ~]# cp redhat.cf /etc/mail/sendmail.cf
```

5）重新启动 sendmail 守护进程。

```
[root@dns ~]# /etc/rc.d/init.d/sendmail restart
Shutting down sendmail:                    [ OK ]
Starting sendmail:                         [ OK ]
```

6）使用 telnet 命令测试 sendmail 是否已支持用户认证，输入 ehlo 命令后出现“250-AUTH LOGIN PLAIN”输出信息，表示 sendmail 已支持用户认证。

```
[root@dns ~]# telnet localhost 25
Trying 192.168.0.50…
Connected to localhost.
Escape character is '^]'.
220 mail.abc.com ESMTP Sendmail 8.13.8/8.13.8;Mon,18 Jon 2007 11:51:04+0800
ehlo localhost
250-mail.abc.com Hello mail.abc.com [192.168.0.50],pleased to meet you
250-ENHANCEDSTATUSCODES
250-8BITMIME
250-SIZE
250-DSN
250-ONEX
250-ETRN
250-XUSR
250-AUTH LOGIN PLAIN
250 HELP
quit
```

7）配置客户端软件 Outlook 的认证发信认证。

在 Windows 平台的 Outlook Express 或通信簿中，单击“工具”菜单，然后选择“电子邮件账号”命令，选定要设置认证的账号，选择“属性”命令，然后再选中“服务器”菜单，可以看到弹出的对话框下部有“外发邮件服务器”，选中“我的服务器要求身份验证”选项，并单击右边的“设置”按钮。在弹出的对话框中将登录信息选择“使用与接收邮件服务器相同的设置”即可。

10.4.4 配置虚拟主机和虚拟邮件账号

【例 10-6】 配置 sendmail 实现虚拟主机和虚拟邮件账号。

1）使用 DNS 服务器为本机指定另一个域名，如 mail.lili.com。

2）使用 Vi 编辑器新建/etc/mail/sendmail.cw 文件，添加虚拟主机域名 virtual.abc.com。

```
[root@mail ~]# vi /etc/mail/sendmail.cw
virtual.abc.com
```

3）使用 Vi 编辑器编辑/etc/mail/virtusertable 文件，为虚拟邮件主机添加一个虚拟邮件账号 virlili，使得该虚拟邮件用户的接收者为实际的邮件用户 root。

```
[root@mail ~]# vi /etc/mail/virtusertable
virlili@virtual.abc.com root
```

4）使用 makemap 命令更新虚拟邮件账号数据库。

```
makemap hash /etc/mail/virtusertable.db< /etc/mail/virtusertable
```

5）使用 telnet 命令连接到虚拟主机邮件服务器的 25 端口，使用虚拟邮件服务器发送邮件到虚拟主机上的虚拟邮件账号 virlili。

结果如图 10-27 所示。

```
[root@mail ~]# telnet virtual.abc.com 25
Trying 192.168.0.50...
Connected to virtual.abc.com (192.168.0.50).
Escape character is '^]'.
220 mail ESMTP Sendmail 8.13.8/8.13.8; Sat, 1 Aug 2009 02:23:37 +0800
helo host1
250 mail Hello mail.abc.com [192.168.0.50], pleased to meet you
mail from:root@virtual.abc.com
250 2.1.0 root@virtual.abc.com... Sender ok
rcpt to:virlili@virtual.abc.com
250 2.1.5 virlili@virtual.abc.com... Recipient ok
data
354 Enter mail, end with "." on a line by itself

hello how's the weather

.
250 2.0.0 n6VINb7G006143 Message accepted for delivery
quit
221 2.0.0 mail closing connection
Connection closed by foreign host.
```

图 10-27　使用虚拟邮件服务器发送邮件到虚拟主机上的虚拟邮件账号 virlili

10.5　配置 POP3 和 IMAP4 服务器

在整个邮件系统中，sendmail 服务器只提供 SMTP 服务，也就是只提供邮件的转发及本地的分发功能。要实现一台服务器既作为邮件发送服务器，又可以保存邮件，还必须安装 POP3 或 IMAP 服务器。通常情况下，都是将 STMP 服务器和 POP3 或 IMAP 服务器安装在同一台主机上，那么这台主机也就称为电子邮件服务器。在 RHEL Server 6.4 中，dovecot 软件可以同时提供 POP3 和 IMAP 服务。

RHEL Server 6.4 安装程序默认没有安装 dovecot 服务，可以使用下面的命令检查系统是否已经安装了 dovecot 服务：

```
[root@mail ~]# rpm -qa|grep dovecot
```

10.5.1　安装 dovecot 服务

如果系统还没有安装 dovecot 服务，将 RHEL Server 6.4 的安装盘放入光驱，加载光驱后在光盘的 Package 目录下找到 dovecot 服务的 RPM 安装包文件 dovecot-2.0.9-5.el6.x86_64.rpm 和相关程序，然后使用下面的命令安装 dovecot 服务和相关程序，因为依赖关系，dovecot 需要安装 4 个软件包才能保持正常运行。

```
[root@mail ~]# rpm -ivh /media/cdrom/perl-DBI-1.609-4.el6.x86_64.rpm
[root@mail ~]# rpm -ivh /media/cdrom/mysql-5.1.66-2.el6-3.x86_64.rpm
[root@mail ~]# rpm -ivh /media/cdrom/postgresql-libs-8.4.13-1.el6_3.x86_64.rpm
[root@mail ~]# rpm -ivh /media/cdrom/dovecot-2.09-5.el6.x86_64.rpm
```

10.5.2　配置 dovecot 服务

dovecot 服务的配置文件是/etc/devecot/dovecot.conf。要启用最基本的 dovecot 服务，只

需要修改该配置文件中的以下内容（原配置文件中有这些内容，只需要去掉注释，并稍加修改即可）：

```
protocols=imap imaps pop3 pop3s
# vi /etc/dovecot/dovecot.conf
  protocols = imap pop3
# vi /etc/dovecot/conf.d/10-ssl.conf
  ssl = no                                  //禁用 SSL 加密
```

10.5.3 设置 dovecot 为自动启动

修改完毕并存盘退出之后，配置 dovecot 为自动启动：

```
[root@dns Packages]# chkconfig --level 35 dovecot on
```

并马上启动它，如图 10-28 所示。

```
[root@dns Packages]# service dovecot start
```

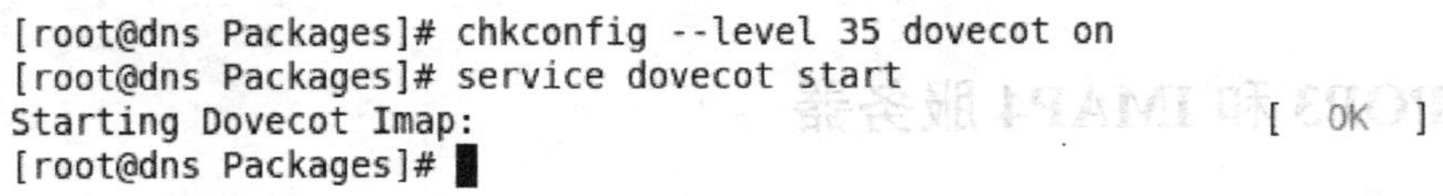
[root@dns Packages]# chkconfig --level 35 dovecot on
[root@dns Packages]# service dovecot start
Starting Dovecot Imap:
[OK]
[root@dns Packages]#

图 10-28 启动 dovecot 服务

POP3 使用 TCP 的 110 端口。如果 Linux 服务器开启了防火墙功能，就应关闭防火墙功能或设置允许 TCP 的 110 端口通过。可以使用以下命令开放 TCP 的 110 端口：

```
iptables -I INPUT -p tcp --dport 110 -j ACCEPT
```

在完成了 dovecot 服务和 sendmail 服务的安装和配置后，电子邮件客户端就可以利用这台电子邮件服务器进行邮件的收发了。

本章小结

电子邮件服务是 Internet 服务的重要组成部分，邮件系统依靠 TCP/IP 定义的一组协议（如 SMTP、POP3 和 IMAP 等）来完成全球范围的邮件通信。本章从电子邮件的工作原理开始，详细讲述了电子邮件的基本构成及邮件服务器的安装启动与配置，重点讲述 sendmail 服务器的配置和管理，其中包括如何设置邮件别名、邮件列表和邮件转发，以及如何设置 sendmail 服务器的认证。POP3 和 IMAP4 服务器的配置和管理也是本章需要掌握的重点内容。

实训项目

一、试验环境

一人一台装有 RHEL Server 6.4 系统的计算机，两人一组。

二、实验目的

1）掌握 sendmail 的安装和基本配置。

2）掌握基于 SMTP 认证的 sendmail 服务器的安装和配置。

3）掌握 POP3 和 IMAP4 收信服务器的配置，客户端的连接测试。

任务一：安装 sendmail 服务器

任务二：架设 sendmail 电子邮件服务器

按照下面的要求进行配置。

1）进行投递代理的域名为：jw. com。

2）为子网 192. 168. 202. 0/24 子网提供邮件转发功能。

3）允许用户使用多个电子邮件地址，如用户 tom 的地址邮件可有 tom@ jw. com 和 gdxs_tom@ jw. com。

4）使用 Outlook Express 或 Foxmail 等客户端软件收发电子邮件。

任务三：配置 sendmail，实现发信认证

1）安装 cyrus-sasl 软件包。

2）编辑/etc/mail/sendmail. mc 文件。

3）使用 m4 命令生产新的 sendmail. cf 配置文件。

4）验证发信认证。

任务四：配置虚拟主机和虚拟邮件账号

1）添加虚拟主机。

2）添加虚拟用户。

3）验证结果。

任务五：配置 POP3 和 IMAP4 服务器

1）安装 dovecot 服务。

2）配置 dovecot 服务。

3）设置 dovecot 为自动启动。

同步测试

一、填空题

1）电子邮件系统主要由（　　）、（　　）和（　　）3 部分组成。

2）Sendmail 的主要配置文件是（　　）。

3）/etc/mail/aliases 是（　　）数据库。

二、选择题

1）默认的用户邮件存放在目录（　　）下。

A. ~/mail/　　B. /var/mail/　　C. /var/mail/spool/　　D. /var/spool/mail/

2）在文件（　　）中保存了 Sendmail 的别名。

A. /etc/aliases　　B. /etc/mailaliases

C. /etc/sendmail. aliases　　D. /etc/sendmail/aliases

3）在文件（　　）中添加虚拟邮件账号。

A. /etc/aliases　　B. /etc/mailaliases

C. /etc/mail/virtusertable　　D. /etc/sendmail/aliases

4）更新虚拟邮件账号数据库的命令是（　　）。

A. useradd　　B. adduser　　C. newaliases　　D. makemap

5）更新别名数据库的命令是（　　）。

A. useradd　　B. adduser　　C. newaliases　　D. makemap

6）（　　）程序实现了 SMTP 的主要功能。

A. sendmail　　B. exim　　C. qmail　　D. fetchmail

三、简答题

1）请写出通过 mc 文件配置 sendmail 的一般步骤。

2）/etc/mail/access 文件中可以列出哪几种访问类型？